高等职业教育机电类专业“互联网+”创新教材

电力电子技术项目化教程

主　编　贾晨曦　王崇林
参　编　杨龙月　张传金　鹿鹏程

机械工业出版社

本书依照高职高专电气自动化技术专业的培养目标和电工职业技能的要求，采用项目-任务式编写模式，科学设置学习目标、工作任务、相关实践知识、相关理论知识、拓展应用和思考与练习，比较符合高职高专的教学特点以及高职高专学生的认知特点。

本书设置6个项目，包括人体接近开关电路的设计与调试、直流电动机调速系统的设计与调试、开关电源的分析与调试、风力发电系统逆变电源的控制与调试、变频器的认识与操作、光控灯开关电路的设计与调试。

本书内容浅显易懂，强调知识的渐进性，兼顾知识的系统性，实用性、创新性强，贴近生产实际，注重培养学生的实践能力；遵循“学以致用，理实一体”的原则，突出体现了机电类专业的职业教育特色，可作为高职高专院校电气自动化技术等机电类专业的教材，也可供电子、电气行业的技术人员参考。

为方便教学，本书配有电子课件，凡选用本书作为授课教材的学校，均可免费领取。机械工业出版社教育服务网网址：www.cmpedu.com。咨询电话：010-88379375。

图书在版编目（CIP）数据

电力电子技术项目化教程/贾晨曦，王崇林主编．—北京：机械工业出版社，2020.6（2021.7重印）

高等职业教育机电类专业“互联网+”创新教材

ISBN 978-7-111-65157-4

Ⅰ.①电…　Ⅱ.①贾…②王…　Ⅲ.①电力电子技术-高等职业教育-教材　Ⅳ.①TM1

中国版本图书馆CIP数据核字（2020）第049466号

机械工业出版社（北京市百万庄大街22号　邮政编码100037）
策划编辑：高亚云　责任编辑：高亚云　王宗锋
责任校对：肖　琳　封面设计：鞠　杨
责任印制：单爱军
北京虎彩文化传播有限公司印刷
2021年7月第1版第2次印刷
184mm×260mm・12印张・296千字
标准书号：ISBN 978-7-111-65157-4
定价：39.00元

电话服务	网络服务
客服电话：010-88361066	机　工　官　网：www.cmpbook.com
010-88379833	机　工　官　博：weibo.com/cmp1952
010-68326294	金　　书　　网：www.golden-book.com
封底无防伪标均为盗版	机工教育服务网：www.cmpedu.com

前　言

电力电子技术是高职高专电气自动化技术及相关专业不可缺少的一门专业基础课程。本书在编写时，力求突出以下特点。

1. 校企双元合作开发，紧跟行业需求

本书依据“十三五”职业教育国家规划教材建设工作提出的推动校企“双元”合作开发教材的要求，组织江苏建筑职业技术学院、杭州力控科技有限公司等单位合作开发，贯彻培养德智体美劳全面发展的高素质劳动者和技术技能人才的理念。在内容编排上，也区别于传统教材，采用项目-任务式编写模式。每个任务都以生活或者生产现场的案例引入，逐渐过渡到对具体知识和技能的描述，由此引发读者的学习兴趣。

2. 融合“互联网＋”，线上线下混合教学

本书为电力电子技术新形态一体化教材，也是中国大学慕课爱课程在线开放课程“电力电子技术应用”的配套教材，开发了自主学习包，配有课程课件、教学视频、动画等资料。全书采用双色印刷、图文并茂。

3. 遵循职业教育人才培养规律，采用项目-任务式教学

本书依照高职高专电气自动化技术专业的人才培养目标和电工职业技能的要求，由生产、生活的具体实例引入，采用项目化形式，从简单到复杂、从模块到系统，分为6个学习项目，再细化为多个工作任务，每个任务均包括学习目标、知识引入、任务实施，每个项目还包括项目描述、拓展应用和思考与练习，并在概述介绍了学习电力电子技术必备的知识储备。

4. 以学生为主体，以职业能力培养为依据

在编写本书时，编者始终秉承“以学生为出发点，以职业标准为依据，以职业能力为核心”的理念，从职业能力培养的角度出发，力求体现职业培养的规律，满足职业技能培训与鉴定考核的需要。本着“必需、够用”的原则，编写时降低了理论深度，精选了教材内容，省略了公式中复杂的数学推导过程，增加了例题的数量和类型，注重理论联系实际。

本书使用学时为72～100学时，其参考学时分配为：概述2～4学时；人体接近开关电路的设计与调试9～14学时、直流电动机调速系统的设计与调试16～20学时、开关电源的分析与调试10～14学时、风力发电系统逆变电源的控制与调试9～14学时、变频器的认识与操作15～19学时、光控灯开关电路的设计与调试11～15学时。

本书由江苏建筑职业技术学院贾晨曦、王崇林主编，杨龙月、张传金、鹿鹏程参与编写。杭州力控科技有限公司研发部俞金磊经理提供企业实际案例和实验实训操作任务，江苏建筑职业技术学院吴兴华也提供了很多电工职业技能鉴定方面的资料和宝贵意见，在此一并表示衷心的感谢。

限于编者水平，书中难免有疏漏错误之处，恳请广大读者批评指正。

编　者

二维码清单

名称	图形	页码	名称	图形	页码
课程介绍		1	可以不交电费吗？		106
可以被控制的硅晶体		4	变频器的控制电路安装、外部正反转+点动运行操作		153
会跳舞的小彩灯		8	变频器的模拟信号操作控制		155
万能的小家电调压器		26	变频器的多段速运行操作（一）		157
电力电子电路里的小电感与它的大作用		28	变频器的多段速运行操作（二）		159
起重机还可以发电？		64			

目　录

概　述

1. 什么是电力电子技术

电子技术一般指信息电子技术，主要用于信息处理，广义而言，也包括电力电子技术。电力电子技术是使用电力电子器件对电能进行变换和控制的技术，主要包括对电压、电流、频率、波形和相数等的变换，即应用于电力领域的电子技术，主要用于电力变换。电力电子技术可以变换的“电力”，可大到数百兆瓦甚至吉瓦，也可小到数瓦甚至毫瓦级。

电力电子技术的发展以电力电子器件为核心，先后经历了整流器时代、逆变器时代和变频器时代。目前电力电子器件均用半导体制成，故也称电力半导体器件。

电力电子技术拥有两大分支：电力电子器件制造技术和变流技术。电力电子器件制造技术是电力电子技术的基础，理论基础是半导体物理。而变流技术，又称为电力电子器件应用技术，是用电力电子器件构成电力变换电路和对其进行控制的技术，以及构成电力电子装置和电力电子系统的技术。变流技术是电力电子技术的核心，理论基础是电路理论。

课程介绍

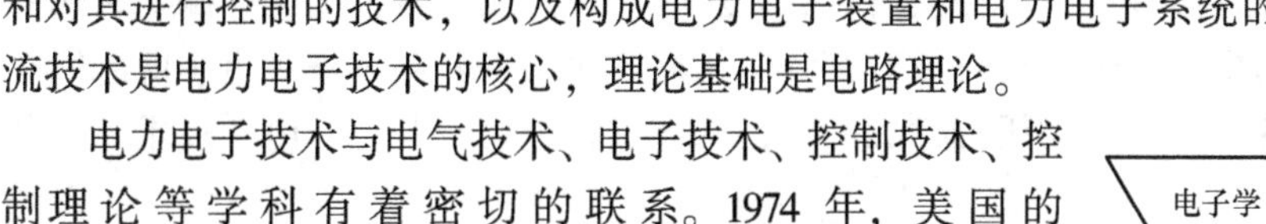

电力电子技术与电气技术、电子技术、控制技术、控制理论等学科有着密切的联系。1974 年，美国的 W. E. Newell 用图 0-1 的倒三角形对电力电子学进行了描述。

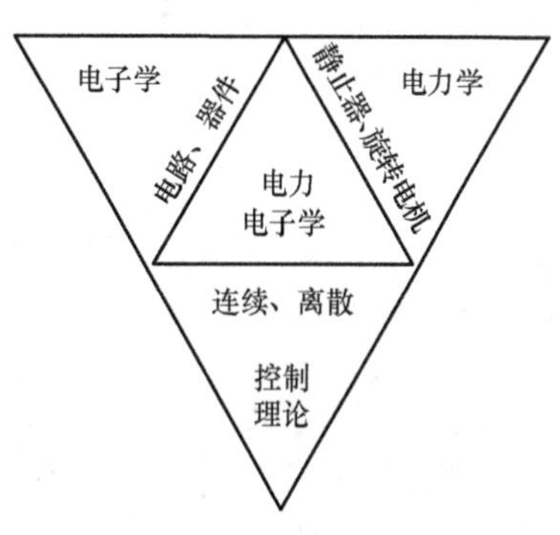

图 0-1　描述电力电子学的倒三角形

电力电子学与电子学都分为器件和应用两大分支。器件的材料、工艺基本相同，均采用微电子技术。应用的理论基础、分析方法、分析软件也基本相同。电力电子学与电力学的关系是前者为后者学科中最为活跃的一个分支。电力电子学与控制理论的关系是后者为前者提供了弱电与强电的有力纽带，即控制理论完成了电力电子技术中弱电控制强电的功能实现。

2. 电力电子技术的电路类型与控制技术

不同负载需要不同的电源。从电网获得的交流电、从蓄电池或其他途径获得的直流电往往不能满足要求，这就需要电能的变换。电能变换的类型可分为：交流变直流、直流变交流、直流变直流和交流变交流。

交流到直流的变换称为整流，相应的电路分为可控整流电路和不可控整流电路。直流到交流的变换称为逆变，与整流过程相反。直流到直流的变换是将固定的直流变换成可变的直流，称为斩波，工作方式有脉宽调制和频率调制两种。交流到交流的变换分为两种，一种只改变电压大小或仅对电路实现通断控制而不改变频率，被称为交流调压电路、交流调功电路或交流无触点开关；另一种则是从一种频率交流变换成另一种频率交流，被称为交-交变频器。

电力电子电路的控制技术可分为相位控制与脉冲宽度调制（简称 PWM）两大类。相位控制技术通过控制电力电子器件在一个开关周期中开通的时刻来实现输出电能的调节。PWM 控制技术则是通过控制在一个开关周期中电力电子器件开通与关断的时间比例来实现输出电能的调节。在各种电力电子装置中，PWM 技术已成为最常见的控制方法。

3. 电力电子技术的应用

电力电子装置的作用主要有两个方面：①提供给负载不同的电源；②以节能为目的的变频调速。

电力电子技术的应用范围十分广泛，一般工业、交通运输、电力系统、电子装置电源、家用电器、通信系统、计算机系统、新能源系统等场合均能看见电力电子装置的身影。

工业中大量应用的各种交直流电动机，都是用电力电子装置进行调速的。风机调速所采用的变频器，特殊场合避免电动机起动时电流冲击所使用的软起动器，电化学工业和电镀工业大量使用的大容量整流电源，以及冶金工业中的高频或中频感应加热电源、淬火电源及直流电弧炉电源，都属于电力电子技术的应用范围。新能源汽车中的电动机依靠电力电子装置进行电力变换和驱动控制，其蓄电池的充电以及航天飞行器中的各种电子仪器、载人航天器也离不开电力电子装置提供电源。高速铁路、地铁中也广泛采用变频器、斩波器驱动并控制。电力系统中的高压直流输电、柔性交流输电、静止无功补偿以及有源滤波等设备均依靠电力电子技术实现其功能，对输电系统性能有着巨大影响。在国民日常生活中，随处可见高频开关电源，家用电器的变频化也随处可见。在环保领域的应用主要体现在可再生能源发电并网方面，其中的能量变换储存发电机控制和并网控制等过程都离不开电力电子技术，尤其是大功率变流技术。

项目1

人体接近开关电路的设计与调试

【项目描述】

如图 1-1 所示，人体接近开关常应用于楼梯、走道、洗手间、办公区、电梯等许多公共生活场所。当人体进入到开关感应范围时，开关自动开启照明、空调或者消毒设备灯具，直至感应到人离开后再自动关闭。人体接近开关还可以用于酒店、宾馆等场合，取代现有的插卡取电，或者监测房间的动态。

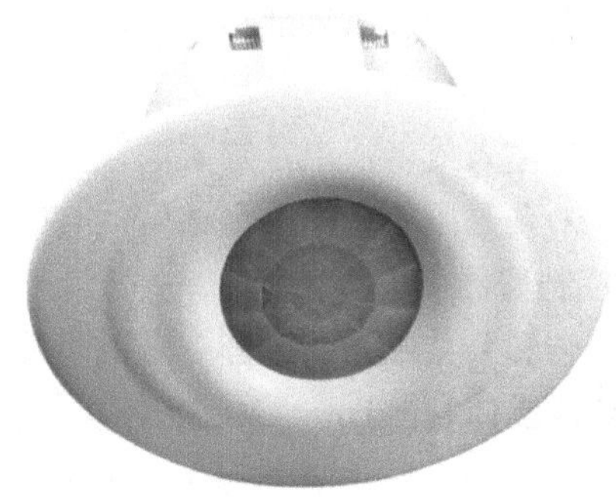

图 1-1　人体接近开关

人体接近开关必须有开关的功能，且这个开关必须是可控的。可以选择晶闸管这种电力电子器件作为该装置的核心器件。晶闸管可以接受来自感应板的人体检测信号，并做出开或者关的动作，有效实现可控开关的功能。

任务 1.1　认识电力二极管、单结晶体管、普通晶闸管及门极关断（GTO）晶闸管

1）掌握电力二极管、单结晶体管、普通晶闸管及门极关断（GTO）晶闸管导通和关断的条件，认识它们的结构、外形及电气符号。

2）能用万用表测试电力二极管、单结晶体管、普通晶闸管及门极关断（GTO）晶闸管的好坏，并能判断器件管脚的极性。

知识引入

可以被控制的硅晶体

电力电子器件（Power Electronic Device）可直接用于主电路中，是实现电能的变换或控制的电子器件。电力电子器件主要指采用硅材料做成的电力半导体器件，但和普通半导体器件又不一样，它们在电压等级和功率要求上都远大于普通半导体器件。电力电子器件工作在开关状态，需要驱动电路来控制。

按照能够实现的控制程度，电力电子器件可分为下列三类：

（1）不可控器件

导通和关断不能按需要进行控制，如电力二极管，包括普通二极管、快速二极管、肖特基二极管等。

（2）半控器件

结合控制信号的控制能导通不能关断，只能间接地改变器件上的电压极性或使其阳极电流为零，如晶闸管及其派生器件，包括普通晶闸管、快速晶闸管、双向晶闸管、光控晶闸管等。

（3）全控器件

结合控制信号的控制既可导通又能关断，如门极关断（GTO）晶闸管、电力晶体管（GTR）、功率场效应晶体管（Power MOSFET）、绝缘栅双极晶体管（IGBT）等。

按照驱动电路所加控制信号的性质，电力电子器件可分为以下两类。

（1）电流控制型器件

通过向控制端注入或者抽出足够大的驱动电流来实现导通或关断，需要大的驱动功率，如门极关断（GTO）晶闸管、电力晶体管（GTR）等。

（2）电压控制型器件

通过在控制端和公共端之间施加一定的电压信号实现导通或关断，只需要较小的驱动功率，如功率场效应晶体管（Power MOSFET）、绝缘栅双极晶体管（IGBT）等。

1. PN 结

硅（Si）对电力电子器件来说有极其特别的意义。单晶硅，也就是硅的单晶体，是制造目前广泛使用的大部分大功率整流器、大功率晶体管、二极管、开关器件等电力电子器件的主要原料。

硅的最外层电子，也就是价电子，有四个。通过一定的工艺过程，可以将硅制成晶体。完全纯净的、结构完整的硅晶体，被称为硅的本征半导体。在硅晶体中，每个原子与其相邻的原子之间形成共价键，共用一对价电子。形成共价键后，每个原子的最外层电子是八个，构成稳定结构。共价键中的两个电子被紧紧束缚住，被称为束缚电子。常温下的束缚电子很难脱离共价键成为自由电子，因此硅晶体中自由电子很少，所以它的导电能力很弱。但是，如果在硅晶体中掺入某些微量的杂质，它的导电性能就会发生显著变化。

若掺入少量的五价元素磷，由于磷原子的最外层有五个价电子，其中四个与相邻的半导体原子形成共价键，必定多出一个电子，这个电子几乎不受束缚，很容易被激发而成为自由电子，这样磷原子就成了不能移动的带正电的离子。这种掺入五价元素的硅被称为 N 型半导体，如图 1-2a 所示。

若在硅晶体中掺入少量的三价元素硼，由于硼原子的最外层有三个价电子，与相邻的半导体原子形成共价键时，产生一个空穴。空穴在固体物理学中指共价键上流失一个电子，最后在共价键留下空位的现象。这个空穴可以吸引束缚电子来填补，使得硼原子成为不能移动的带负电的离子。这种掺入三价元素的硅被称为P型半导体，如图1-2b所示。

如果在同一片硅质基片上，分别制造P型半导体和N型半导体，由于P区的空穴较多而自由电子较少，N区的自由电子较多而空穴较少，它们之间由于存在着浓度差而向对方区域扩散，扩散的结果是在P区一侧留下带负电的自由电子呈现负电性，在N区一侧由于少了很多自由电子而呈现正电性，这就形成了一层很薄的空间电荷区域，这就是PN结，又称耗尽层。PN结的电场一方面阻碍了P区的空穴与N区的自由电子的扩散，一方面促使P区的自由电子与N区的空穴的漂移。当扩散和漂移这一对相反的运动达到平衡时，相当于P区与N区之间没有电荷运动，PN结处于动态平衡，如图1-3所示。

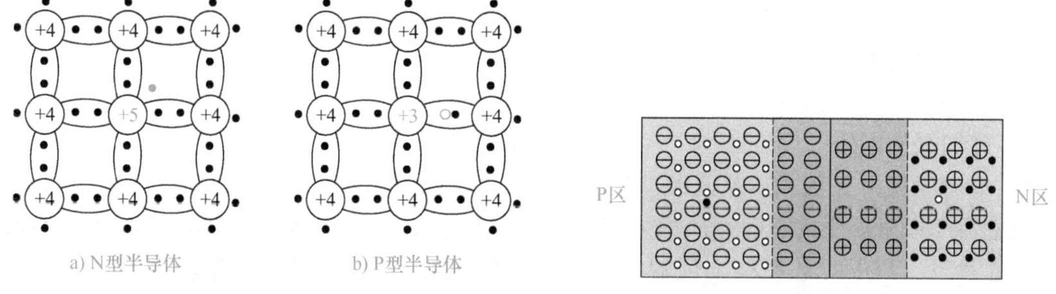

a) N型半导体　　b) P型半导体

图1-2　杂质半导体的结构

图1-3　PN结的结构

PN结具有单向导电性。如果给PN结加一个正向电源，即P区接电源正极、N区接电源负极，如图1-4a所示，这时外加电源电场与PN结内电场方向相反，内电场被削弱，P区的空穴与N区的自由电子向对方区域的扩散运动加强，扩散电流远远大于P区的自由电子与N区的空穴形成的漂移电流，PN结导通，此时可以近似把PN结看成一条导线。如果给PN结加一个反向电源，如图1-4b所示，此时外加电源电场与内电场方向相同，内电场被增强，P区的空穴与N区的自由电子向对方区域的扩散运动无法进行而停止，只有少量的P区的自由电子与N区的空穴形成的漂移电流，电流很弱，PN结表现为一个大电阻。

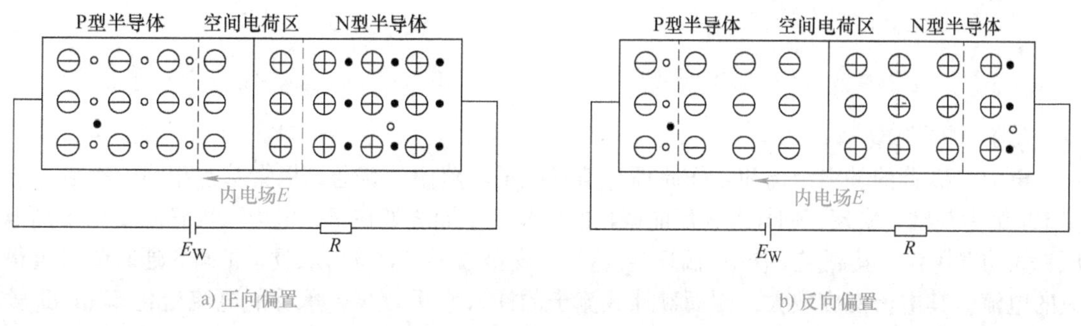

a) 正向偏置　　b) 反向偏置

图1-4　PN结的单向导电性

由于机械开关闭合的时候相当于导线，打开的时候相当于大电阻，可以形象地把PN结看成一个开关，施加正向电压时开关闭合，施加反向电压时开关打开。

所有的电力电子器件在某种意义上都可以被看作一个开关，如电力二极管、单结晶体管、晶闸管、门极关断（GTO）晶闸管、功率场效应晶体管（Power MOSFET）、绝缘栅双极晶体管（IGBT）等。它们都以 PN 结为基础构建了具有自己独特功能的结构。

2. 电力二极管

（1）外形与结构

电力二极管由一个面积较大的 PN 结和两端引线以及封装外壳组成，其外形、结构和电气符号如图 1-5 所示。从外形上看，主要有螺栓型和平板型两种封装。电气符号中 A 为阳极，K 为阴极，在电路中一般用 VD 表示。

（2）导通与关断条件、伏安特性

电力二极管具有单向导电性，其正向导通的条件如下，此时 PN 结呈现低阻态。

1）施加正向电压（阳极 A 为“+”，阴极 K 为“-”）。

2）正向电流由 A 流入、K 流出。

电力二极管反向截止的条件如下，此时 PN 结呈现高阻态。

1）施加反向电压（阳极 A 为“-”，阴极 K 为“+”）。

2）反向电流由 K 流入、A 流出，电流值很小，可忽略不计。

当电力二极管承受的正向电压增大到一定值（U_{TO}），正向电流才开始明显增加，进入稳定导通状态，与正向电流 I_A 对应的电力二极管两端电压 U_{AK} 是正向压降。I_A 与 U_{AK} 的函数关系称为电力二极管的伏安特性，对应的曲线称为伏安特性曲线，如图 1-6 所示。当电力二极管承受反向电压时只有微小的反向漏电流，但反向电压太高时，将超过承受能力，发生反向击穿，使二极管损坏。

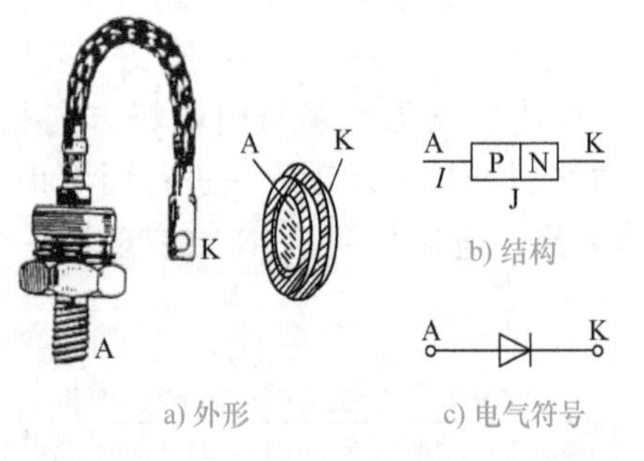

图 1-5　电力二极管的外形、结构和电气符号

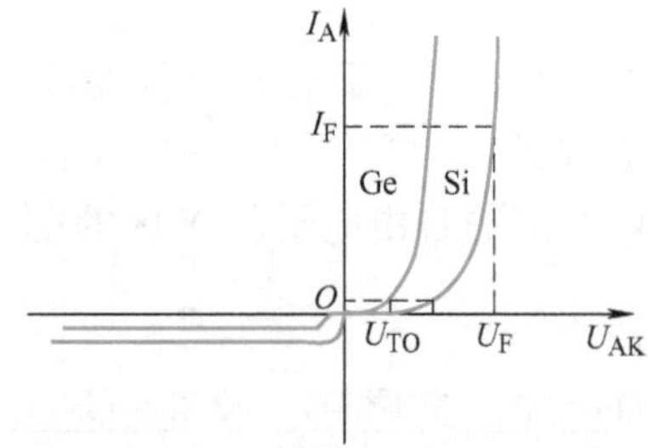

图 1-6　电力二极管的伏安特性曲线

（3）主要类型

电力二极管的基本结构和工作原理与信息电子电路中的普通二极管基本相同，都以半导体 PN 结为基础，实现正向导通、反向截止的功能。不同之处在于，电力二极管主要用于高电压、大功率场合，其额定工作电流通常可达数十安至数百安。电力二极管正向导通时要流过很大的电流，其电流密度较大，因而额外载流子的注入水平较高，承受的电流变化率 di/dt 较大，因而其引线和器件自身的电感效应会有较大的影响。此外，由于其结电容较大，所以只适用于工频场合。

由于半导体物理结构和制造工艺的差别，不同类型的电力二极管的特性不完全相同，其中最为重要的区别在于反向恢复时间 T_{rr}。T_{rr}即从电力二极管电流下降到零开始直至再次回

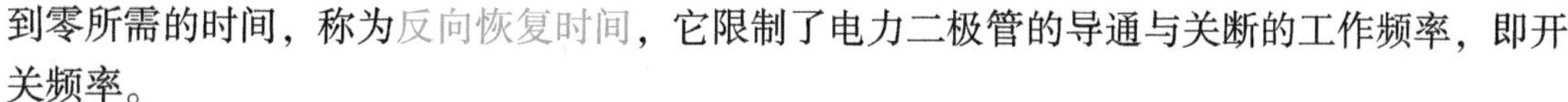

到零所需的时间，称为反向恢复时间，它限制了电力二极管的导通与关断的工作频率，即开关频率。

电力二极管的应用范围很广，主要常见的有以下几种类型：

1）普通二极管。又称整流二极管（Rectifier Diode），开关频率为1kHz以下，反向恢复时间为5μs以上，额定电流可达数千安，额定电压达数千伏，多应用于开关速度不高的整流或逆变电路中。

2）快恢复二极管（Fast Recovery Diode，FRD）。反向恢复时间为5μs以下。快恢复二极管从性能上可分为快速恢复和超快速恢复二极管，前者反向恢复时间为几纳秒，后者的反向恢复时间则在100ns以下。快恢复二极管多用于高频变流装置，如斩波器、逆变器等。

3）肖特基二极管（Schottky Barrier Diode，SBD）。反向恢复时间为10～40ns，反向耐压在200V以下，多用于低电压、低功耗、高频、低电流的整流或高频控制电路中。

几种不同电力二极管的区别如图1-7所示。

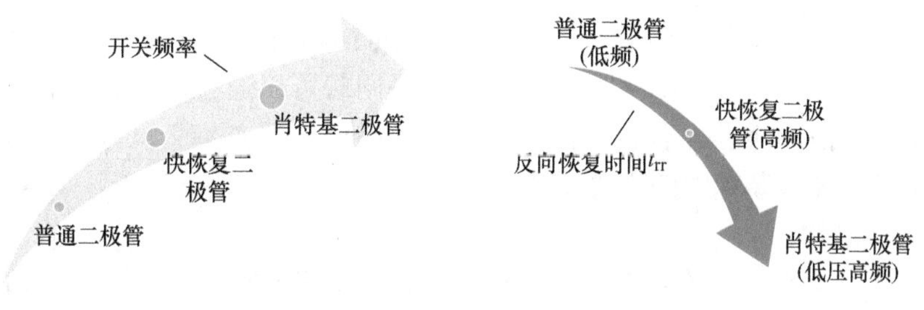

a) 开关频率上的区别　　b) 反向恢复时间上的区别

图1-7　几种不同电力二极管的区别

3. 单结晶体管

（1）外形与结构

单结晶体管又叫双基极二极管，是具有一个PN结的三端器件，其外形如图1-8所示。

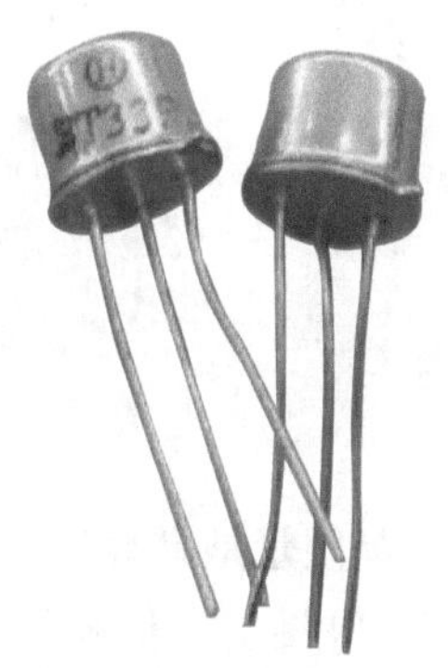

图1-8　单结晶体管的外形

其结构示意图和电气符号如图1-9a、c所示。从P型半导体引出的电极为单结晶体管的发射极E，从N型半导体的两端引出两个电极分别为第一基极B_1和第二基极B_2。B_1和B_2之间的N型区域可以等效为一个电阻，其等效电路如图1-9b所示，其中发射极E与第一基极B_1之间的电阻R_{B1}是一个阻值随发射极电流增大而变小的电阻，发射极E与第二基极B_2之间的电阻R_{B2}则是一个与发射极E电流无关的电阻。

（2）导通与关断条件

单结晶体管导通的条件为：当发射极电压U_E增大到峰值电压U_P，则导通。

单结晶体管截止的条件为：当发射极电压U_E减小到谷点电压U_V（一般为2～5V），则截止。

不同型号的单结晶体管有不同的峰值电压U_P和谷点电压U_V。同一个单结晶体管，若电源电压不同，它的U_P和U_V也有所不同。在触发电路中，常选用U_V低一些或I_V大一些

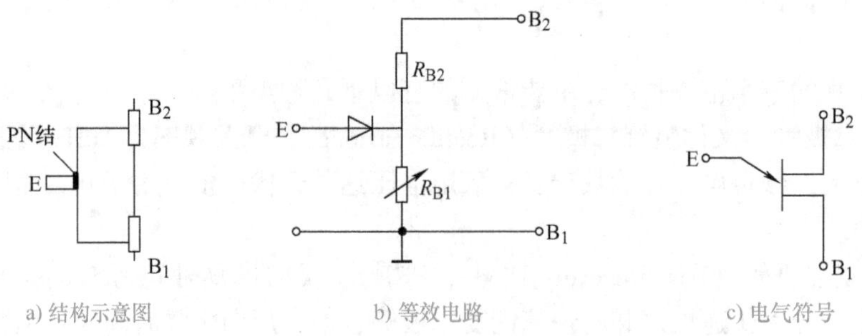

a) 结构示意图　b) 等效电路　c) 电气符号

图 1-9　单结晶体管的外形、结构和电气符号

的单结晶体管，常用的型号有 BT33 和 BT35 两种，其中 B 表示半导体，T 表示特种管，前一个数字 3 表示 3 个电极，后一个数字 3 表示 300mW，5 表示 500mW。

4. 晶闸管

普通晶闸管旧称可控硅整流管（Silicon Controlled Rectifier，SCR），具有耐压高、电流容量大（目前可以达到 4.5kA/6.5kV）的优点。晶闸管可以通过弱电信号控制其导通，但不能控制其关断，故为半控器件，广泛应用于可控整流、逆变、交流调压、直流变换等领域，是低频大功率变流装置中的主要器件。

（1）外形与结构

晶闸管主要有螺栓式、平板式、模块式以及塑封式等封装形式，如图 1-10 所示。螺栓式晶闸管安装方便，但散热效果差，螺栓是其阳极，能与散热器紧密连接且安装方便。平板式晶闸管安装较麻烦，可由两个散热器将其夹在中间，散热效果好。塑封式晶闸管主要用于 10A 以下的小电流场合。

a) 螺栓式　b) 平板式　c) 模块式　d) 塑封式

图 1-10　常见晶闸管的外形

晶闸管是具有三个 PN 结的四层三端器件，管心是 $P_1-N_1-P_2-N_2$ 四层半导体，形成三个 PN 结 J_1、J_2 和 J_3，引出阳极 A、阴极 K 和门极 G，电路中一般用 VTH 表示。其内部结构、等效电路及电气符号如图 1-11 所示。

（2）导通与关断条件与伏安特性

晶闸管的导通条件如下，需要注意两个条件必须同时满足，缺一不可。

1）阳极 A 与阴极 K 之间加正向电压 U_{AK}。

2）门极 G 与阴极 K 之间加触发控制脉冲 I_G。

会跳舞的小彩灯

晶闸管的关断条件如下，注意这两个条件只需要满足一条即可。

1）撤去正向电压，降低阳极电流 I_A 到小于维持电流 I_H。

2）给阳极 A 与阴极 K 之间加反向电压。

其中，维持电流 I_H 是在规定的环境温度下，门极断路时维持元件继续导通的最小电流。当晶闸管的正向电流小于这个电流时，晶闸管将自动关断。

晶闸管阳极与阴极之间的电压 U_{AK} 与阳极电流 I_A 的关系，称为晶闸管的伏安特性，相应的伏安特性曲线如图 1-12 所示。无控制信号 I_G 时，给器件两端施加正向电压，只有很小的正向漏电流，晶闸管为正向阻断状态。当正向电压超过正向转折电压 U_{BO}，电流会急剧增大，晶闸管开通。给出控制信号 I_G，器件也会开通。I_G 幅值越大，U_{BO} 越低。

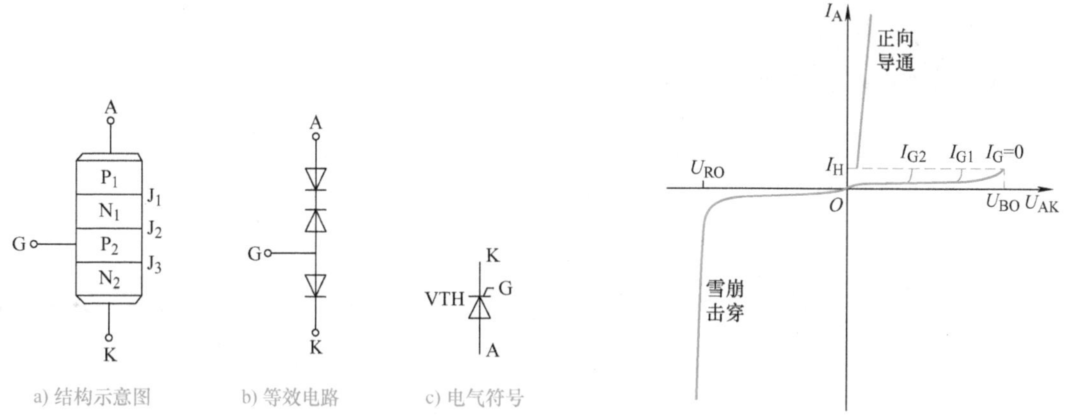

a) 结构示意图　b) 等效电路　c) 电气符号

图 1-11　晶闸管内部结构、等效电路及电气符号

图 1-12　晶闸管的伏安特性曲线

晶闸管承受反向电压时所表现的特性与二极管类似。当承受反向电压，呈现反向阻断状态时，只有很小的反向漏电流流过。当反向电压达到反向击穿电压 U_{RO} 后，可能导致晶闸管永久性发热损坏。

晶闸管就像一个可以控制的单向无触点开关。当然，这个单向无触点开关不是一个理想的开关，在正向阻断或反向阻断时，晶闸管的电阻不是无穷大；正向导通时，晶闸管的电阻也不为零，存在一定的管压降。

（3）型号

普通晶闸管的型号及其含义如图 1-13 所示，例如“KP800－12D”表示额定电流为 800A、额定电压为 1200V 的普通晶闸管。

5. 门极关断晶闸管

（1）外形与结构

门极关断（Gate Turn-Off Thyristor，GTO）晶闸管亦称门控晶闸管，其外形如图 1-14 所示。

和普通晶闸管的管芯结构基本一样，门极关断（GTO）晶闸管也是四层三端结构，三端子分别为阳极 A、阴极 K 和门极 G。不同的是，GTO 晶闸管是一种多元的功率集成器件，它可以看成数十个甚至数百个四层结构的小晶闸管并联而成。这些小晶闸管的门极和阴极并联在一起，成为 GTO 元，所以 GTO 晶闸管是一种多元的功率集成器件。图 1-15 是 GTO 晶闸管的断面示意图、结构示意图及电气符号。

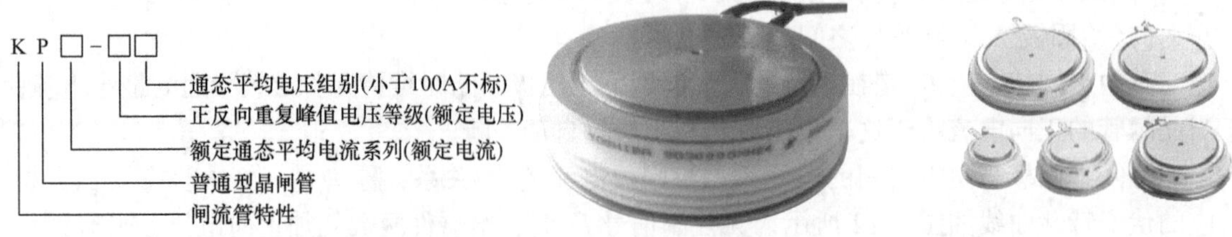

图 1-13　晶闸管的型号及其含义

图 1-14　门极关断晶闸管的外形

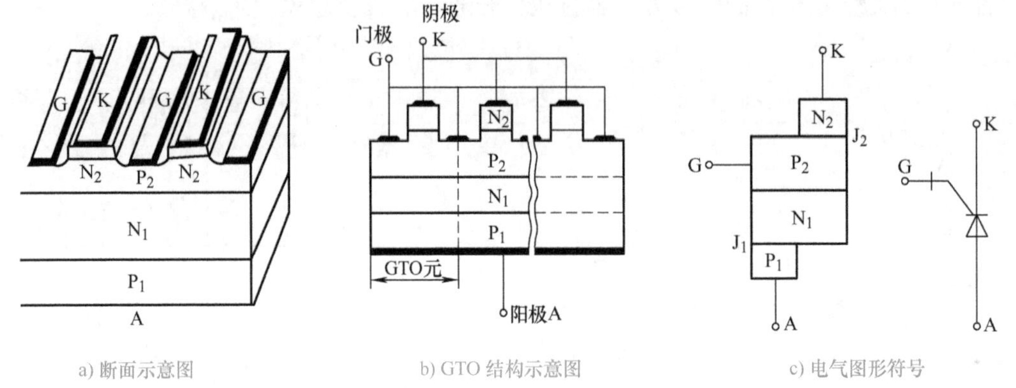

a) 断面示意图　　b) GTO 结构示意图　　c) 电气图形符号

图 1-15　GTO 晶闸管的断面示意图、结构示意图及电气符号

(2) 导通与关断条件

GTO 晶闸管导通条件与普通晶闸管一样，两个条件必须同时满足，缺一不可。

1) 阳极 A 与阴极 K 之间加正向电压 U_{AK}。

2) 门极 G 与阴极 K 之间加触发控制脉冲 I_G。

GTO 晶闸管的关断条件即门极加负向触发信号。多元集成结构使得 GTO 晶闸管比普通晶闸管开通过程快，承受电流变化率 di/dt 能力强。

任务实施

在实际使用过程中，很多时候需要对电力电子器件的极性与好坏进行简单的判断，经常采用万用表法进行判别。

1. 电力二极管的极性与质量判别

(1) 极性判别

万用表档位置于欧姆档 $R\times100$ 或 $R\times1k$，测量两端的正、反向电阻。若测量出的电阻只有几十欧至几百欧，则黑表笔所接端子为阳极，红表笔所接端子为阴极。

(2) 质量判别

用万用表测量阳极 A 和阴极 K 两端的正、反向电阻。若正向电阻为几十欧至几百欧，而反向电阻在几十千欧以上，则电力二极管正常。若正、反向电阻都为零或都为无穷大，说明电力二极管已经损坏。

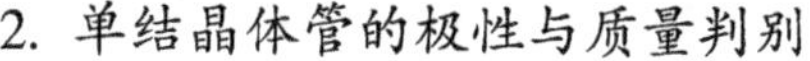

2. 单结晶体管的极性与质量判别

（1）极性判别

万用表置于欧姆档 $R\times100$ 或 $R\times1\mathrm{k}$，黑表笔接一极，红表笔接另外两极，出现两次低电阻时，黑表笔接的是发射极。用黑表笔接发射极，红表笔分别接两个基极（B_1 和 B_2），两次测量中，电阻大的一次，红表笔接的就是 B_1。

（2）质量判别

万用表置于欧姆档 $R\times1\mathrm{k}$，将黑表笔接发射极 E，红表笔依次接两个基极，正常时阻值为 2～10kΩ。再将红表笔接发射极 E，黑表笔依次接两个基极，正常时阻值为无穷大。若测得某两极之间的电阻值与上述正常值相差较大，则说明该单结晶体管已损坏。

3. 普通晶闸管的极性与质量判别

（1）极性判别

可以通过晶闸管的封装形式来判断其管脚极性，图 1-16 为几种普通晶闸管的管脚极性排列。

1）螺栓式：螺栓一端为阳极 A，较细的引线端为门极 G，较粗的为阴极 K。

2）平板式：引出线端为门极 G，平面端为阳极 A，另一端为阴极 K。

3）塑封式：中间引脚为阳极 A。

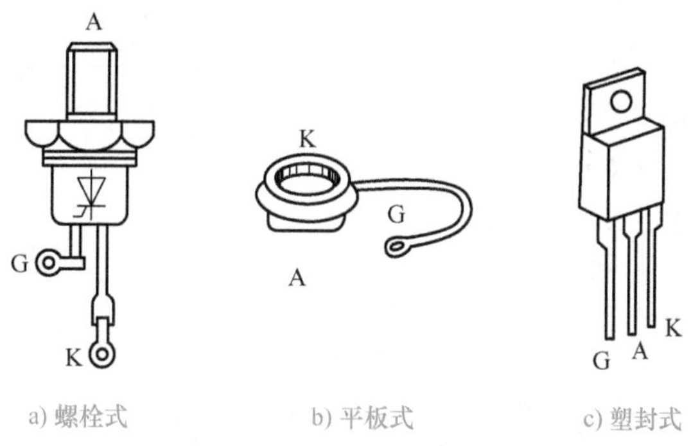

图 1-16　常见晶闸管的引脚极性

（2）质量判别

1）内部击穿短路或漏电判断：用万用表欧姆档 $R\times1\mathrm{k}$ 测量阳极 A 与阴极 K 间的正、反向电阻均较小。（正常时，均应为无穷大）

2）门极 G、阴极 K 极间开路或短路判断：用万用表欧姆档 $R\times1\mathrm{k}$ 测量门极 G 与阴极 K 间的正、反向电阻值均很大或均很小、相等或接近。（正常时，正向电阻很小，反向电阻很大）

3）门极 G、阳极 A 极间击穿判断：用万用表欧姆档 $R\times1\mathrm{k}$ 测量阳极 A 与门极 G 之间的正、反向电阻获得的值不一样。（正常时，均应为无穷大）

4. 门极关断（GTO）晶闸管的极性判别

通过对 GTO 元也就是晶闸管的内部等效电路的观察，发现只有门极 G 得到高电位、阳极 A 得到低电位时，两极之间是导通的状态。所以用万用表欧姆档 $R\times1\mathrm{k}$ 测量任意两管脚间的电阻，仅当黑表笔接门极 G、红表笔接阴极 K 时，电阻呈低阻值，其他情况下电阻值均为无穷大。由此可迅速判定门极、阴极，剩下的就是阳极。

任务 1.2　普通晶闸管与门极关断（GTO）晶闸管的性能测试

学习目标

1）掌握普通晶闸管与门极关断（GTO）晶闸管的工作特性。

2）掌握普通晶闸管与门极关断（GTO）晶闸管对触发信号的要求。

知识引入

1. 晶闸管的触发性能检测

用万用表欧姆档 $R\times100$ 测量阳极 A 与阴极 K 之间的电阻阻值，黑表笔接阳极 A、红表笔接阴极 K 时阻值为无穷大。用镊子或导线将晶闸管的阳极 A 与门极 G 短路，即给门极 G 加上正向触发电压，然后再断开，若阳极 A 与阴极 K 间的阻值始终保持在几至几十欧的位置，说明此晶闸管的触发性能良好。

为了弄清晶闸管的工作原理，可通过以下实验来说明晶闸管的导通与关断原理，电路如图 1-17 所示。电路中，E_A 为 3～6V，E_G 为 1.5～3V，可以通过双刀双掷开关 S_1、S_2 分别以正向或反向作用于晶闸管的相应电极。

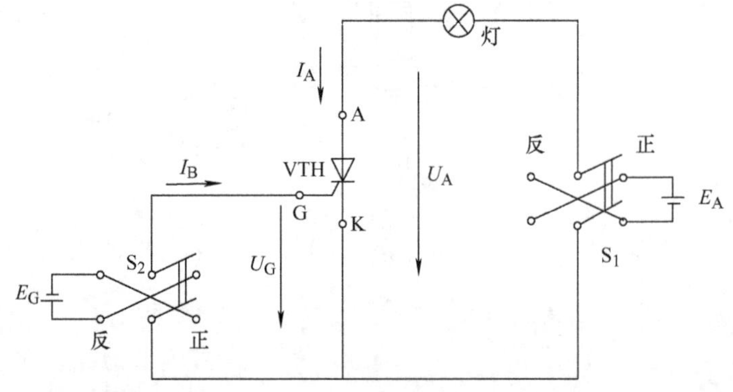

图 1-17　晶闸管触发性能实验电路

当给晶闸管阳极 A 与阴极 K 之间施加反向电压，给门极 G 与阴极 K 之间施加反向电压、不加电压，小灯泡均不亮。接着，给阳极 A 与阴极 K 之间施加正向电压，给门极 G 与阴极 K 之间分别施加正向电压、不加电压、施加反向电压，小灯泡只有在同时正向电压的情况下才会亮。

在小灯泡点亮的状态下，再将门极 G 与阴极 K 之间的正向电压撤去，发现小灯泡依然维持点亮状态。撤去阳极 A 与阴极 K 之间的正向电压，小灯泡熄灭。

通过这个小实验，可以总结出晶闸管正常工作时的特性如下：

1）阳极 A 与阴极 K 之间承受反向电压时，不论门极 G 是否有触发信号，晶闸管都不会导通。

2）阳极 A 与阴极 K 之间承受正向电压时，仅在门极 G 有触发信号的情况下晶闸管才能导通。

3）晶闸管一旦导通，门极 G 就失去控制作用。

4）要使晶闸管关断，只能使晶闸管的电流降到接近于零的某一数值以下。

2. 门极关断（GTO）晶闸管的触发性能检测

用万用表欧姆档 $R\times100$ 测阳极 A 与阴极 K 之间的电阻阻值。黑表笔接阳极 A、红表笔接阴极 K 时阻值为无穷大，即没有控制信号时 GTO 晶闸管不导通。黑表笔同时接通门极 G 和阳极 A，若阳极 A 与阴极 K 间的阻值始终保持在低阻状态，说明有控制信号时 GTO 晶闸管导通了。再让黑表笔脱开门极 G，若阳极 A 与阴极 K 之间能维持低阻状态，说明 GTO 晶闸管撤去控制信号依然能够维持导通。最后，使红表笔同时接触阴极 K 与门极 G，阳极 A 与阴极 K 之间的阻值再次呈现高阻状态，说明有负的控制信号时 GTO 晶闸管关断了。如果按照以上步骤对 GTO 晶闸管进行性能测试所得结果都较理想，就说明被测管具有良好的触发能力。

任务实施

1. 认识实验实训平台

在任务实施之前，先对所使用的实验实训平台进行简单介绍。本书所实施的任务均基于杭州力控科技有限公司生产的 HKDD－1－V 型电力电子技术实训台。实训台有 17 个基础挂箱，可以按照实验实训任务的不同选择和组合不同的挂箱。挂箱的功能及内含模块如下：

（1）HK22－1 直流仪表挂箱

1）直流电压表 1 只。有手动/自动量程；工业级柜装 48mm×96mm；精度 0.2 级；电压 0～500V，5 档量程（200mV、2V、20V、200V、500V）；带 4～20mA 电流输出口，继电器报警输出口；支持工业标准通信网络接口及协议。

2）直流毫安表 1 只。有手动/自动量程；工业级柜装 48mm×96mm；精度 0.2 级；电流 0～2A，全量程内阻 15mΩ，5 档量程（200μA，2mA，20mA，200mA，2A）；带 4～20mA 电流输出口，继电器报警输出口；支持工业标准通信网络接口及协议。

3）直流电流表 1 只。有手动/自动量程；工业级柜装 48mm×96mm；精度 0.2 级；电流 0～30A，全量程内阻 10mΩ，2 档量程（5A、30A）；带 4～20mA 电流输出口，继电器报警输出口；支持工业标准通信网络接口及协议。

（2）HK23－4 交流仪表挂箱

1）电流表 1 只，具有通信接口，自动量程，工业级柜装 48mm×96mm，精度 0.5 级，量程 5A。显示单位：mA。

2）电压表 1 只，具有通信接口，自动量程，工业级柜装 48mm×96mm，精度 0.5 级，量程 500V。显示单位：V。

3）功率表 1 只，可通过键控、数显窗口实现人机对话功能控制模式。能测量电路的有功功率、无功功率、视在功率、功率因数、电压、电流参数。功率测量精度为 1.0 级，功率因数测量范围 0.3～1.0，电压、电流量程为 500V 和 5A。具有 RS－485 通信接口，采用标准 Modbus-RTU 通信协议。

（3）HKDT12 变压器实验挂箱

提供三相芯式变压器一个，该变压器有 2 套二次绕组，一次、二次绕组的电压为 127V/63.6V/31.8V，用于异步电动机串级调速实验和三相桥式、单相桥式有源逆变电路实验。另外还设有三相不可控整流电路，用来产生直流电源。

（4）HK27 三相可调电阻器挂箱

提供三组 900Ω×2/0.41A 瓷盘电阻，作为实验中的可调电阻性负载用。

（5）HKDT03 晶闸管桥式电路挂箱

提供 12 只分成正、反桥两组的晶闸管，每只晶闸管均设有过电流、过电压保护装置，正、反桥晶闸管可通过外加信号进行触发，并留有触发脉冲输入接口，可更好地完成设计性实验。设有可以控制触发信号通断的开关，防止误触发等，并有钮子开关切换。挂箱所有触发信号采用工业专用并口线连接。

（6）HKDT04 晶闸管触发电路挂箱

提供三相锯齿波移相触发电路和双路晶闸管的移相电路，提供观察座、输出专用接口等。

（7）HKDT05 晶闸管触发电路挂箱

提供单结晶体管触发电路、正弦波同步移相触发电路、锯齿波同步移相触发电路、单相交流调压触发电路、TCA785 集成触发电路，供五个触发电路实验使用。

（8）HKDT06 电动机调速控制实验（I）挂箱

提供以下模块：电流反馈与过电流保护（FBC + FA）、给定器（G）、转速变换器（FBS）、反号器（AR）、电压隔离器（TVD）调节器Ⅰ和调节器Ⅱ。其中调节器Ⅰ和调节器Ⅱ的反馈电阻、电容均安装在面板上，实验时可以灵活改变系统的参数，观测不同的参数对系统稳定性及响应时间等的影响，还可以让学生从调速系统的各种参数出发对调节器的放大倍数及积分时间参数分别设计，同时进行实际结果的验证，从而完成设计性实验。

（9）HKDT07 直流斩波实验挂箱

提供组成直流斩波电路所需的元器件和专用的 PWM 控制集成电路 SG3525。可完成降压斩波电路（Buck Chopper）、升压斩波电路（Boost Chopper）、升降压斩波电路（Boost - Buck Chopper）、Cuk 斩波电路、Sepic 斩波电路、Zeta 斩波电路六种典型实验。

（10）HKDT08 给定及实验器件挂箱

提供给定 ±15V 可调电压输出，内部已连成三角形接法的压敏电阻、二极管，24V 电源及电感。

（11）HKDT11 单相调压与可调负载挂箱

提供了一个整流滤波电路以及 0～180Ω/1.3A（串联）或 0～45Ω/2.6A（并联）瓷盘可调电阻，并提供单相交流调压电路。

（12）HKDT14 单相交-直-交变频原理挂箱

用于展示交-直-交变频原理，提供 SPWM 正弦波脉宽调制信号生成电路和 IGBT 专用集成驱动芯片。能完成以下展示性实验项目：1）SPWM 波形成的过程；2）交-直-交变频电路在不同负载（电阻、电感和电动机）时的工作情况和波形，并研究工作频率对电路工作波形的影响；3）IGBT 专用集成驱动芯片的工作特性。

（13）HKDJ32 双闭环 H 桥 DC－DC 变换直流调速系统挂箱

提供主回路、控制电路和调节控制三大部分，主回路由四个 IGBT 组成，控制电路使用专用 PWM 发生器 SG3525，调节控制部分设有零速封锁器、给定、电流反馈调节、速度反馈调节、速度调节器和电流调节器，其中速度调节器和电流调节器的反馈电阻、电容均外接。可完成的实验项目有：1）全桥 DC－DC 变换电路实验；2）双闭环可逆直流脉宽调速实验。

（14）HKDJ33 半桥型开关稳压电源的性能研究（MOSFET）挂箱

提供了半桥型开关稳压电源的主电路和控制电路，主电路的电力电子器件为电力 MOSFET。控制电路采用专用 PWM 控制集成电路 SG3525，采用恒频脉宽调制控制方案。可完成开关电路在开环与闭环下负载特性的测试实验以及电源电压波动对输出的影响实验内容。

（15）HKDT36 单相调压/调功电路挂箱

提供双向晶闸管，在交流调压实验中由双向触发二极管构成触发控制电路，在交流调功实验中由 555 时基电路组成触发控制电路。

（16）HKDT33 型整流电路有源功率因数校正挂箱

由整流电路、升压变换器、控制电路三部分组成。控制电路由功率因数控制芯片 UCC3817N 和外围元器件组成，最大输出功率为 100W[200V×(1±5%)，0.5A]，工作频率为 100kHz。

（17）HKDT40/41 三相异步电动机变频调速控制挂箱

提供三相正弦波脉宽调制（SPWM）、马鞍波（PWM）、三相空间电压矢量脉宽调制（SVPWM）三种变频实验方式，面板上设有相应的测试点，可方便地用示波器进行观测。此外，面板上有计算机接口，可与计算机联机进行实验，还留有可编程序控制器（PLC）接口。

2. 普通晶闸管的认识与性能测试

（1）任务实施所需模块

根据任务实施需要，在 HKDD－1－V 型电力电子技术实训台上选择 HKDT12 变压器实验挂箱、HKDT03 晶闸管桥式电路挂箱、HKDT05 晶闸管触发电路挂箱、HKDT08 给定及实验器件挂箱、HK27 三相可调电阻器挂箱等挂箱中相应模块。

1）电源控制屏：包含“三相电源输出”等模块。

2）整流电路模块。

3）智能直流数字电压表、电流表。

4）给定 ±15V 可调电压输出。

5）晶闸管模块。

6）可调电阻：包含 900Ω 磁盘电阻。

（2）任务所采用的电路及原理

将晶闸管和负载电阻 R_1 串联后接至直流电源的两端，由给定电压为晶闸管提供触发电压信号，给定电压从零开始调节，直至器件触发导通，从而可测得在上述过程中器件的伏安特性。实验原理图如图 1-18 所示，图中的电阻 R_1 和 R_2 均为可调电阻负载，将两个 900Ω 的电阻并联，形成 450Ω 可调电阻。直流电源采用三相电源输出经过整流电路模块。

（3）任务实施步骤

按图 1-18 接线，首先将晶闸管接入主电路。送电之前，将给定电路上的给定电位器沿

逆时针旋到底，将电源输出模块的 S_1 拨到“正给定”侧，S_2 拨到“运行”侧，三相调压器逆时针调到底，按下启动按钮。然后缓慢调节三相调压器，同时监视电压表的读数，当直流电压升到40V 时，停止调节三相调压器。调节给定电位器，逐步增加给定电压，监视电压表、电流表的读数，当电压表指示接近零（表示管子完全导通）时，停止调节，记录给定电压 U_G 调节过程中回路电流 I_D 以及器件的管压降 U_V 于表 1-1。

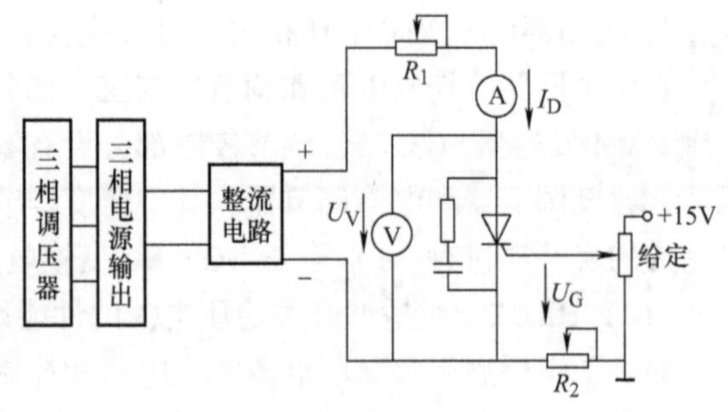

图 1-18　晶闸管特性实验原理图

表 1-1　晶闸管测试电压、电流值记录表

U_G					
I_D					
U_V					

根据得到的数据，绘出晶闸管的伏安特性。

3. 门极关断（GTO）晶闸管的认识与性能测试

按下电源控制屏的“停止”按钮，将晶闸管模块换成门极关断（GTO）晶闸管，重复前一个任务的实施步骤，并记录数据于表 1-2 中。

表 1-2　GTO 晶闸管测试电压、电流值记录表

U_G					
I_D					
U_V					

根据得到的数据，绘出门极关断（GTO）晶闸管的输出伏安特性。

任务 1.3　四种触发电路的调试

学习目标

1）熟悉四种触发电路的工作原理及电路中各元器件的作用。

2）掌握四种触发电路的调试步骤和方法。

知识引入

1. 单结晶体管触发电路

利用单结晶体管的负阻特性和 RC 回路充放电特性，可组成频率可调的自激振荡电路，如图 1-19 所示。其中 VU 为单结晶体管，由 VT_2 和 C_1 组成 RC 充电回路，由 C_1、VU 和脉

冲变压器组成电容放电回路，调节 R_{P1} 即可改变充电回路中的等效电阻。

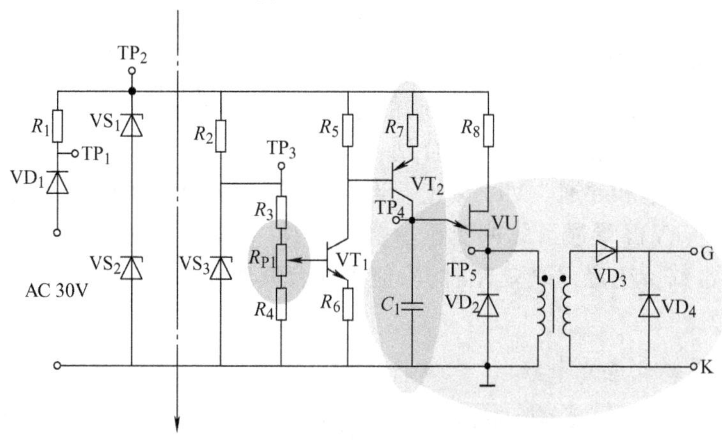

图 1-19　单结晶体管触发电路原理图

同步变压器二次侧输出交流同步电压，经 VD_1 半波整流，再由稳压管 VS_1、VS_2 进行削波，得到梯形波电压，其过零点与电源电压的过零点同步。梯形波通过 R_7 及 VT_2 向电容 C_1 充电，当充电电压达到单结晶体管的峰值电压 U_P 时，单结晶体管 VU 导通，电容通过脉冲变压器一次侧放电，脉冲变压器二次侧输出脉冲。

同时由于放电时间常数很小，C_1 两端的电压很快下降到单结晶体管的谷点电压 U_V，使 VU 关断，C_1 再次充电，周而复始，在电容 C_1 两端呈现锯齿波形，在脉冲变压器二次侧输出尖脉冲。

充电时间常数由电容 C_1 和 VT_2 等决定，调节 R_{P1} 改变 C_1 的充电时间，控制第一个尖脉冲的出现时刻，实现脉冲的移相控制。

2. 正弦波同步移相触发电路

正弦波同步移相触发电路由同步移相、脉冲放大等环节组成，其原理图如图 1-20 所示。

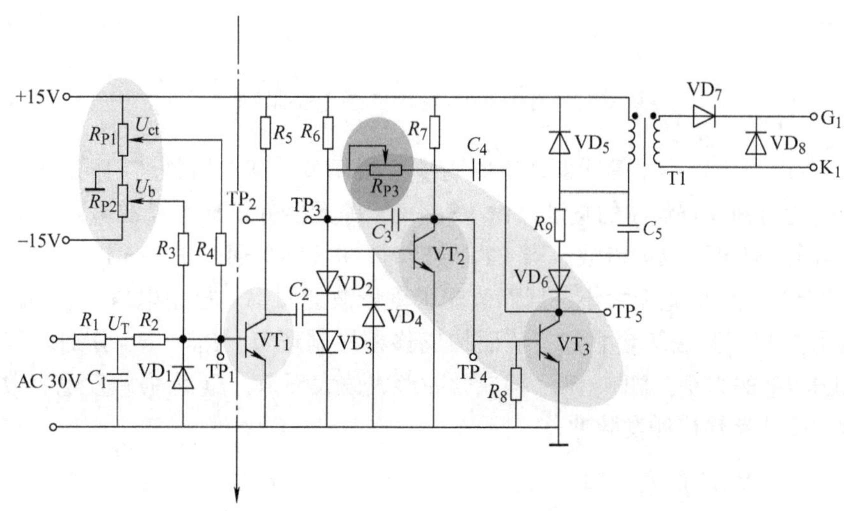

图 1-20　正弦波同步移相触发电路原理图

同步信号由同步变压器二次侧提供，晶体管 VT_1 左侧为同步移相环节，在 VT_1 的基极综合了同步信号电压 U_T、偏移电压 U_b 及控制电压 U_{ct}（R_{P1} 调节 U_{ct}，R_{P2} 调节 U_b）。调节 R_{P1} 及 R_{P2} 均可改变 VT_1 的翻转时刻，从而控制触发角的位置。

脉冲形成整形环节是 VT_2 与 VT_3 构成的单稳态脉冲电路，VT_2 的集电极耦合到 VT_3 的基极，VT_3 的集电极通过 C_4、R_{P3} 耦合到 VT_2 的基极。当 VT_1 未导通时，R_6 供给 VT_2 足够的基极电流使之饱和导通，VT_3 截止。当 VT_1 导通时，VT_1 的集电极从高电位翻转为低电位，VT_2 截止，VT_3 导通，脉冲变压器输出脉冲。VT_3 的基极电位上升 0.7V 的时间由其充放电时间常数所决定，改变 R_{P3} 的阻值可改变其时间常数，也就改变了输出脉冲的宽度。

3. 锯齿波同步移相触发电路

锯齿波同步移相触发电路由同步检测、锯齿波形成、移相控制、脉冲形成、脉冲放大等环节组成，其原理图如图 1-21 所示。

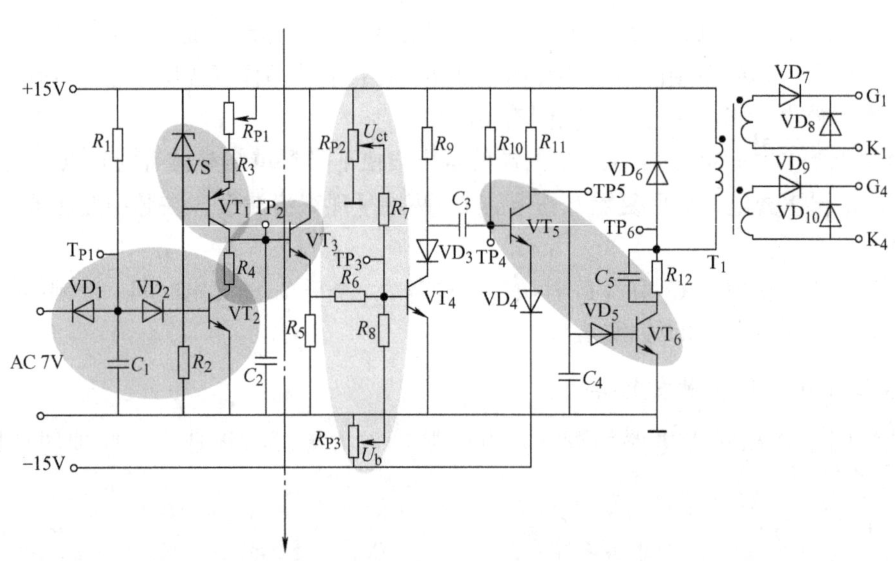

图 1-21　锯齿波同步移相触发电路原理图

由 VT_2、VD_1、VD_2、C_1 等元器件组成同步检测环节，其作用是利用同步电压 U_T 来控制锯齿波产生的时刻及锯齿波的宽度。由 VS、VT_1 等元器件组成恒流源电路，当 VT_2 截止时，恒流源对 C_2 充电形成锯齿波。当 VT_2 导通时，电容 C_2 通过 R_4、VT_2 放电。调节电位器 R_{P1} 可以调节恒流源的电流大小，从而改变了锯齿波的斜率。控制电压 U_{ct}、偏移电压 U_b 和锯齿波电压在 VT_4 基极综合叠加，从而构成移相控制环节，R_{P2}、R_{P3} 分别调节控制电压 U_{ct} 和偏移电压 U_b 的大小。VT_5、VT_6 构成脉冲形成放大环节，C_5 为强触发电容改善脉冲的前沿，由脉冲变压器输出触发脉冲。

4. 西门子 TCA785 触发电路

西门子 TCA785 集成电路的内部框图如图 1-22 所示。TCA785 集成块内部主要由同步寄存器、基准电源、锯齿波形成电路、移相电压、锯齿波比较电路和逻辑控制功率放大模块等功能块组成。同步信号从TCA785集成电路的引脚5输入，过零检测部分对同步电压信号进行检测，当检测到同步信号过零时，信号送至同步寄存器。同步寄存器输出控制锯齿波发生电路，锯齿波的斜率大小由引脚9外接电阻和引脚10外接电容决定，输出脉冲宽度由引脚12外接电容的大小决定。引脚14、15输出对应负半周和正半周的触发脉冲，移相控制电压从引脚11输入。

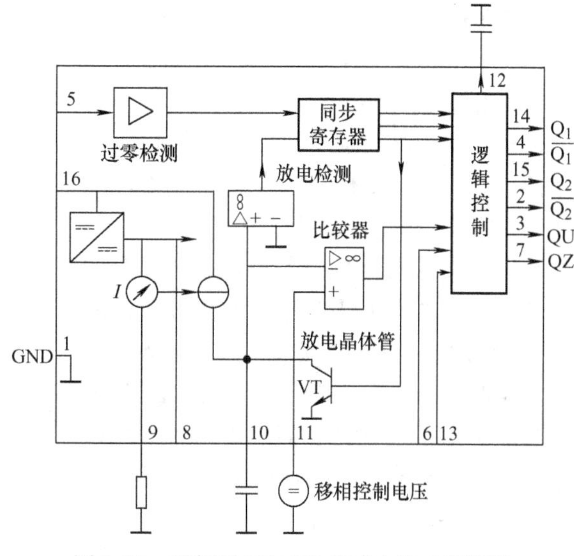

图1-22　西门子TCA785集成电路内部框图

任务实施

根据任务实施需要，在HKDD－1－V型电力电子技术实训台上选择HKDT12变压器实验挂箱、HKDT05晶闸管触发电路挂箱中相应模块。

1. 单结晶体管触发电路调试

（1）任务实施所需模块

1）电源控制屏：包含“三相电源输出”等模块。

2）晶闸管触发电路：包含“单结晶体管触发电路”等模块。

（2）任务实施步骤

将电源控制屏的总电源、钥匙开关全部拨至“开”。按“启动”按钮，调节电源屏左侧的三相交流调压器旋钮，使输出线电压为200V。用两根导线将200V交流电压接到晶闸管触发电路挂箱的“外接220V”端，打开挂箱电源开关。用双踪示波器观察单结晶体管触发电路经半波整流后TP_1点的波形、经稳压管削波后TP_2点的波形，调节移相电位器，观察TP_4点锯齿波的周期性变化及TP_5点的触发脉冲波形。最后，观测输出的G、K间触发电压波形，其能否在30°~170°范围内移相。

当$\alpha=90°$时，将单结晶体管触发电路的各观测点波形描绘下来，并与图1-23的各点电压波形进行比较。

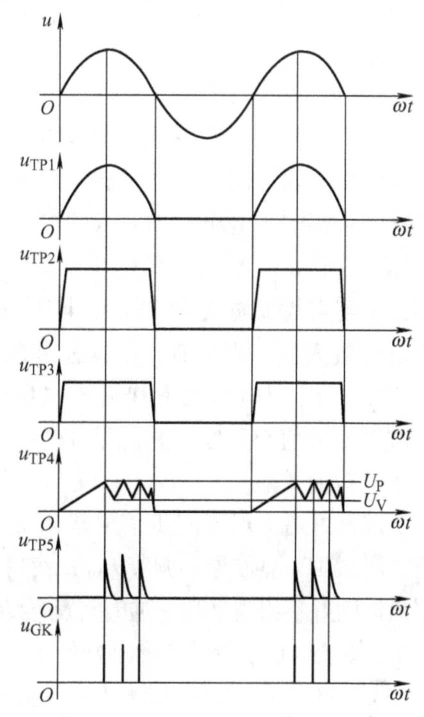

图1-23　单结晶体管触发电路的各点电压波形

2. 正弦波同步移相触发电路调试

（1）任务实施所需模块

1）电源控制屏：包含“三相电源输出”等模块。

2）晶闸管触发电路：包含“正弦波同步移相触发电路”等模块。

（2）任务实施步骤

将前一个调试实验中的单结晶体管触发电路换成正弦波同步移相触发电路，用双踪示波器观察各点的电压波形。

确定脉冲的初始相位，将电位器 R_{P2} 逆时针旋到底，再顺时针进行细微调节，再调 R_{P1} 使得触发脉冲的后沿接近 90°。保持电位器 R_{P2} 不变，顺时针旋转 R_{P1}，用示波器观察同步电压信号及输出脉冲 TP_5 点的波形，注意脉冲的移动情况，并估计移相范围。调节 R_{P1}，使 $\alpha=60°$，观察并记录面板上点 TP_1 ~ TP_5 及输出脉冲 G_1、K_1 间电压波形，记录其幅值。调节 R_{P3}，观测 TP_5 点脉冲宽度的变化。当 $\alpha=0°$时，将各点波形描绘下来，并与图 1-24 的各波形进行比较。

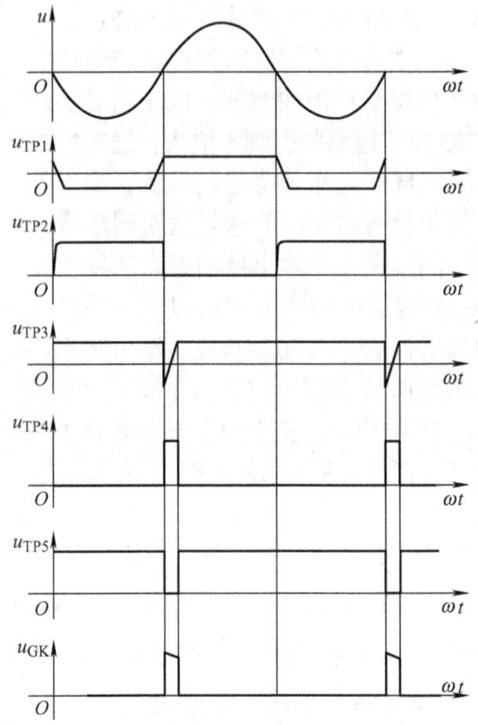

图 1-24　正弦波同步移相触发电路的各点电压波形

3. 锯齿波同步移相触发电路调试

（1）任务实施所需模块

1）电源控制屏：包含“三相电源输出”等模块。

2）晶闸管触发电路：包含“锯齿波同步移相触发电路”等模块。

（2）任务实施步骤

将前一个调试实验中的触发电路换成锯齿波同步移相触发电路，用双踪示波器观察各点的电压波形：同时观察同步电压和 TP_1 点的电压波形，了解 TP_1 点波形形成的原因；观察 TP_1、TP_2 点的电压波形，了解锯齿波宽度和 TP_1 点电压波形的关系。调节电位器 R_{P1}，观察 TP_2 点锯齿波斜率的变化。观察 TP_3 ~ TP_6 点电压波形和输出电压的波形，记下各波形的幅值与宽度，并总结 TP_3 点电压和 TP_6 点电压的对应关系。

示波器通道 1 观测同步信号输入波形，同时用通道 2 测试 TP_1 点波形。调节 R_{P1}，使得测试 TP_2 点的锯齿波刚好不出现平顶。逆时针旋转 R_{P2} 到底，再调节 R_{P3} 使 TP_5 点的脉冲波形刚好处于 180°位置。

当 $\alpha=90°$时，将各观测点波形描绘下来，并与图 1-25 的各波形进行比较。

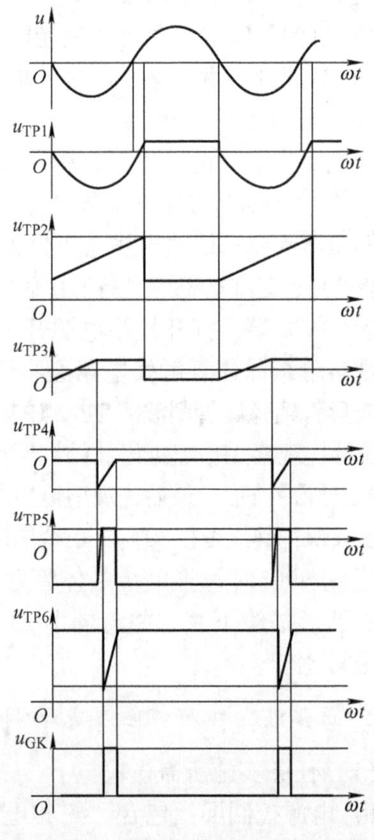

图 1-25　锯齿波同步移相触发电路的各点电压波形

4. 西门子 TCA785 触发电路调试

（1）任务实施所需模块

1）电源控制屏：包含“三相电源输出”等模块。

2）晶闸管触发电路：包含“TCA785 集成移相触发电路”等模块。

（2）任务实施步骤

将前一个调试实验中的触发电路换成 TCA785 集成移相触发电路，用双踪示波器通道 1 观测 15V 的同步电压信号，通道 2 观测 TCA785 触发电路同步信号和 TP_1 点的波形；调节斜率电位器 R_{P1}，观察 TP_2 点锯齿波波形的斜率变化以及 TP_3 点、TP_4 点互差 180°的触发脉冲波形。观测输出的四路触发电压波形能否在 30° ~ 170°范围内移相。调节电位器 R_{P2}，用示波器观察同步电压信号和 TP_3 点的电压波形，观察和记录触发脉冲的移相范围。

当 $\alpha = 60°$时，将各观测点波形描绘下来，并与图 1-26 的各波形进行比较。

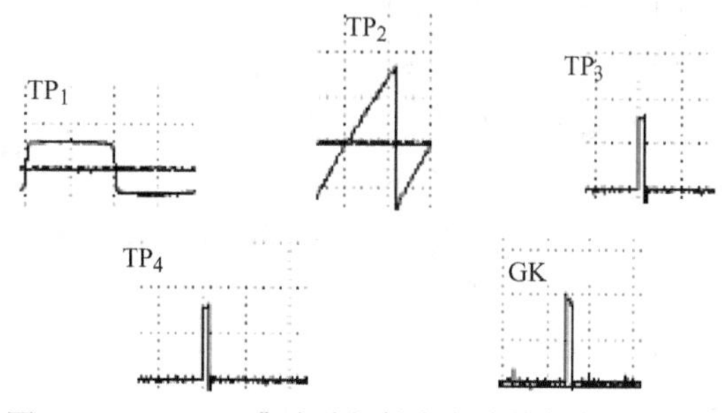

图 1-26　TCA785 集成移相触发电路的各点电压波形

任务 1.4　人体接近开关电路的设计与调试

1）认识与调试人体接近开关电路。

2）了解人体接近开关的工作原理。

3）认识晶闸管在人体接近开关中的作用。

知识引入

晶闸管的类型多种多样，在选取的时候应该根据应用电路的具体要求合理地选取、选用。晶闸管型号的类型选取方法如下：

1）交直流电压控制电路、可控整流电路、逆变电源电路、开关电源保护电路等场合可以选择普通晶闸管。

2）交流开关电路、交流调压电路、交流电动机线性调速电路、灯具线性调光电路以及固态继电器、固态接触器等电路等场合可以选择双向晶闸管。

3）交流电动机的变频调速电路、斩波器电路、逆变电源电路、各种电子开关电路等场合可以选择门极关断晶闸管。

4）长时间延时器、过电压保护器、大功率的晶体管触发电路等场合可以选择 BTG 晶闸管。

5）电磁灶电路、超声波电路、开关电源灯电路等场合可以选用逆导晶闸管。

6）光探测器、光计数器、光电逻辑电路等运行监控的电路可以选用光控晶闸管。

所选晶闸管的参数应根据应用电路的具体要求而定。所选的晶闸管应该留有一定的功率，选择普通晶闸管额定电流的原则是管子的额定电流有效值大于等于管子在电路中实际可能通过的最大电流有效值。应考虑元件的过载能力，实际选择时应有 1.5~2 倍的安全裕量。选择普通晶闸管额定电压的原则是额定电压应为管子在所工作的电路中可能承受的最大反向瞬时值电压的 2~3 倍。晶闸管的门极触发电流和触发电压等参数也应该符合应用电路的各项要求，不能够偏高或者偏低，过度的话就会影响晶闸管的正常工作。

任务实施

(1) 任务实施所需元器件

1) 金属极板：20cm×30cm。

2) 氖灯泡：功率不大于 100W。

3) 瓷片电容：2 只，10pF。

4) 晶闸管：MCR100-8，耐压须为 600V 以上。

5) 继电器：接触电阻小于 50MΩ，绝缘电阻大于 100MΩ。

(2) 任务实施步骤

任务所采用的人体接近开关电路如图 1-27 所示，金属感应板通过瓷片电容 C_1 接在市电的相线上。当人体接近感应板时，站在大地上的人体与感应板之间形成分布电容 C_2，C_2 和 C_1 呈串联状态对市电进行分压，如果这个分压大于氖灯启辉电压，氖灯被击穿点亮，并触发晶闸管导通，使继电器 K 得电工作，继电器 K 的触点 K_1 就可实现对各种电源及电路的控制。

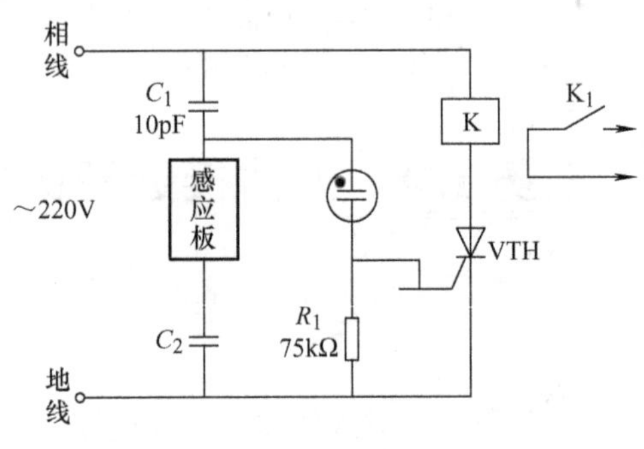

图 1-27　人体接近开关电路

在对该电路进行制作时，将图中各元器件焊装在一小块万能板上，需要特别注意管脚极性。为了方便焊接，可以先将芯片焊接在电路板上，然后根据电路焊接周围的电容，在焊接电容时注意电容的极性，电解电容是有正负极的。背面可以直接用焊锡焊接在一起，这样可使元器件紧凑一些而不必用导线连接元器件。

实际应用中，最好将电路装在其他电源或电路装置的底部，用胶水粘牢并将引线接至其他装置的两接线端。

拓展应用

1. 晶闸管在三分频彩灯控制器中的应用

三分频彩灯控制器电路如图 1-28 所示。控制器的控制信号可以直接从音响系统的输出端取得，然后通过变压器 T 升压后用电感、电容元件分出高、中、低三个频道，分别去触发三个晶闸管 VTH_1~VTH_3，带动三路彩灯串 HL_1~HL_3。这样，彩灯串便可随音乐的强弱而闪烁。注意，电路中的 R_P 用于调节灵敏度。彩灯的功率大小可视晶闸管流过的电流大小而定，约每安培带动 200W 灯泡一个。

2. 晶闸管在简易延时照明灯中的应用

简易延时照明灯电路如图 1-29 所示。图中晶闸管 VTH 选用 MCR100－8，耐压须为 600V 以上。灯泡的功率不大于 100W 为宜。二极管 VD 为 1N4007，晶体管 VT 为 C1815。电阻均为$\frac{1}{8}$W 碳膜电阻。

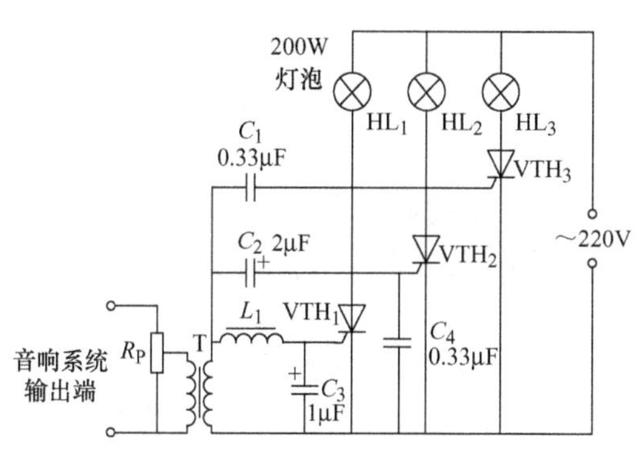

图 1-28　三分频彩灯控制器电路

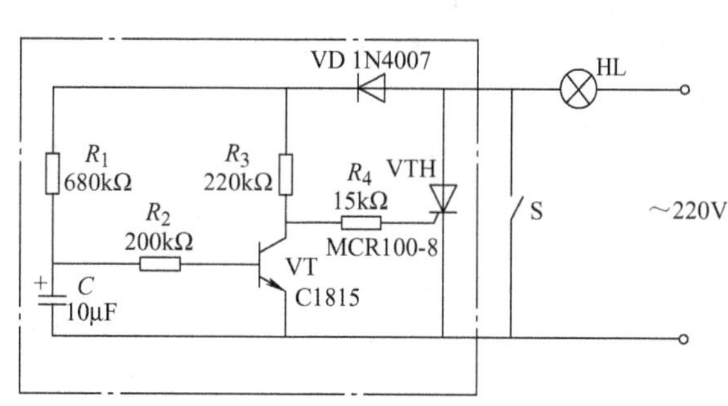

图 1-29　简易延时照明灯电路

延时电路如点画线框内所示。图中 S 为拉线开关或墙壁开关，当 S 闭合后，该延时电路不工作，电灯 HL 处于正常的发光状态。当 S 被关断后，220V 电压一方面经 R_1 向电容 C 充电，由于在 C 的充电期间没有电流流过 R_2，因此晶体管 VT 一直处于截止状态；另一方面，该电压经 R_3、R_4 向晶闸管 VTH 提供触发电压，使晶闸管 VTH 处于导通状态，因此在关灯后电灯亮一段时间。当电容 C 被充足电后，晶闸管 VT 由截止转为导通状态，将晶闸管 VTH 关断，电灯也就熄灭了。

电路关灯延时期间，延时时间由 R_1、C 的取值来确定，也可根据需要自行确定。图 1-29 所示电路中的晶闸管选用的是单向晶闸管，在关灯延时期间电灯的亮度约为开灯时亮度的一半，以适合人们的视觉上的需要，同时又可节能。

思考与练习

1-1　选择题

1. 晶闸管内部有（　　）个 PN 结。

A. 1　　B. 2　　C. 3　　D. 4

2. 单结晶体管内部有（　　）个 PN 结。

A. 1　　B. 2　　C. 3　　D. 4

3. 下列电力电子器件中（　　）是半控器件。

A. GTO 晶闸管　　B. 双向晶闸管　　C. IGBT　　D. 快速二极管

4. 下列电力二极管中，开关频率最高的是（　　）。

A. 普通二极管　　B. 快速恢复二极管　　C. 肖特基二极管

5. 下列电力二极管中，反向恢复时间最长的是（　　）。

A. 普通二极管　　B. 快速恢复二极管　　C. 肖特基二极管

23

1-2　填空题

1. 单结晶体管相当于从一个 PN 结的 P 型半导体上引出__________，从 N 型半导体的两端引出的两个电极分别为__________和__________。

2. 晶闸管的三个极分别为__________、__________和__________。它的电气符号为__________。它可以被看作一个可以控制的单相无触点__________。

3. 从管芯结构上看，GTO 晶闸管可以看作由数十个甚至数百个四层结构的小__________并联而成，所以 GTO 晶闸管的导通与关断条件与它__________。

4. __________型半导体掺杂的是三价元素，__________型半导体掺杂的是五价元素。

5. PN 结__________偏置的时候，扩散电流远远大于漂移电流，空间电荷区会变__________；PN 结__________偏置的时候，扩散运动停止，只有小的漂移电流，空间电荷区会变__________。

6. __________与__________的函数关系称为电力二极管的伏安特性。

7. 晶闸管的工作状态有正向__________状态、正向__________状态和反向__________状态。

8. 某半导体器件的型号为 KP300－9G，表示该器件为__________器件，额定电流为__________A，额定电压为__________V，G 是__________参数。

9. 当单结晶体管的发射极电压高于__________电压时就导通，低于__________电压时就截止。

1-3　简答题

1. 简述电力电子器件的分类。

2. 电力二极管和单结晶体管最大的特点是什么？它们的导通和关断是如何实现的？

3. 晶闸管最大的特点是什么？它的导通和关断是如何实现的？

4. 门极关断（GTO）晶闸管的关断如何实现？

5. 采用晶闸管设计电路实现电灯的亮和灭，说出如何对晶闸管进行控制，并总结晶闸管正常工作时的特性。

6. 单结晶体管触发电路的输出脉冲宽度主要取决于什么因素？

7. 归纳 4 种触发电路的调试步骤，总结调试的异同。

8. 如何对晶闸管和门极关断（GTO）晶闸管进行质量判别？

9. 分别对螺栓式、平板式和塑封式的晶闸管进行极性判别。

10. 绘出电力二极管、单结晶体管、晶闸管及门极关断（GTO）晶闸管的电气符号，指出它们由几个 PN 结构成。

11. 在人体接近开关、三分频彩灯控制器与简易延时照明灯电路中，晶闸管分别起到什么作用？在这些电路中，它是怎么被控制的？

项目2

直流电动机调速系统的设计与调试

【项目描述】

直流电机（Direct Current Machine）是指能将直流电能转换成机械能或将机械能转换成直流电能的旋转电机。它是能实现直流电能和机械能相互转换的电机。当它作电动机运行时是直流电动机，将电能转换为机械能；作发电机运行时是直流发电机，将机械能转换为电能。

直流电动机拥有定子绕组和转子绕组。定子绕组产生磁场。当通直流电时，定子绕组产生固定极性的磁场。转子通直流电在磁场中受力。转子在磁场中受力就旋转起来。直流电机在调速方面比较简单，只需控制电压大小就可以控制转速，具有良好的起动特性和调速特性。所以，对调速性能要求较高的大型设备，比如轧钢机，都采用直流电动机拖动。

直流电动机调速是指电动机在一定负载的条件下，根据需要人为地改变电动机的转速。晶闸管调速模块目前大量用于直流电动机调速，在整流调控等方面具有非常显著的功能价值，可以在重负载条件下实现均匀、平滑的无级调速，而且调速范围较宽。

图2-1　直流电机的实物图

任务2.1　单相半波电路的分析与调试

学习目标

1）结合正弦波同步移相触发电路的使用，完成单相半波整流电路的调试。

2）掌握单相半波可控整流电路带电阻负载和阻感负载时的工作情况。

3）了解续流二极管的作用。

1. 整流电路的分类与应用

整流电路（Rectifying Circuit）是把交流电能转换为直流电能的电路。大多数整流电路由变压器、整流主电路和滤波电路等组成。它在直流电动机调速、发电机励磁调节、电解、电镀等方面得到广泛应用。变压器设置与否视具体情况而定。变压器的作用是实现交流输入电压与直流输出电压间的匹配以及交流电网与整流电路之间的电隔离。20 世纪 70 年代以后，主电路多用硅整流二极管和晶闸管组成。滤波电路接在主电路与负载之间，用于滤除脉动直流电压中的交流成分。

万能的小家电调压器

（1）整流电路的分类

1）按组成器件可分为不可控整流电路、半控整流电路和全控整流电路。不可控整流电路完全由不可控二极管组成，电路结构确定之后输出直流电压是固定不变的；半控整流电路由可控器件和二极管混合组成，输出直流电压极性不能改变，但平均值可以调节；在全控整流电路中，所有的整流器件都是可控的（普通晶闸管、大功率晶闸管、GTO 晶闸管等），其输出直流电压的平均值及极性可以通过控制器件的导通状况而得到调节。

2）按电路结构可分为零式电路和桥式电路。零式电路指带零点或中性点的电路，又称半波电路，其特点是所有整流器件的阴极（或阳极）都接到一个公共节点，向直流负载供电，负载的另一端接到交流电源的零点；桥式电路实际上由两个半波电路串联而成，故又称全波电路。

3）按电网交流输入相数可分为单相整流电路、三相整流电路和多相整流电路。小功率整流器常采用单相整流电路；三相整流电路的交流侧由三相电源供电，因为三相是平衡的，输出的直流电压和电流脉动较小，对电网影响较小，且控制滞后时间短，适用于大功率变流装置；多相整流电路能改善功率因数，提高脉动频率，使变压器一次电流的波形更接近正弦波，从而显著降低谐波的影响。

（2）整流电路的应用

由于所有的电子设备都需要使用直流电，但电力公司的供电是交流电，因此除非使用电池，否则所有电子设备的电源供应器内部都少不了整流电路。

整流电路还用于调幅（AM）无线电信号的检波。信号在检波前可能会先经增幅（把信号的振幅放大），如果未经增幅，则必须使用电压降非常低的二极管进行整流。

整流电路也用于提供电焊所需固定极性的电压，这种电路的输出电流有时需要控制，即采用可控整流电路。可控整流电路还用于各级铁路机车系统中，以实现牵引电动机的微调。

（3）电力电子电路的一种基本分析方法

将器件等效为理想化的开关，在其导通或者关断的状态下，对电路进行简化，可以绘出相应状态的分段线性等效电路。器件的每种状态对应于一种线性电路拓扑。

2. 几个重要的基本概念

（1）触发延迟角

从晶闸管开始承受正向阳极电压起到施加触发脉冲止的电角度，用 α 表示。

（2）导通角

晶闸管在一个电源周期中处于通态的电角度，用 θ 表示。

（3）移相

改变触发脉冲出现的时刻，即改变触发延迟角 α 的大小。

（4）移相范围

一个周期内触发脉冲的移动范围，决定了输出电压的变化范围。

（5）移相触发

移相触发是晶闸管控制的一种方式，通过控制晶闸管的导通角大小来控制直流输出电压大小，从而改变负载上所加的功率，又称为相位控制方式。特点是控制波动小，使输出电流、电压平滑变化。

3. 单相半波不可控整流电路带电阻性负载的工作情况（见图2-2）

图2-2中，变压器起变换电压和电气隔离的作用。为了分析简便，把二极管当作理想器件处理，即二极管的正向导通电阻为0，反向电阻为无穷大。电流 i_d 与电压 u_d 成正比，两者波形相似。电路具体的工作过程分析如下：

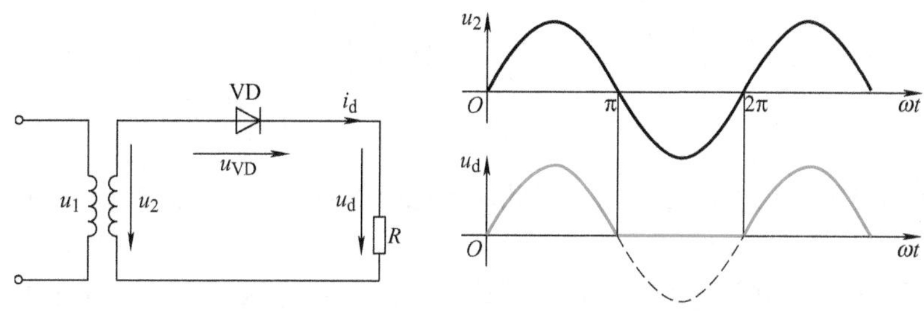

图2-2　单相半波不可控整流电路带电阻性负载及波形

1）u_2 的正半周，二极管导通，忽略二极管的正向压降，$u_d = u_2$。

2）u_2 的负半周，二极管截止，$u_d = 0$。

4. 单相半波可控整流电路带电阻性负载与阻感性负载的工作情况

（1）单相半波可控整流电路带电阻性负载的工作情况（见图2-3）

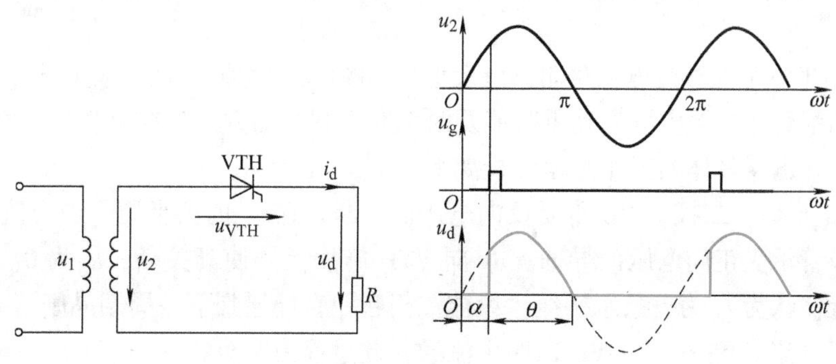

图2-3　单相半波可控整流电路带电阻性负载及波形

由于负载为纯电阻，所以电压 u_d 与电流 i_d 成正比，两者波形相似。电路具体的工作过程分析如下：

1）u_2 的正半周，无触发脉冲 u_g 时，晶闸管正向阻断；有触发脉冲 u_g 后，晶闸管导通，负载电压 $u_d=u_2$。u_2 下降到接近于零时晶闸管关断，$u_d=0$，$i_d=0$。

2）u_2 的负半周，晶闸管反向阻断，$u_d=0$。

（2）单相半波可控整流电路带阻感性负载的工作情况（见图 2-4）

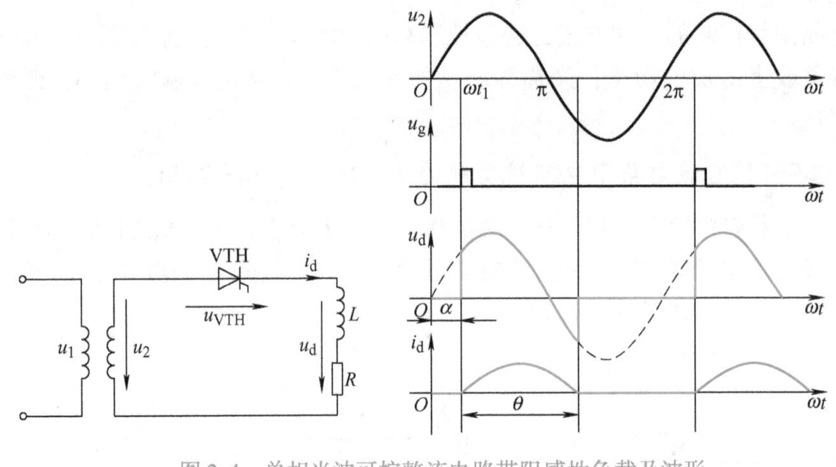

图 2-4　单相半波可控整流电路带阻感性负载及波形

由于电感对电流变化有抗拒作用，因此流过电感的电流不发生突变。电路具体的工作过程分析如下：

在 u_2 的正半周，有触发脉冲 u_g 后，晶闸管导通，负载电压 $u_d=u_2$。电感开始储能，流过其电流随着 u_2 的增大由零逐渐上升至最大。待 u_2 从最高值开始逐渐降低，电感开始释放能量，一部分变为电阻的热能，另一部分回送至电网，流过其电流由最高值逐渐降低。当 u_2 过零时，器件不会立刻关断，直至 L 存储能量耗尽，此时流过其电流为零，晶闸管才在反压作用下关断。直至下一个周期的正半周，在相应的触发时刻晶闸管再次导通，如此循环。

器件在反压状态下维持了一段时间，即是为 L 的能量释放提供了通路。负载电感越大，导通角 θ 越大，在一个周期中负载上负电压所占比重就越大，整流输出电压的平均值就越小。为了使负载上不出现负电压，即让晶闸管在电源电压降到零值时能及时关断，必须采取相应措施。

（3）单相半波可控整流电路带阻感性负载（加续流二极管）的工作情况（见图 2-5）

为了让晶闸管在电源电压降到零时能及时关断，解决的方法是在电感性负载两端并联一个续流二极管。电路具体的工作过程分析如下：

在 u_2 的正半周，二极管 VD 承受反向电压而关断。在 u_2 的负半周，当交流电压 u_2 过零变负时，二极管承受正向电压而导通，u_2 向 VTH 施加反压使其关断，u_d 为 0。在 L 足够大的情况下，近似认为 i_d 为一条水平线，续流二极管一直导通到下一周期晶闸管导通。L 储存的能量保证了电流 i_d 在 L—R—VD 回路中流通，此过程为续流。

（4）工作情况与波形分析

1）在不可控整流电路中，由于二极管为不可控器件，二极管导通时将正半周信号传递

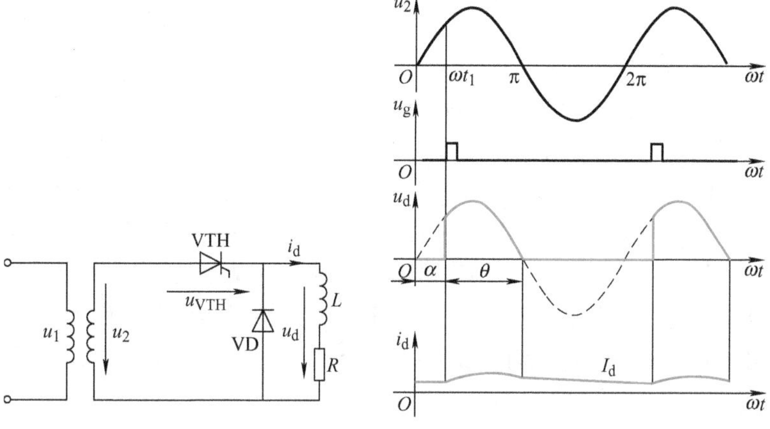

图2-5　单相半波可控整流电路带阻感性负载（加续流二极管）及波形

给负载，所以一个周期内只有正半周输出直流电压，平均值是固定不变的；而可控整流电路由于晶闸管为可控器件，输出直流电压极性不能改变，但平均值可以通过控制导通角的大小来调节。

2）在单相半波整流电路中，改变 α 的大小，即改变触发脉冲在每周期内出现的时刻，u_d 与 i_d 的波形也随之改变，但直流输出电压瞬时值 u_d 的极性不变，其波形只在 u_2 的正半周出现。通过控制触发脉冲在每周期内出现的时刻来调节直流输出电压大小，这是相位控制的本质。触发延迟角 α 和导通角 θ 之和为 π。理论上，移相范围为 $0°\sim180°$。

3）由于阻感性负载中电感的存在，使得晶闸管的导通角增大，在电源电压由正到负的过零点也不会关断，使负载电压波形出现部分负值，其结果使输出电压平均值 U_d 减小。电感越大，维持导电时间越长，输出电压负值部分占的比例就越大，U_d 越小。当电感值非常大时，对于不同的触发延迟角 α，导通角将接近 $2\pi-\alpha$，这时负载上得到的电压波形正负面积接近相等，平均电压近似为零。可见，不管如何调节触发延迟角 α，U_d 的值总很小，电流平均值 I_d 也很小，没有实用价值。

4）阻感性负载加续流二极管后，输出电压波形与电阻性负载波形相同，所以续流二极管的作用是提高输出电压。

任务实施

（1）任务实施所需模块

根据任务实施需要，在 HKDD－1－V 型电力电子技术实训台上选择 HKDT12 变压器实验挂箱、HKDT03 晶闸管桥式电路挂箱、HKDT05 晶闸管触发电路挂箱、HKDT08 给定及实验器件挂箱、HK27 三相可调电阻器挂箱等挂箱中相应的模块。

1）电源控制屏：包含“三相电源输出”及“励磁电源”等模块。

2）晶闸管主电路：包含“晶闸管”及“电感”等模块。

3）晶闸管触发电路：包含“正弦波同步移相触发电路实验”模块。

4）给定及实验器件：包含“二极管”等模块。

5）三相可调电阻：包含“900Ω 可调电阻”。

6）双踪示波器。

7）万用表。

（2）任务实施步骤

将正弦波同步移相触发电路的输出端“G”和“K”接到晶闸管主电路上的反桥中的任意一个晶闸管的门极和阴极，并将相应的触发脉冲的开关关闭（防止误触发），*R* 用三相可调电阻，将两个 900Ω 接成并联形式。二极管在给定及实验器件上，电感 *L* 选用 200mH。

正弦波同步移相触发电路的调试如之前的步骤，注意三相调压器的输出相电压不能超过 220V，因为正弦波同步移相触发电路的正常工作电源电压为 220V ×（1 ± 10%）。如果输入电压超出其标准工作范围，就会减少器件的使用寿命，甚至会导致挂件损坏。

单相半波可控整流电路带电阻性负载触发电路调试正常后，按图 2-6 接线。

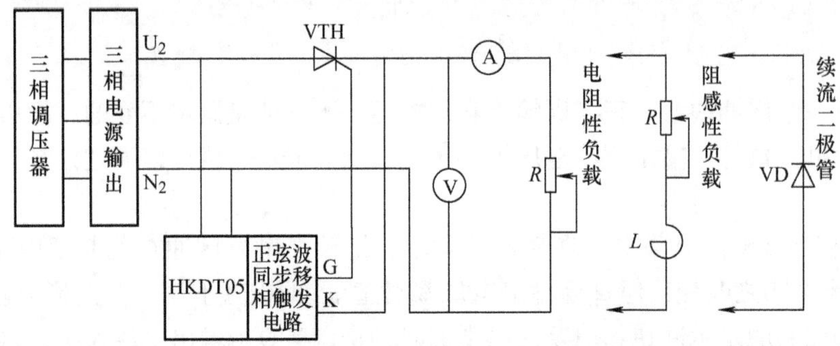

图 2-6　单相半波可控整流电路调试接线图

将电阻器调在最大阻值位置，按下“启动”按钮，用示波器观察负载电压 u_d、晶闸管 VTH 两端电压 u_{VTH}的波形，调节 HKDT05 晶闸管触发电路挂箱上的电位器 R_{P1}，观察 α = 30°、60°、90°、120°、150°时 u_d、u_{VTH}的波形，并测量直流输出电压平均值 U_d 和电源电压有效值 U_2，记录于表 2-1 中。

表 2-1　单相半波可控整流电路带电阻性负载测量电压数据

α	30°	60°	90°	120°	150°
U_2/V					
U_d/V					

将电阻性负载 *R* 改成阻感性负载，暂不接续流二极管 VD，保持电感量不变，改变 *R* 的电阻值，注意电流不要超过 1A，观察 α = 30°、60°、90°、120°、150°时 u_d 及 u_{VTH} 的波形，数据记录于表 2-2 中。

表 2-2　单相半波可控整流电路带阻感性负载测量电压数据

α	30°	60°	90°	120°	150°
U_2/V					
U_d/V					

接入续流二极管 VD，重复上述步骤。数据记录于表 2-3 中。

表 2-3 单相半波可控整流电路带阻感性负载（接续流二极管）测量电压数据

α	30°	60°	90°	120°	150°
U_2/V					
U_d/V					

（3）注意事项

1）本实验中触发电路选用的是正弦波同步移相触发电路，同样也可以用单结晶体管触发电路来完成实验。

2）在本实验中，触发脉冲是从外部接入晶闸管的门极和阴极，此时，应将所用晶闸管对应的正桥触发脉冲或反桥触发脉冲的开关拨向“断”的位置，避免误触发。

3）为避免晶闸管意外损坏，实验时要注意以下几点：

① 在主电路未接通时，首先要调试触发电路，只有触发电路工作正常后，才可以接通主电路。

② 在接通主电路前，必须先将负载电阻调到最大阻值处。注意调节负载时应避免过电流。

③ 要选择合适的负载电阻和电感，避免过电流。在无法确定的情况下，应尽可能选用大的电阻值。

4）由于晶闸管持续工作时需要有一定的维持电流，故要使晶闸管主电路可靠工作，其通过的电流不能太小，否则可能会造成晶闸管时断时续，工作不可靠。要保证晶闸管正常工作，负载电流必须大于 50mA。

任务 2.2 单相桥式整流电路的分析与调试

1）加深对单相桥式半控整流电路带电阻性负载与阻感性负载时各工作情况的理解。

2）加深理解单相桥式全控整流电路的工作原理。

3）研究单相桥式变流电路整流的全过程。

4）了解续流二极管在单相桥式半控整流电路中的作用，学会对实验中出现的问题加以分析和解决。

1. 单相桥式不可控整流电路的工作情况

单相桥式不可控整流电路由四个相同规格的二极管构成，连成图 2-7 所示形式，a、b 为输入端，c、d 为输出端。

在 u_2 的正半周，变压器二次侧上端相当于正极（+），下端相当于负极（-），上正下负。电流从正极流入，在到达 a 时分为两路，根据二极管的单向导电性，VD_1 导通，VD_2 截止，因此电流会通过 VD_1 流过 c 点，再分为两路，由于 VD_3 截止，电流只能继续往右，从

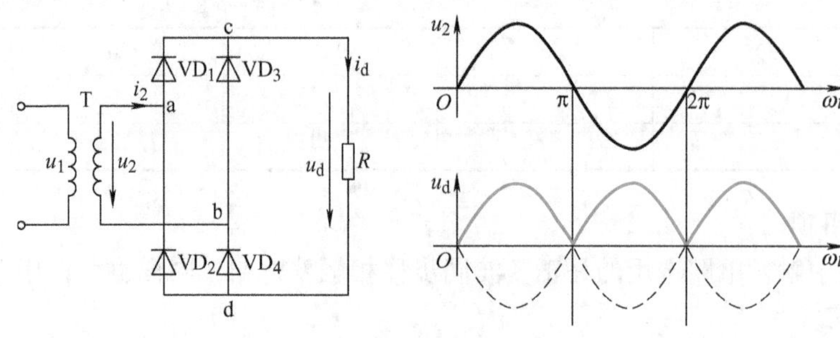

图 2-7 单相桥式不可控整流电路带电阻性负载及波形

上往下通过负载，此时负载得到正向电流。电流继续流动到达 d 点，虽然 VD_2 和 VD_4 均可以正向导通，但由于 a 点电位远远高于 d 点，电流只能经过 VD_4 往更低电位的 b 点流去。同样，在 b 点电流不会往更高电位的 c 点流动，最终电流流到负极。

在 u_2 的负半周，交流电负半周到来又会怎么样呢？变压器二次侧上端相当于负极（ - ），下端相当于正极（ + ），下正上负，电流从正极流入，流至 b 点分为两路，根据二极管的单向导电性，VD_4 是截止的，VD_3 是导通的，因此电流会通过 VD_3 流到 c 点，再分为两路，由于 VD_1 是截止的，电流只能继续往右，从上往下正向通过负载，这时负载仍然得到正向电流，电流继续流动到达 d 点，虽然 VD_2 和 VD_4 均可以正向导通，但由于 b 点电位远远高于 a 点，电流只能经过 VD_2 往更低电位的 a 点流去，同样，在 a 点电流不会往更高电位的 c 点流动，最终电流流到负极。

通过上面的分析可知，无论 u_2 处于正半周还是负半周，在通过整流电路后，最终从输出端负载上流过的电流始终是由上往下的正向电流，承受的电压也始终是上正下负的正向电压，它们就是直流负载需要的单方向脉动直流电。

2. 单相桥式可控整流电路的工作情况

(1) 单相桥式半控整流电路带电阻性负载的工作情况（见图 2-8）

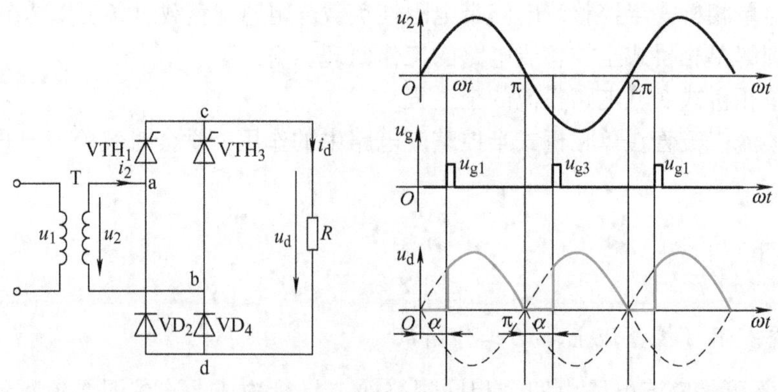

图 2-8 单相桥式半控整流电路带电阻性负载及波形

单相桥式半控整流电路的结构与单相桥式不可控整流电路的结构类似，晶闸管 VTH_1 和 VD_2 组成一组桥臂，而 VTH_3 和 VD_4 组成另一组桥臂。

在 u_2 正半周，在 $\omega t = \alpha$ 时刻给 VTH_1 触发脉冲，晶闸管 VTH_1 导通，电流通路为：a→

VTH_1→c→R→d→VD_4→b，负载电压 $u_d = u_2$。u_2 下降至过零点时，VTH_1 由于流过电流 i_d 下降至 0 关断。VD_4 由于承受反压也截止。

在 u_2 负半周，在 $\omega t = \pi + \alpha$ 时刻给 VTH_3 触发脉冲，晶闸管 VTH_3 导通，电流通路为：b→VTH_3→c→R→d→VD_2→a，负载电压 $u_d = -u_2$。u_2 再次过零点时，VTH_3 由于流过电流 i_d 下降至 0 关断。VD_2 由于承受反压截止。这样，随着给出触发脉冲的时刻不同，就可以得到平均值可调的正负半周都有波形的单方向的电压与电流。下一周期重复上面的过程。

（2）单相桥式半控整流电路带阻感性负载的工作情况（见图 2-9）

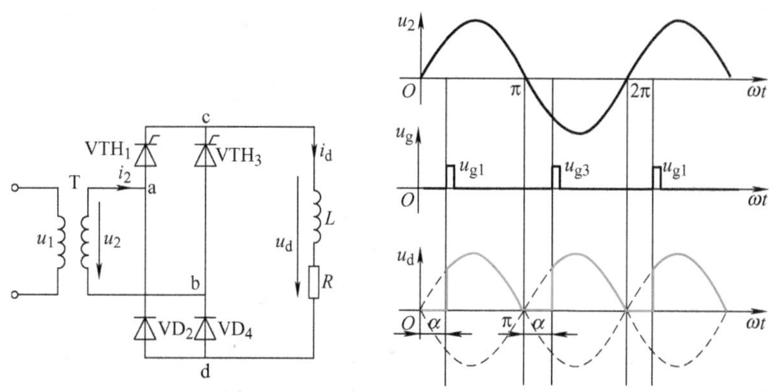

图 2-9 单相桥式半控整流电路带阻感性负载及波形

当单相桥式半控整流电路带阻感性负载时，电路工作过程会有所不同。

在 u_2 正半周，在 $\omega t = \alpha$ 时刻给 VTH_1 触发脉冲，晶闸管 VTH_1 导通，电流通路为：a→VTH_1→c→L、R→d→VD_4→b，负载电压 $u_d = u_2$。u_2 过零变负时，因电感作用电流不再流经变压器二次绕组，而是由 VTH_1 和 VD_2 续流，电流通路为：a→VTH_1→c→L、R→d→VD_2→a，负载电压 $u_d = 0$。

在 u_2 负半周，在 $\omega t = \pi + \alpha$ 时刻给 VTH_3 触发脉冲，晶闸管 VTH_3 导通，电流通路为：b→VTH_3→c→L、R→d→VD_2→a，负载电压 $u_d = -u_2$。u_2 过零变正时，VD_4 导通，VD_2 关断。VTH_3 和 VD_4 续流，电流通路为：b→VTH_3→c→L、R→d→VD_4→b，负载电压 $u_d = 0$。

这样，随着给出触发脉冲的时刻不同，就可以得到平均值可调的正负半周都有波形的单方向的电压与电流。下一周期重复上面的过程。

（3）单相桥式全控整流电路带电阻性负载的工作情况（见图 2-10）

单相桥式全控整流电路的结构与单相桥式不可控整流电路、单相桥式半控整流电路的结构类似，晶闸管 VTH_1 和 VTH_2 组成一组桥臂，而 VTH_3 和 VTH_4 组成另一组桥臂。

不同之处就只是在控制方式上。在 u_2 的正半周，在 $\omega t = \alpha$ 时刻同时给 VTH_1 和 VTH_4 触发脉冲，晶闸管 VTH_1 和 VTH_4 导通。电流通路为：a→VTH_1→c→R→d→VTH_4→b，负载电压 $u_d = u_2$。u_2 下降至过零点时，VTH_1 和 VTH_4 由于流过电流 i_d 下降至 0 而关断。

在 u_2 的负半周，在 $\omega t = \pi + \alpha$ 的时刻同时给 VTH_2 和 VTH_3 触发脉冲，晶闸管 VTH_2 和 VTH_3 导通，电流通路为：b→VTH_3→c→R→d→VTH_2→a，负载电压 $u_d = -u_2$，相当于将交流电的负半周反向加在负载上。u_2 再次过零点时，VTH_2 和 VTH_3 由于流过电流 i_d 下降至 0 而关断。这样，随着给出触发脉冲的时刻不同，就可以得到平均值可调的正负半周都有波形的单方向的电压与电流。下一周期重复上面的过程。

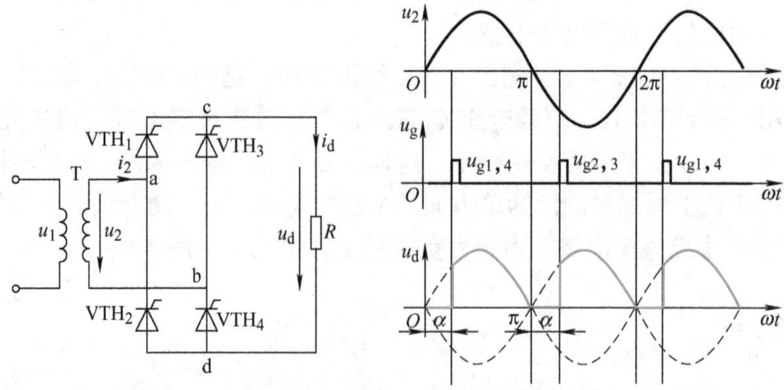

图 2-10　单相桥式全控整流电路带电阻性负载及波形

（4）单相桥式全控整流电路带阻感性负载的工作情况（见图 2-11）

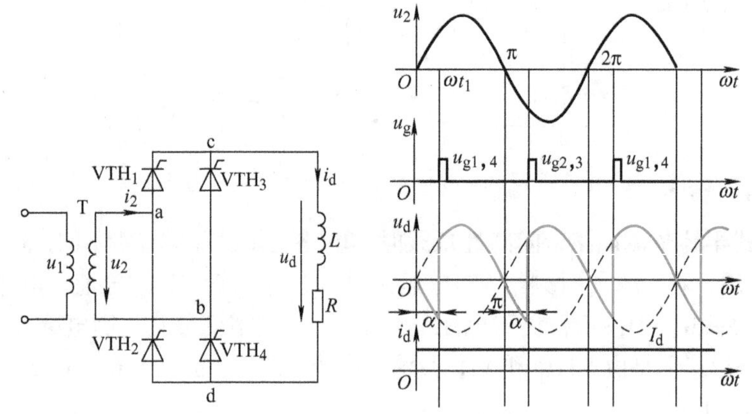

图 2-11　单相桥式全控整流电路带阻感性负载及波形

假设电路已工作于稳态，i_d 的平均值不变。假设负载电感很大，负载电流 i_d 连续且波形近似为一水平线。

在 u_2 的正半周，在 $\omega t=\alpha$ 时刻同时给 VTH_1 和 VTH_4 触发脉冲，晶闸管 VTH_1 和 VTH_4 导通。电流通路为：a→VTH_1→c→L、R→d→VTH_4→b，负载电压 $u_d=u_2$。u_2 过零变负时，因电感作用电流由 VTH_1 和 VTH_4 续流，负载电压 $u_d=u_2$，此时 u_2 小于 0。直到在 $\omega t=\pi+\alpha$ 的时刻同时给 VTH_2 和 VTH_3 触发脉冲，晶闸管 VTH_2 和 VTH_3 导通，VTH_1 和 VTH_4 被迫承受反压关断，流过 VTH_1 和 VTH_4 的电流迅速转移到 VTH_2 和 VTH_3 上，此过程称为换相。换相结束后，电流通路为：b→VTH_3→c→L. R→d→VTH_2→a，负载电压 $u_d=-u_2$，相当于将交流电的负半周反向加在负载上。u_2 再次过零点时，由 VTH_2 和 VTH_3 续流，负载电压 $u_d=-u_2$，此时 $-u_2$ 小于 0。直到下周期给 VTH_1 和 VTH_4 触发脉冲，VTH_2 和 VTH_3 被迫关断。

（5）单相桥式全控整流电路带阻感性负载（加续流二极管）的工作情况（见图 2-12）

与单相半波整流电路带阻感性负载类似，为了让晶闸管组在电源电压降到零值时能及时关断，解决的方法是在负载两端并联一个续流二极管。

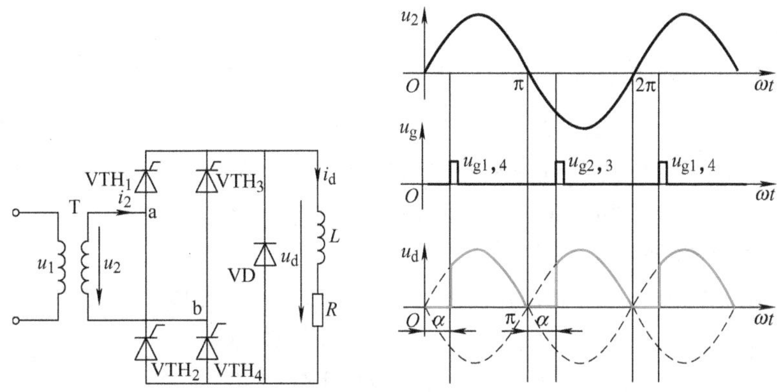

图 2-12　单相桥式全控整流电路带阻感性负载（加续流二极管）及波形

在 u_2 的正半周，二极管 VD 承受反向电压而关断。当交流电压 u_2 过零变负时，二极管承受正向电压而导通，u_2 向 VTH_1 和 VTH_4 施加反压使其关断，u_d 为 0。在 L 足够大的情况下，近似认为 i_d 为一条水平线，续流二极管一直导通到下一周期晶闸管 VTH_2 与 VTH_3 导通。L 储存的能量保证了电流 i_d 在 L—R—VD 回路中流通。

（6）工作情况与波形分析

1）通过波形对比可以发现，单相半波整流电路由于每个周期输出的波形小于等于交流输入信号的半个周期，波形断续的时间较长，输出电压波动大，效率低，应用场合很受限制。而单相桥式整流电路在一个周期内输出的波形是单相半波整流电路的两倍，因此在实际应用中更为广泛。

2）单相桥式半控整流电路与单相桥式全控整流电路在电阻性负载时的工作情况基本相同。单相桥式半控整流电路与单相桥式全控整流电路（加续流二极管）在阻感性负载时的工作情况基本相同。

3）单相桥式半控整流电路中需要并联一个续流二极管，此时续流二极管的作用主要是避免可能发生的失控现象。若无续流二极管，则当 α 突然增大至 180°或触发脉冲丢失时，会发生一个晶闸管持续导通而两个二极管轮流导通的情况，这使 u_d 成为正弦半波，其平均值保持恒定，称为失控。有续流二极管 VD 时，续流过程由 VD 完成，避免了失控的现象。续流期间导电回路中只有一个管压降，有利于降低损耗。

4）单相桥式全控整流电路带阻感性负载时，晶闸管移相范围为 90°，晶闸管导通角 θ 与 α 无关，均为 180°。此时两组晶闸管轮流导通，每只晶闸管的导通时间较电阻性负载延长了。

5）将单相桥式全控整流电路带阻感性负载与电阻性负载的情况相比，L 足够大的阻感性负载的 u_d 波形出现负半周部分，i_d 的波形则是连续的，近似为一条直线，这是由于电感 L 中的电流不能突变，电感起到了平波的作用，电感越大则电流越平稳。

6）单相桥式全控整流电路中的续流二极管的主要作用是为了扩大移相范围，去掉输出电压的负值，提高 U_d。

1. 单相桥式半控整流电路的分析与调试

根据任务实际需要，在 HKDD－1－V 型电力电子技术实训台上选择 HKDT12 变压器实验挂箱、HKDT03 晶闸管桥式电路挂箱、HKDT05 晶闸管触发电路挂箱、HKDT08 给定及实验器件挂箱、HK27 三相可调电阻器挂箱等挂箱中相应的模块。

（1）任务实施所需模块

1）电源控制屏：包含“三相电源输出”“励磁电源”等模块。

2）晶闸管主电路：包含“晶闸管”以及“电感”等模块。

3）晶闸管触发电路：包含“TCA785 集成触发电路”模块。

4）给定及实验器件：包含“二极管”等模块。

5）三相可调电阻：包含“900Ω 磁盘电阻”。

6）双踪示波器。

7）万用表。

（2）任务实施步骤

调试接线图如图 2-13 所示，TCA785 集成触发电路由同一个同步变压器保持与输入电压同步，触发信号加到共阴极的两个晶闸管，R 为可调电阻，将两个 900Ω 接成并联形式。

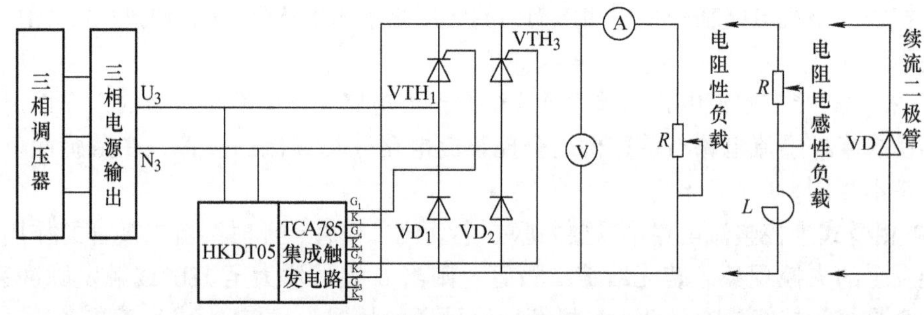

图 2-13　单相桥式半控整流电路调试接线图

将电源控制屏的总电源、钥匙开关全部拨至“开”，按“启动”按钮，与单相半波整流电路的调试过程类似，调节电源屏左侧的三相调压器旋钮，使输出相电压为 200V。用两根导线将 200V 交流电压接至触发电路模块为其供电，用双踪示波器观察 TCA785 同步触发电路各观察孔的波形。

TCA785 集成触发电路的调试方法与前相同。调节 HKDT05 挂箱上的移相控制电位器实现触发延迟角 α 的调节。主电路接可调电阻 R，将电阻器调到最大阻值位置，按下“启动”按钮，用示波器观察负载电压 u_d、晶闸管 VTH_1 两端电压 u_{VTH1} 和整流二极管 VD_1 两端电压 u_{VD1} 的波形，调节移相控制电位器，观察并记录在不同 α 时 u_d、u_{VTH1}、u_{VD1} 的波形，测量相应电源电压有效值 U_2 和负载电压平均值 U_d 的数值，记录于表 2-4 中。

表 2-4　单相桥式半控整流电路带电阻性负载测量电压数据

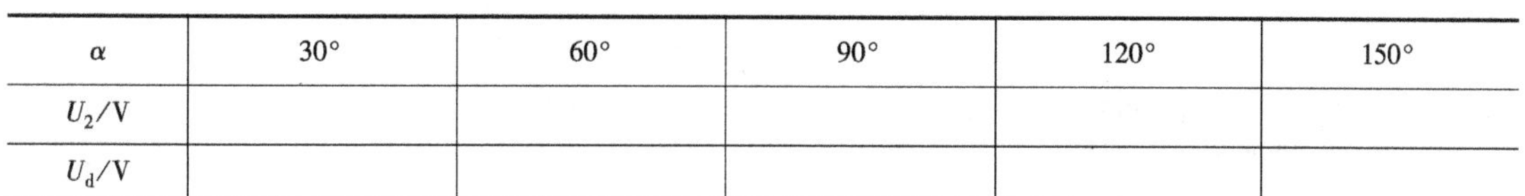

α	30°	60°	90°	120°	150°
U_2/V					
U_d/V					

断开主电路后，将负载换成将平波电抗器 L（700mH）与电阻 R 串联。先不接续流二极管 VD，接通主电路，用示波器观察不同触发延迟角 α 时 u_d、u_{VTH1}、u_{VD1}、i_d 的波形，并测定相应的 U_2、U_d 数值，记录于表 2-5 中。

表 2-5　单相桥式半控整流电路带阻感性负载测量电压数据

α	30°	60°	90°
U_2/V			
U_d/V			

在 $\alpha=60°$时，将同步触发电路上的“G3”或“K3”拔掉，观察并记录移去脉冲前、后 u_d、u_{VTH1}、u_{VTH3}、u_{VD1}、u_{VD2}、i_d 的波形。

接续流二极管 VD，接通主电路，观察不同触发延迟角 α 时 u_d、u_{VD}、i_d 的波形，并测定相应的 U_2、U_d 数值，记录于表 2-6 中。

表 2-6　单相桥式半控整流电路带阻感性负载（接续流二极管）测量电压数据

α	30°	60°	90°
U_2/V			
U_d/V			

2. 单相桥式全控整流电路的分析与调试

(1) 任务实施所需模块

参考“1. 单相桥式半控整流电路的分析与调试”。

(2) 任务实施步骤

图 2-14 为单相桥式全控整流电路带电阻性负载调试所用的接线图，其输出负载 R 同样是两个 900Ω 接成并联形式的 450Ω 可调电阻，触发电路采用 TCA785 集成触发电路。

将电源控制屏的总电源、钥匙开关全部拨至“开”，按“启动”按钮，调节电源控制屏左侧的三相调压器旋钮，使输出相电压为 200V，用两根导线将 200V 交流电压接至触发电路模块为其供电，用双踪示波器观察“TCA785 集成触发电路”各观察孔的波形。

将 TCA785 集成触发电路的输出脉冲端分别接至全控桥中相应晶闸管的门极和阴极，注意相序不要接反，否则无法进行整流和逆变。将正桥和反桥触发脉冲开关都拨至“断”的位置，确保晶闸管不被误触发。

将电阻器放在最大阻值处，按下“启动”按钮，逐步调节电位器使 $\alpha=30°$、60°、90°、120°时，用示波器观察、记录负载电压 u_d 和晶闸管 VTH_1 两端电压 u_{VTH1} 的波形，并记录电源电压有效值 U_2 和负载电压平均值 U_d 的数值于表 2-7 中。

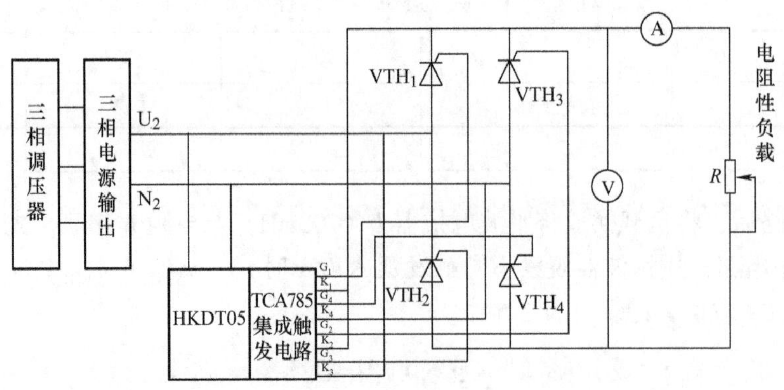

图 2-14　单相桥式全控整流电路调试接线图

表 2-7　单相桥式全控整流电路电阻性负载测量电压数据

α	30°	60°	90°	120°
U_2/V				
U_d/V				

（3）注意事项

1）在两组电路的调试中，触发脉冲均是从外部接入晶闸管的门极和阴极，此时，应将所用晶闸管对应的正桥触发脉冲或反桥触发脉冲的开关拨向“断”的位置，并将 U_{blf} 及 U_{blr} 悬空，避免误触发。

2）调试过程中，波形只能一个一个测，两个一起测会造成短路。

任务 2.3　三相整流电路的分析与调试

1）了解三相半波和三相桥式可控整流电路的工作原理。

2）研究三相半波和三相桥式可控整流电路在电阻性负载和阻感性负载时的工作情况。

1. 三相半波不可控整流电路的工作情况

为了理解三相半波可控整流电路，先来看一下由二极管组成的三相半波不可控整流电路，如图 2-15 所示。此电路可由三相变压器供电，也可直接接到三相四线制的交流电源上。其接法是三个二极管的阳极分别接到变压器二次绕组，而三个阴极接在一起，接到负载的一端。负载的另一端接到整流变压器的中性线上，形成回路。这种接法被称为共阴极接法。

由于二极管导通的唯一条件就是阳极电位高于阴极电位，而三只二极管又是共阴极连接，且阳极所接的三相电源的相电压是不断变化的，所以哪一相的二极管导通就要看哪一相的阳极所接的相电压的瞬时值最高，则与该相相连的二极管就会导通，其余两只二极管就会

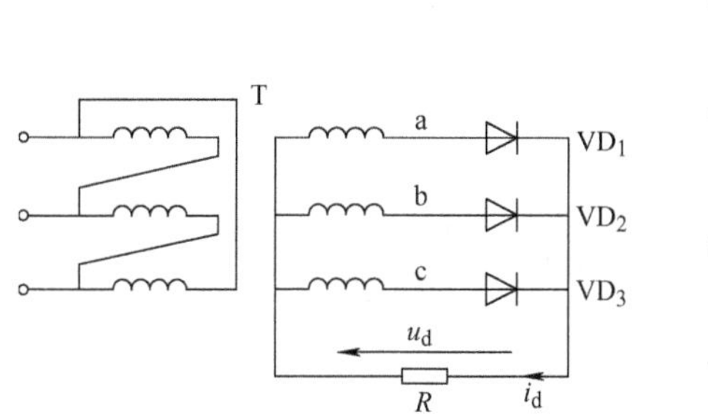

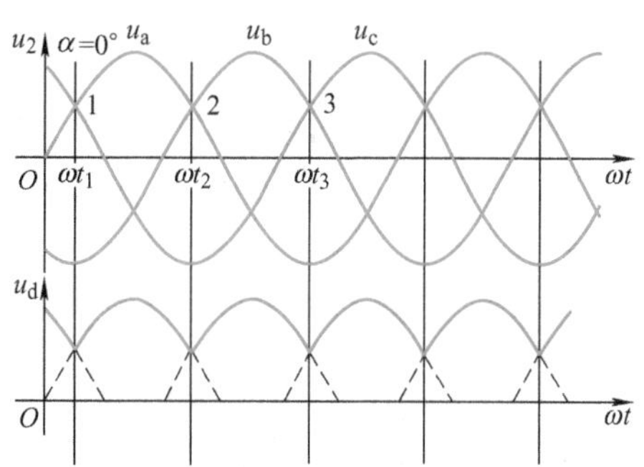

图 2-15　三相半波不可控整流电路及波形

因承受反向电压而关断。如图 2-15 所示，a 相瞬时电压 u_a 最高时，VD_1 优先导通，VD_2、VD_3 分别承受反向线电压 u_{ba}、u_{ca}关断，此时 $u_d=u_a$；同样，b 相瞬时电压 u_b 最高时，VD_2 优先导通，VD_1、VD_3 分别承受反向线电压关断，$u_d=u_b$；c 相瞬时电压 u_c 最高时，VD_3 优先导通，VD_1、VD_2 分别承受反向线电压关断，$u_d=u_c$。此后重复上述过程。

可以看到，三相半波不可控整流电路中三个二极管轮流导通，导通角均为 120°。u_d 为脉动的直流电压，波形为三相相电压正半周的包络线，负载电流 i_d 波形形状与 u_d 相似。

图 2-15 中，1、2、3 分别是二极管 VD_1、VD_2、VD_3 的导通起始点，每经过其中一点，电流就会自动从前一相换相至后一相，这种换相是利用三相电源电压的变化自然进行的，因此这三点也被称为自然换相点。

2. 三相半波可控整流电路的工作情况

(1) 三相半波可控整流电路带电阻性负载的工作情况

三相半波可控整流电路带电阻性负载的电路如图 2-16 所示，波形如图 2-17 所示。

因为共阴极接法触发脉冲有共用线，使用调试方便，所以三相半波共阴极接法常被采用。将三相半波不可控整流电路中的二极管换成晶闸管就组成了三相半波可控整流电路。

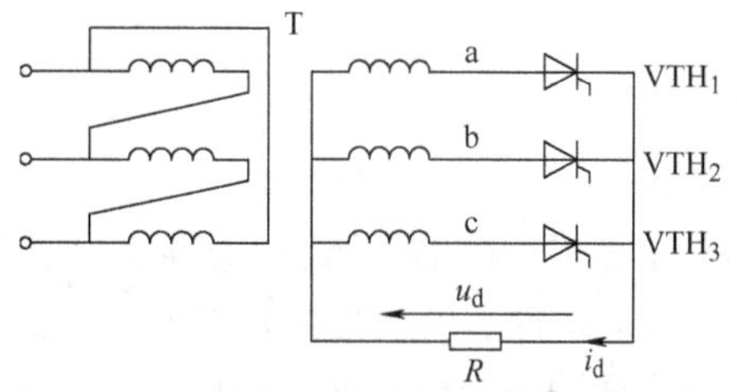

图 2-16　三相半波可控整流电路带电阻性负载的电路

$\alpha=0°$时，三个晶闸管相当于三个二极管，在 u_a 最大的这段时间，在自然换相点 1 给出晶闸管 VTH_1 的触发脉冲，电流由 a 相电源流出，进入晶闸管 VTH_1 阳极，再由阴极流出，流经负载回到 a 相电源。此时另外两相 b 相与 c 相是不工作的，负载电压 $u_d=u_a$。类似地，在 u_b 最大的这段时间，在自然换相点 2 给出晶闸管 VTH_2 的触发脉冲，负载电压 $u_d=u_b$；在 u_c 最大的这段时间，在自然换相点 3 给出晶闸管 VTH_3 的触发脉冲，负载电压 $u_d=u_c$。这样，脉动的直流电压 u_d 便供给负载，波形为三相相电压正半周的包络线，输出电压波形与三相半波不可控整流电路相同。

若触发延迟角 α 变化，特别是 $\alpha=30°$时，在自然换相点 1 向右推 30°给出 VTH_1 的触发脉冲，也就是三相电压波形过零点间隔的一半（过零点间隔为 60°）。VTH_1 导通，$u_d=u_a$，直到自然换相点 2 向右推 30°时给出 VTH_2 的触发脉冲，VTH_2 导通，$u_d=u_b$。$\alpha=30°$的脉动

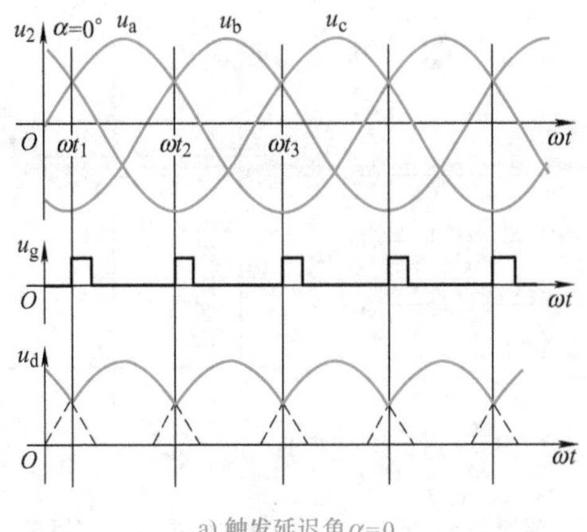

a) 触发延迟角 $\alpha=0$

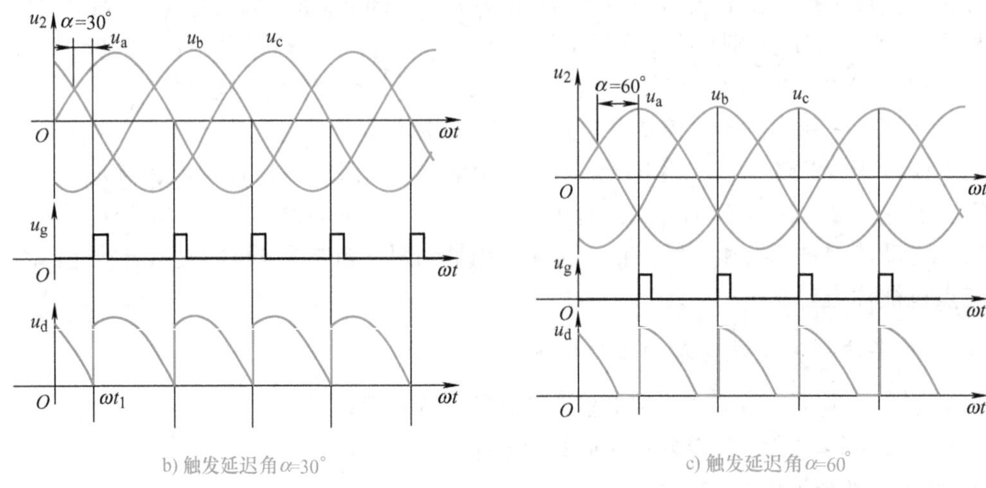

b) 触发延迟角 $\alpha=30°$

c) 触发延迟角 $\alpha=60°$

图 2-17 三相半波可控整流电路带电阻性负载的波形

直流电压 u_d 的波形比较特别，输出电压仍为单相电压正半周的一部分，但波形面积减小了，输出电压平均值也降低了，波形处于连续与断续（出现零值）的临界点。

$\alpha=60°$时，在自然换相点 1 向右推 60°时给出 VTH_1 的触发脉冲，也就是三相电压波形过零点间的一个整间隔。VTH_1 导通，$u_d=u_a$，直到 u_a 过零点，VTH_1 承受反压自然而然关断，波形断续。自然换相点 2 向右推 60°时给出 VTH_2 的触发脉冲，VTH_2 导通，$u_d=u_b$。

经过上面的分析可知，当触发延迟角 $\alpha=0°$时，u_d 的平均值 U_d 最大，随着 α 的增大，U_d 逐渐减小，当触发延迟角增大至 150°时，输出电压为零。通过控制触发延迟角 α 的大小，就可以很方便地将固定的三相交流信号变为平均值大小可调的单方向的输出电压和电流，也就是可控的直流。

（2）三相半波可控整流电路带阻感性负载的工作情况

三相半波可控整流电路带阻感性负载的电路如图 2-18 所示，波形如图 2-19 所示。

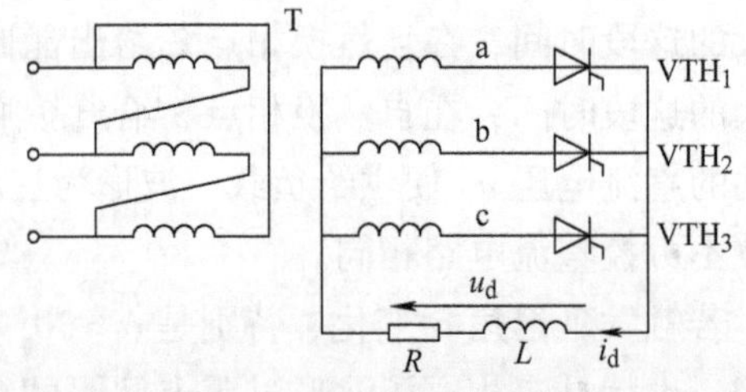

图 2-18 三相半波可控整流电路带阻感性负载的电路

α 小于 30°时，负载电压 u_d 的波形与纯电

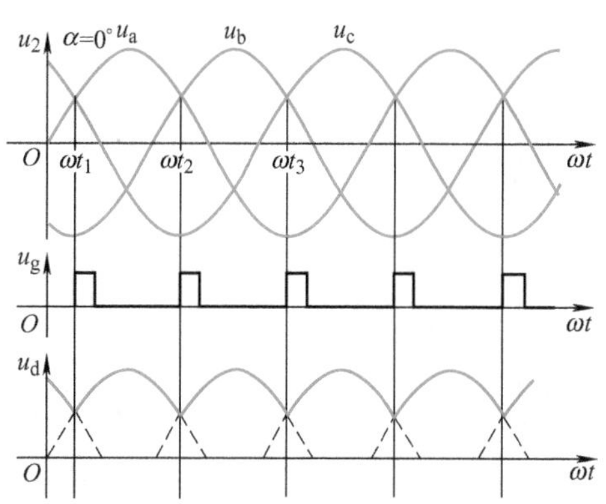

a) 触发延迟角α=0

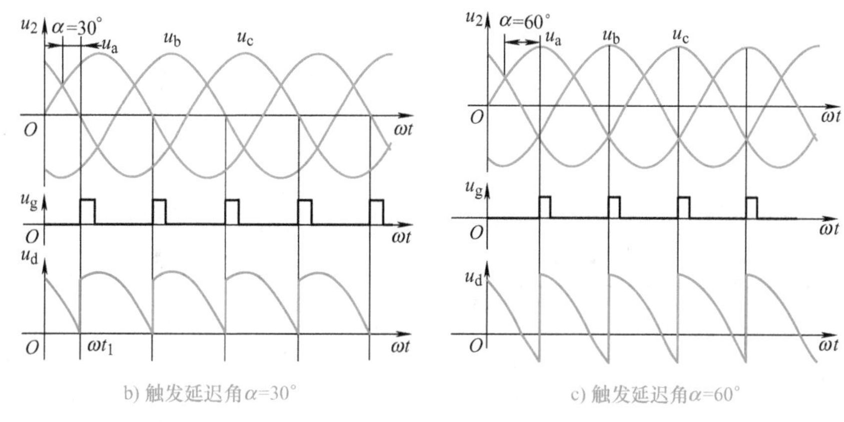

b) 触发延迟角α=30°　　c) 触发延迟角α=60°

图 2-19　三相半波可控整流电路带阻感性负载的波形

阻性负载 u_d 波形一样，本质是由于波形的瞬时值均大于零。α 大于 30°时，电压波形的瞬时值出现负值。当电源相电压 u_a 过零变负时，由于电感的续流作用 VTH_1 不会立刻关断。直至相应的时刻给出 VTH_2 的触发脉冲 VTH_2 导通，VTH_1 才在反压作用下关断。类似地，当电源相电压 u_b 过零变负时，VTH_2 不会立刻关断。直至相应的时刻给出 VTH_3 的触发脉冲 VTH_3 导通，VTH_2 才在反压作用下关断。u_d 波形连续，但波形中出现负的部分，输出电压平均值下降，每只晶闸管的导通角为 120°。

(3) 三相半波可控整流电路带阻感性负载（加续流二极管）的工作情况

三相半波可控整流电路带阻感性负载（加续流二极管）的电路如图 2-20 所示，波形如图 2-21 所示。

与单相半波、单相桥式整流电路类似，为了让晶闸管在电源电压降到零值时能及时关断，在电感性负载两端并联一个续流二极管。

α 大于 30°时，电压波形的瞬时值出现负值。当电源相电压 u_a 过零变负时，二极管 VD 承受正向电压而导通，电源相电压向相应的晶闸管 VTH_1 施加反压使其关断，u_d =0。在 L 足够大的情况下，近似认为 i_d 为一条水平线，续流二极管一直导通

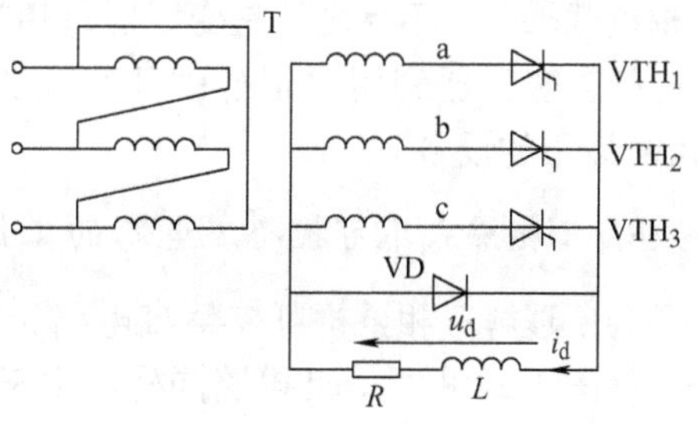

图 2-20　三相半波可控整流电路带阻感性负载（加续流二极管）的电路

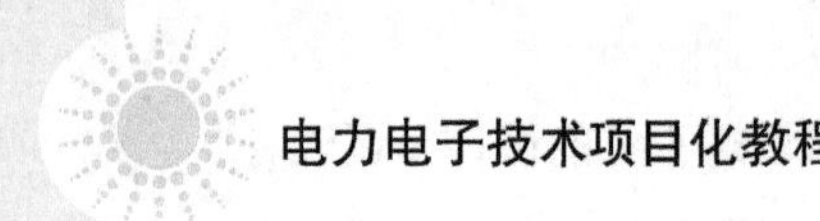

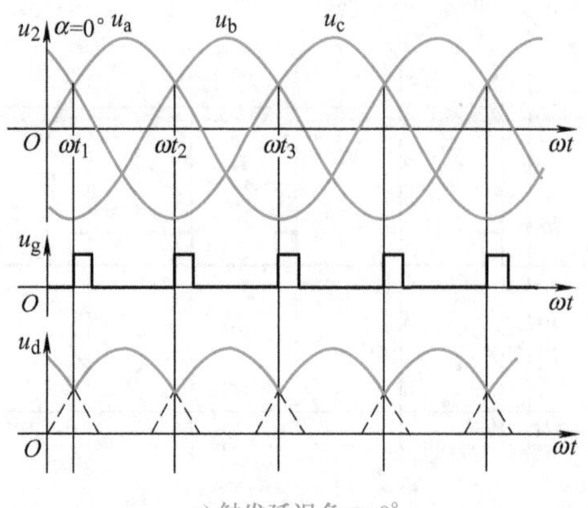

a) 触发延迟角α=0°

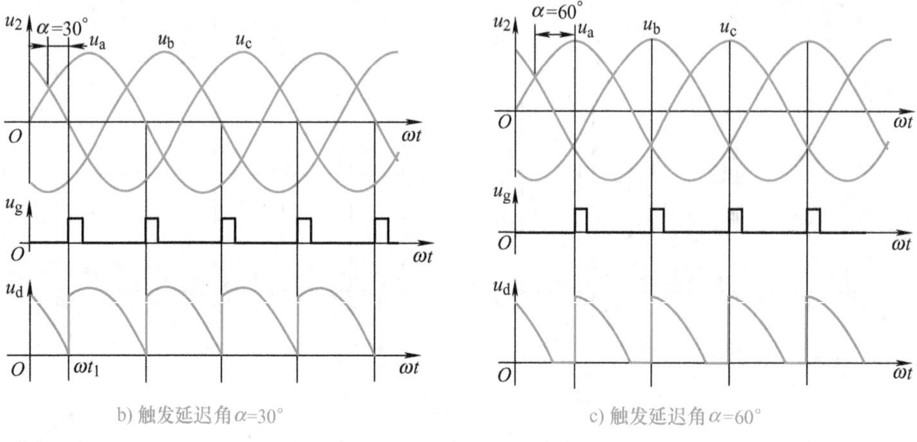

b) 触发延迟角α=30°　　c) 触发延迟角α=60°

图 2-21　三相半波可控整流电路带阻感性负载（加续流二极管）的波形

到相应的时刻给出 VTH_2 的触发脉冲使 VTH_2 导通为止。类似地，当电源相电压 u_b 过零变负时，二极管 VD 便又导通，使 VTH_2 关断，$u_d=0$，直至相应的时刻给出 VTH_3 的脉冲使 VTH_3 导通为止。电源相电压 u_c 过零变负时，二极管 VD 便又导通，VTH_3 关断，$u_d=0$。u_d 虽然断续，但没有负的部分了，续流二极管起续流作用。L 储存的能量保证了电流 i_d 在 L—R—VD 回路中流通。

（4）三相半波可控整流电路的应用

三相半波可控整流电路与单相可控整流电路比较，输出电压波形脉动小、输出功率大、三相负载平衡。不足之处是变压器每相二次绕组每周期只有 1/3 时间有电流通过，并且是单方向的，变压器利用率很低，且有变压器铁心被直流磁化的问题，因此这种电路多用于 30kW 以下的设备。

3. 三相桥式不可控整流电路的工作情况

为了理解三相全桥可控整流电路，先来看一下由二极管组成的三相桥式不可控整流电路，如图 2-22 所示。此电路同样可由三相变压器供电，其接法是一组共阴极半波不可控整流电路与一组共阳极半波不可控整流电路的串联。

由于二极管导通的唯一条件就是阳极电位高于阴极电位，上桥臂三只二极管是共阴极连

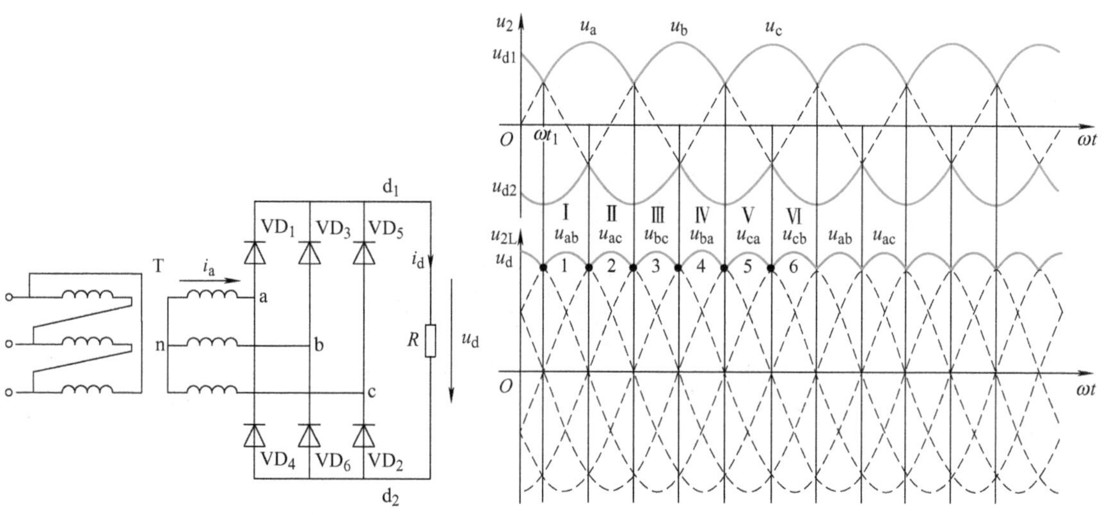

图 2-22　三相桥式不可控整流电路及波形

接，下桥臂三只二极管是共阳极连接，而三相电源的线电压是随着相电压的变化不断变化的，所以哪两相的线电压的瞬时值最高，则与该两相相连的二极管导通，其余四只二极管就会因承受反向电压而关断。

a 相与 b 相之间的瞬时线电压 u_{ab} 最高时，VD_1 与 VD_6 导通，电流通路为 a→VD_1→d_1→R→d_2→VD_6→b，负载电压 $u_d=u_{ab}$。接下来，a 相与 c 相之间的瞬时电压 u_{ac} 最高，VD_1 与 VD_2 导通，VD_6 承受反向电压关断，电流通路为 a→VD_1→d_1→R→d_2→VD_2→c，负载电压 $u_d=u_{ac}$。接下来，b 相与 c 相之间的瞬时电压 u_{bc} 最高，VD_3 与 VD_2 导通，电流通路为 b→VD_3→d_1→R→d_2→VD_2→c，负载电压 $u_d=u_{bc}$。接下来 b 相与 a 相之间的瞬时电压 u_{ba} 最高，VD_3 与 VD_4 导通，电流通路为 b→VD_3→d_1→R→d_2→VD_4→a，负载电压 $u_d=u_{ba}$。接下来 c 相与 a 相之间的瞬时电压 u_{ca} 最高，VD_5 与 VD_4 导通，电流通路为 c→VD_5→d_1→R→d_2→VD_4→a，负载电压 $u_d=u_{ca}$。接下来 c 相与 b 相之间的瞬时电压 u_{cb} 最高，VD_5 与 VD_6 导通，电流通路为 c→VD_5→d_1→R→d_2→VD_6→b，负载电压 $u_d=u_{cb}$。

可以看到，三相桥式不可控整流电路中六组二极管轮流导通，导通角均为 120°。u_d 为脉动的直流电压，波形为三相线电压正半周的包络线，负载电流波形形状与 u_d 相似。

1、2、3、4、5、6 分别是二极管 VD_1、VD_2、VD_3、VD_4、VD_5、VD_6 的导通起始点，每经过其中一点，电流就会自动从前一种线电流换流至后一种线电流，因此也被称为三相桥式整流电路的自然换相点。

4. 三相桥式可控整流电路的工作情况

（1）三相桥式半控整流电路带电阻性负载的工作情况

三相桥式半控整流电路带电阻性负载的电路如图 2-23 所示，波形如图 2-24 所示。

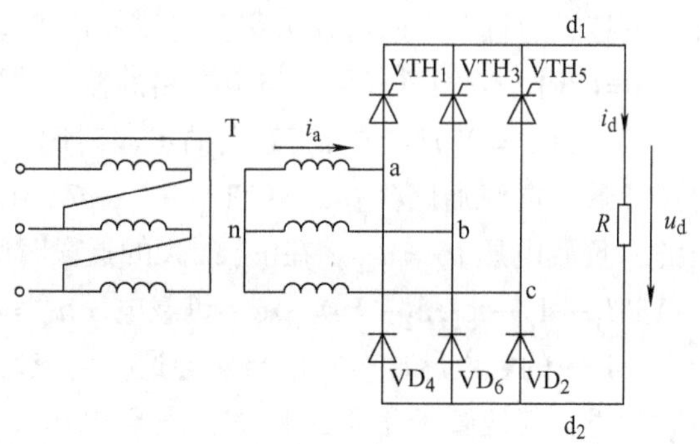

图 2-23　三相桥式半控整流电路带电阻性负载的电路

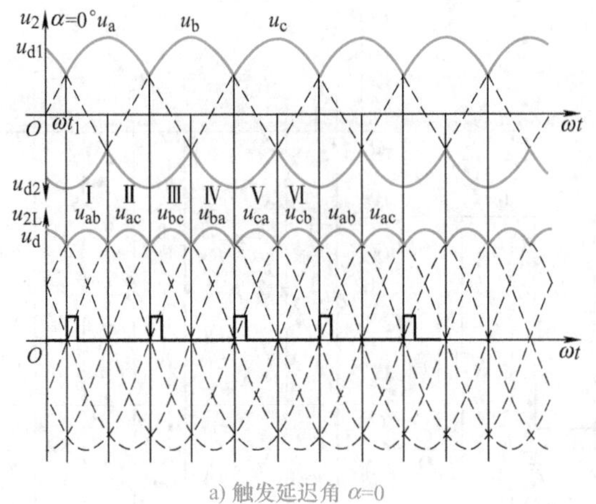

a) 触发延迟角 α=0

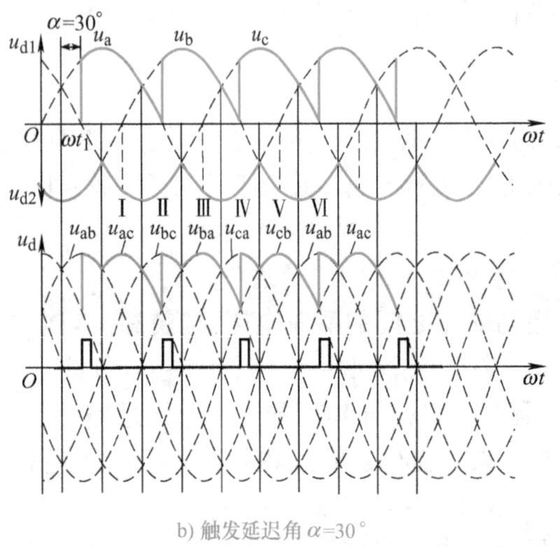

b) 触发延迟角 α=30°

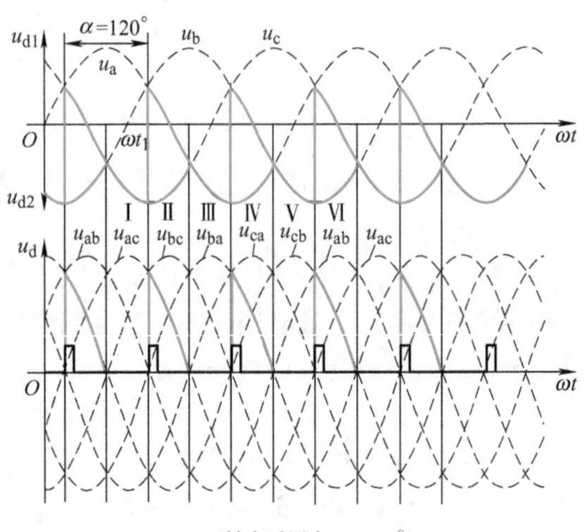

c) 触发延迟角 α=120°

图 2-24　三相桥式半控整流电路带电阻性负载的波形

三相桥式半控整流电路的主电路由一个三相半波不控整流电路与一个三相半波可控整流电路串联而成，因此这种电路兼有可控与不可控两者的特点。共阳极组的整流二极管总是在自然换相点换流，使电流换到阴极电位更低的一相上去；而共阴极组的三个晶闸管则要触发后才能换到阳极电位更高的一相中去。输出整流电压 u_d 的波形是两组整流电压波形之和，改变可控组的触发延迟角 α 可得到可调输出平均电压 U_d。

$\alpha=0°$时，三相桥式可控整流电路的输出波形与三相桥式不可控整流电路的输出波形一样。因为当 $\alpha=0°$时，在 u_{ab}最大的这段时间，在自然换相点给出 VTH_1 的触发脉冲，VD_6 自然导通。电流通路为：a→VTH_1→d_1→R→d_2→VD_6→b，这段时间里，其他管子是不工作的，负载电压 $u_d=u_{ab}$。在 u_{ac}最大的这段时间，VD_6 截止，VD_2 自然导通，电流通路为：a→VTH_1→d_1→R→d_2→VD_2→c，负载电压 $u_d=u_{ac}$。在 u_{bc}最大的这段时间，在自然换相点给出 VTH3 的触发脉冲，VD_2 自然导通。电流通路为：b→VTH_3→d_1→R→d_2→VD_2→c，这段时间里，其他管子是不工作的，负载电压 $u_d=u_{bc}$。在 u_{ba}最大的这段时间，VD_2 截止，VD_4 自然导通电流通路为：b→VTH_3→d_1→R→d_2→VD_4→a，负载电压 $u_d=u_{ba}$。以此类推，这样，一个周期的脉动着的直流电压 u_d 便被供给负载，如图 2-24a 所示，波形为三相线电压正半周的包络线。

若触发延迟角变化，如 $\alpha=30°$时，如图 2-24b 所示，在自然换相点 1 向右推 30°，也就是三相电压波形过零点间的半个整间隔，给出 VTH_1 的触发脉冲，VD_6 自然导通。电源电压 u_{ab}通过 VTH_1、VD_6 加于负载，负载电压 $u_d=u_{ab}$。在 u_{ac}最大的开始时刻，即第二个自然换相点，共阳极组二极管自然换相，VD_2 导通，VD_6 关断，电源电压 u_{ac}通过 VTH_1、VD_2 加于负载，负载电压 $u_d=u_{ac}$。直到相应时刻给出 VTH_3 的触发脉冲，电路转为 VTH_3 与 VD_2 导通，负载电压 $u_d=u_{bc}$。在 u_{ba}最大的开始时刻，共阳极组二极管自然换相，电路转为 VTH_3 与 VD_4 导通，负载电压 $u_d=u_{ba}$。依此类推，负载 R 上得到的是脉动频率为 3 倍电源频率的脉动直流电压，在一个脉动周期中，它由一个缺角波形和一个完整波形组成，u_d 波形只剩下三个波头，波形刚好维持连续。

$\alpha=120°$时，如图 2-24c 所示，在自然换相点 1 向右推 120°时给出 VTH_1 的触发脉冲，也就是三相电压波形过零点间的两个间隔，但是此时 u_{ab}已经小于零，所以 VTH_1 在 u_{ac}电压的作用下开始导通，VD_2 自然导通，负载电压 $u_d=u_{ac}$，直到 u_{ac}开始小于零为止。此后由于 VTH_1 截止，VTH_3 无触发信号不导通，所以负载电压 $u_d=0$，波形断续。到相应的时刻给出 VTH_3 的触发脉冲，但是此时 u_{bc}已经小于零，所以 VTH_3 在 u_{ba}电压的作用开始导通，电路转为 VTH_3 与 VD_4 导通，负载电压 $u_d=u_{ba}$。后续过程依此类推。

（2）三相桥式半控整流电路带阻感性负载的工作情况

三相桥式半控整流电路带阻感性负载的电路如图 2-25 所示，波形如图 2-26 所示。

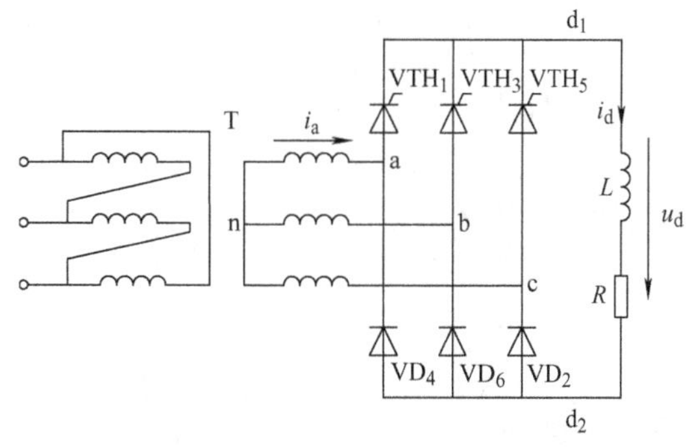

图 2-25 三相桥式半控整流电路带阻感性负载的电路

带阻感性负载时三相桥式半控整流电路和单相桥式半控整流电路具有相似的工作特点：晶闸管在承受正向电压时触发导通，整流二极管在承受正向电压时自然导通；由于大电感 L 的作用，工作的线电压过零变负时，晶闸管仍然可能继续导通，形成同相晶闸管与整流管同时导通的自然续流现象，使输出电压 u_d 波形不出现负值部分。电感性负载在 $\alpha\leqslant60°$和 $60°<\alpha<180°$时电压波形如图 2-26b、c 所示（以 $\alpha=30°$和 $\alpha=120°$为例）。

（3）三相桥式可控整流电路带电阻性负载的工作情况

三相桥式可控整流电路带电阻性负载的电路如图 2-27 所示，波形如图 2-28 所示。

将三相桥式不可控整流电路中的二极管换成晶闸管就组成了三相桥式可控整流电路。

$\alpha=0°$时，三相桥式可控整流电路的输出波形与三相桥式不可控整流电路的输出波形一样。如图 2-28a 所示，波形为三相线电压正半周的包络线。

若触发延迟角变化，特别是 $\alpha=60°$时，如图 2-28b 所示，在自然换相点 1 向右推 60°，也就是三相电压波形过零点间的一个整间隔，给出 VTH_1 与 VTH_6 的触发脉冲。VTH_1 和 VTH_6 导通，$u_d=u_{ab}$，直到自然换相点 2 向右推 60°的时候给出 VTH_1 与 VTH_2 的触发脉冲，VTH_1 与 VTH_2 导通，$u_d=u_{ac}$。以此类推，便得到周期脉动波形。$\alpha=60°$的脉动直流电压 u_d

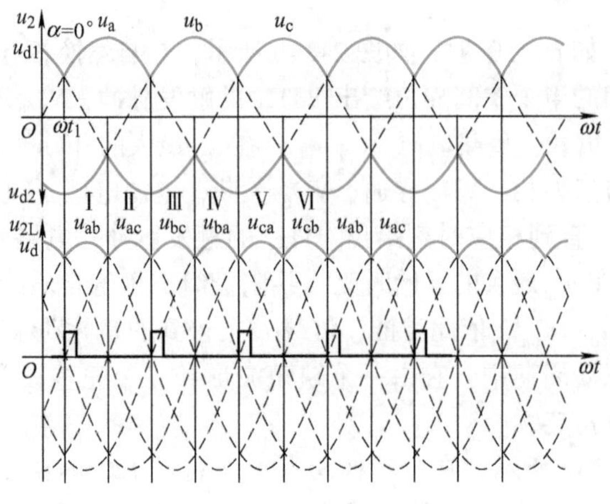

a) 触发延迟角 α=0°

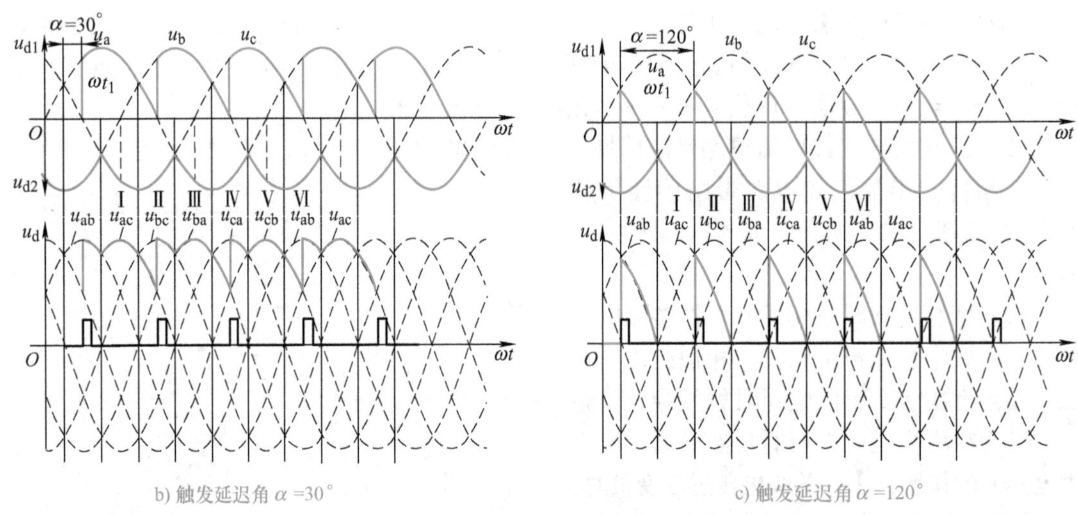

b) 触发延迟角 α =30°

c) 触发延迟角 α =120°

图 2-26　三相桥式半控整流电路带阻感性负载的波形

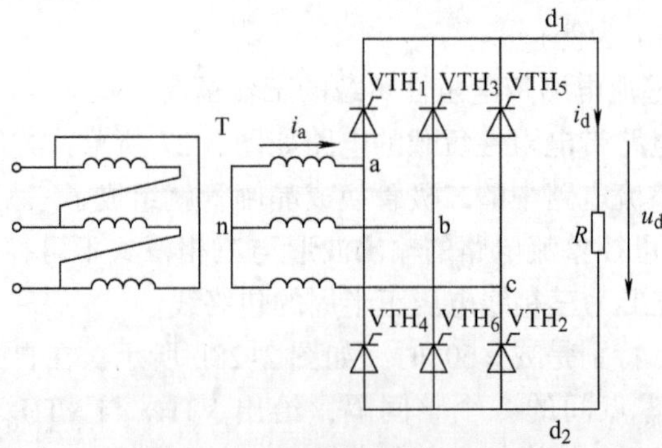

图 2-27　三相桥式可控整流电路带电阻性负载的电路

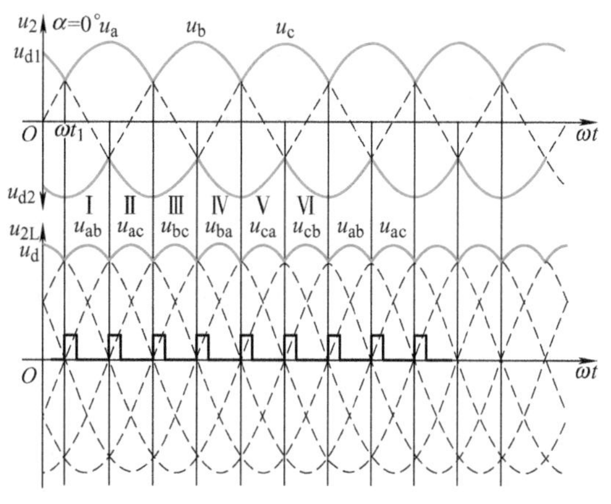

a) 触发延迟角α=0°

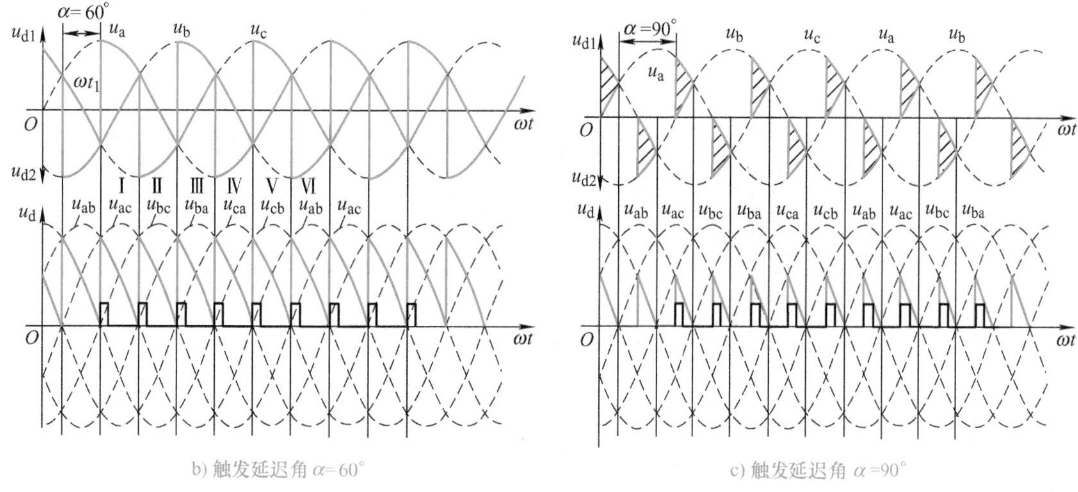

b) 触发延迟角α=60°　　c) 触发延迟角α=90°

图 2-28　三相桥式可控整流电路带电阻性负载的波形

的波形比较特别，波形有一瞬间为零，即处于连续与断续的临界点。

$\alpha=90°$时，在自然换相点 1 向右推 90°的时候给出 VTH_1 与 VTH_6 的触发脉冲，也就是三相电压波形过零点间的一个半间隔。VTH_1 与 VTH_6 导通，$u_d=u_{ab}$。直到 u_{ab} 过零点，VTH_1 与 VTH_6 承受反压自然而然关断，此时 6 个可控器件全部不工作，波形断续。直到自然换相点 2 向右推 90°的时候给出 VTH_1 与 VTH_2 的触发脉冲，VTH_1 与 VTH_2 导通，$u_d=u_{ac}$。

经过上面的分析可知，当触发延迟角 $\alpha=0°$时，u_d 最大，随着 α 的增大，u_d 的平均值逐渐减小。通过控制触发延迟角 α 的大小，可以很方便地将固定的三相交流信号通过三相桥式整流电路变为平均值大小可调的单方向的输出电压和电流，也就是可控的理想的直流。

（4）三相桥式可控整流电路带阻感性负载的工作情况

三相桥式可控整流电路带阻感性负载的电路如图 2-29 所示，波形如图 2-30 所示。

$\alpha\leqslant60°$时，阻感性负载的 u_d 波形与纯电阻性负载 u_d 波形一样，本质是由于波形的瞬时值均大于零。$\alpha>60°$时，电压波形的瞬时值出现负值。当电源线电压 u_{ab} 过零变负时，由于

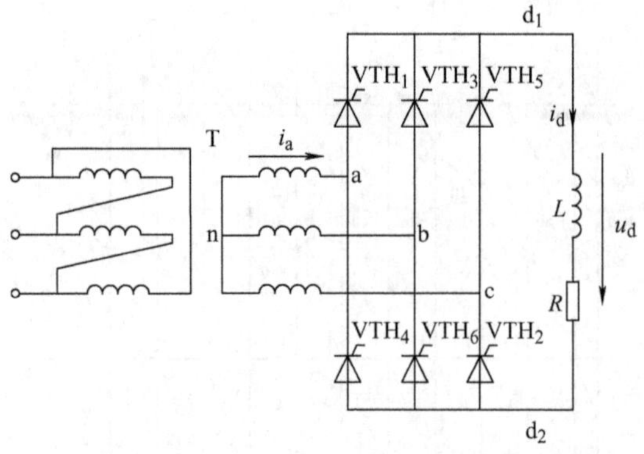

图 2-29　三相桥式可控整流电路带阻感性负载的电路

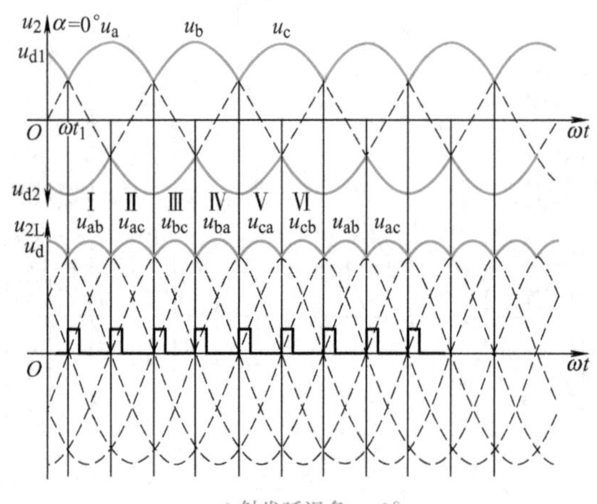

a) 触发延迟角α=0°

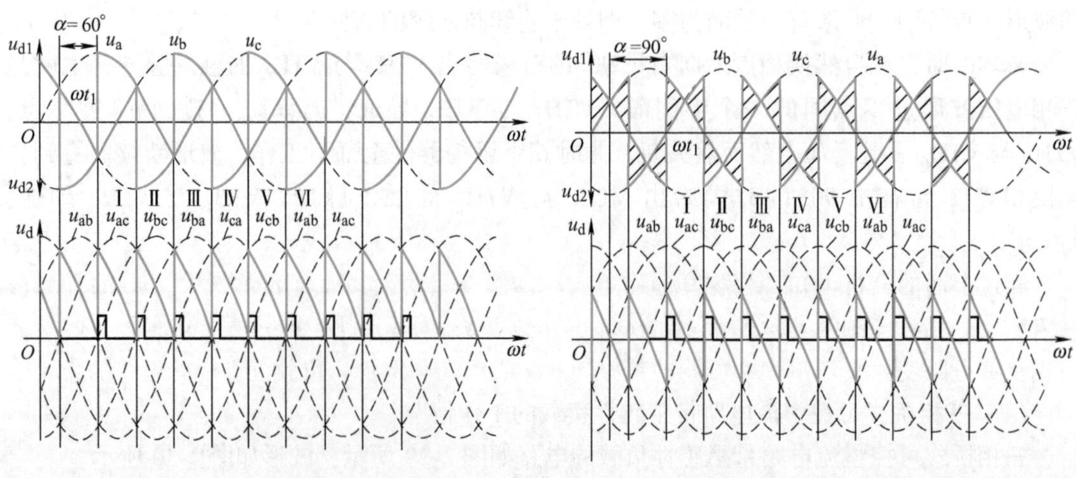

b) 触发延迟角α=60°　　c) 触发延迟角α=90°

图 2-30　三相桥式可控整流电路带阻感性负载的波形

电感的作用 VTH_1 与 VTH_6 不会立刻关断，直至相应的时刻给出 VTH_2 的触发脉冲使 VTH_2 导通，VTH_6 才在反压作用下关断，此时 VTH_1 与 VTH_2 保持导通。类似地，当电源相电压 u_{ac} 过零变负时，VTH_1 与 VTH_2 不会立刻关断，直至相应的时刻给出 VTH_3 的触发脉冲使 VTH_3 导通，VTH_1 才在反压作用下关断，此时 VTH_2 与 VTH_3 保持导通。此时，u_d 波形虽然连续，但波形中出现负的部分，输出电压平均值下降，晶闸管导通角为120°。$\alpha=60°$ 时，u_d 波形处于连续与断续的临界点。

（5）三相桥式可控整流电路带阻感性负载（加续流二极管）的工作情况

三相桥式可控整流电路带阻感性负载（加续流二极管）的电路如图 2-31 所示，波形如图 2-32 所示。

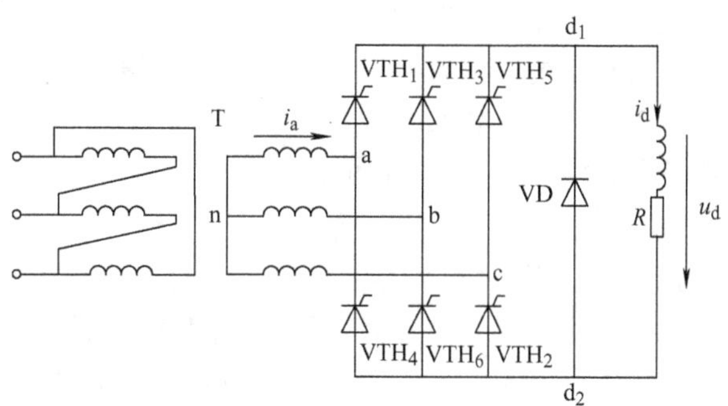

图 2-31　三相桥式可控整流电路带阻感性负载（加续流二极管）的电路

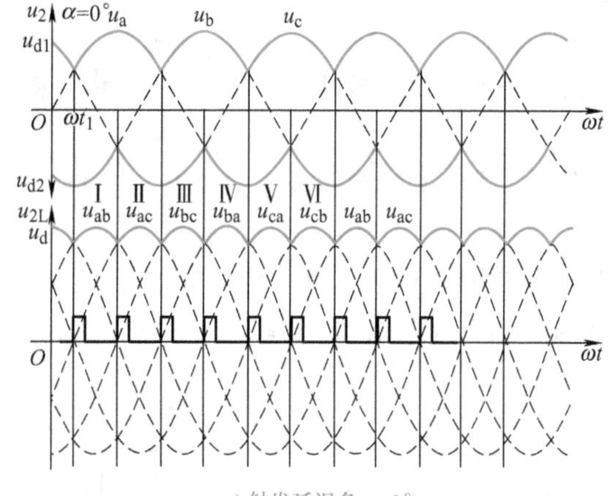

a) 触发延迟角α=0°

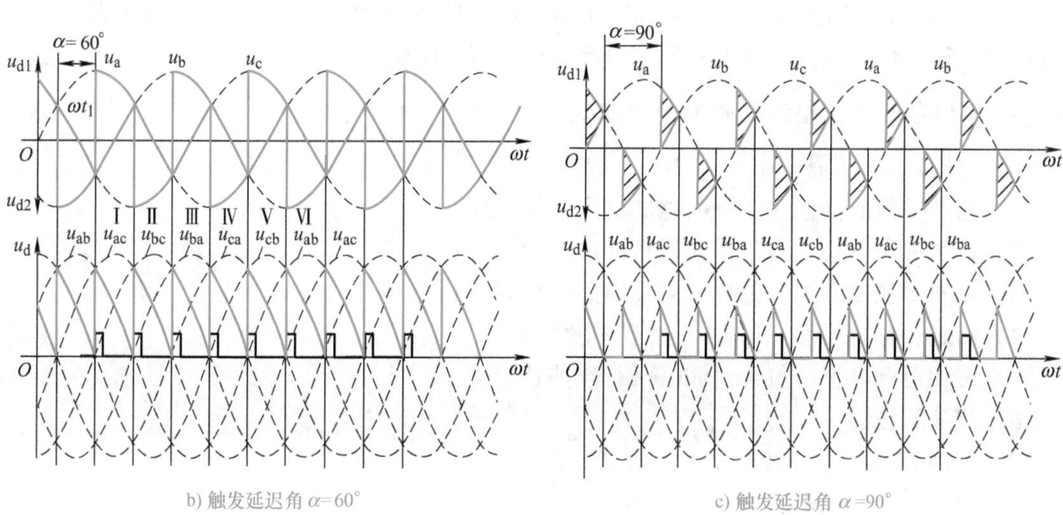

b) 触发延迟角α=60°

c) 触发延迟角 α=90°

图 2-32　三相桥式可控整流电路带阻感性负载（加续流二极管）的波形

与三相半波整流电路类似，为了让晶闸管在电源电压降到零值时能及时关断，在阻感性负载两端并联一个续流二极管。

$\alpha>60°$时，线电压波形的瞬时值出现负值。当电源线电压 u_{ab} 过零变负时，二极管承受正向电压而导通，电源线电压向相应的晶闸管 VTH_1、VTH_6 施加反压使其关断，$u_d=0$。在 L 足够大的情况下，近似认为 i_d 为一条水平线，续流二极管一直导通到相应的时刻给出 VTH_1、VTH_2 的触发脉冲使 VTH_1、VTH_2 导通为止。类似地，当电源线电压 u_{ac} 过零变负时，二极管便又导通，VTH_1、VTH_2 关断，$u_d=0$。可见 u_d 虽然断续，但没有负的部分了，续流二极管起续流作用。L 储存的能量保证了电流 i_d 在 L—R—VD 回路中流通。

（6）工作情况与波形分析

1）在三相桥式可控整流电路中，给出的触发脉冲采取的是双窄脉冲形式，这是由于给主控制器件发主触发脉冲时，另一只配对的控制器件也必须保证其被触发。也可以采用宽脉冲的方式，使脉冲宽度大于60°，可以达到相同的效果。

2）三相桥式可控整流电路中，两晶闸管同时导通形成供电回路，其中共阴极组和共阳极组各一管，且不能为同一相器件。

3）对触发脉冲的要求：

① 按 VTH_1—VTH_2—VTH_3—VTH_4—VTH_5—VTH_6 的顺序，相位依次差 60°。

② 共阴极组 VTH_1、VTH_3、VTH_5 的脉冲依次差 120°，共阳极组 VTH_4、VTH_6、VTH_2 也依次差 120°。

③ 同一相的上下两个桥臂，即 VTH_1 与 VTH_4，VTH_3 与 VTH_6，VTH_5 与 VTH_2，脉冲相差 180°。

④ u_d 一周期脉动 6 次，每次脉动的波形都一样，故该电路为 6 脉波整流电路。

⑤ 晶闸管承受的电压与三相半波时相同，晶闸管承受最大正、反向电压的关系也相同。

任务实施

根据任务实施需要，在 HKDD－1－V 型电力电子技术实训台上选择 HKDT12 变压器实验挂箱、HKDT03 晶闸管桥式电路挂箱、HKDT05 晶闸管触发电路挂箱、HKDT08 给定及实验器件挂箱、HK27 三相可调电阻器挂箱等挂箱中相应模块。

1. 三相半波可控整流电路的分析与调试

（1）任务实施所需模块

1）电源控制屏：包含“三相电源输出”等模块。

2）晶闸管主电路：包含“正反桥功放”等模块。

3）晶闸管触发电路：包含“触发电路”模块。

4）给定及实验器件：包含“给定”等模块。

5）三相可调电阻：包含“900Ω 磁盘电阻”。

6）双踪示波器。

7）万用表。

（2）任务实施步骤

三相半波可控整流电路用了三只晶闸管，与单相电路比较，其输出电压脉动小，输出功

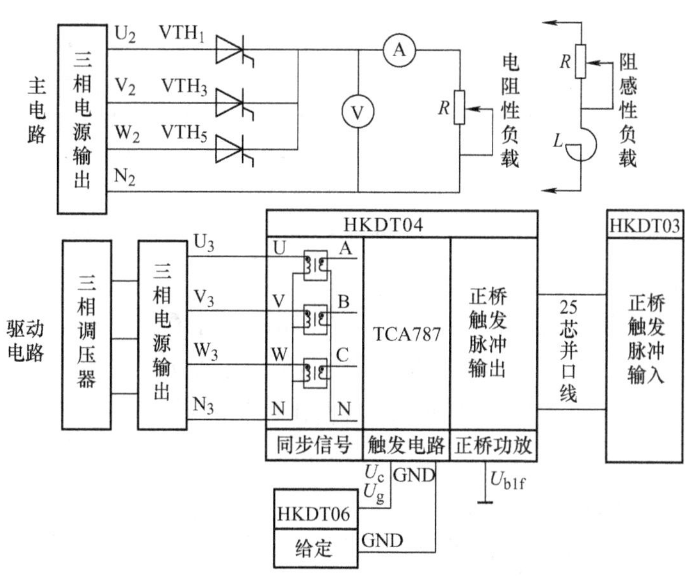

图 2-33 三相半波可控整流电路接线图

率大。不足之处是晶闸管电流即变压器的二次电流在一个周期内只有1/3时间有电流流过，变压器利用率较低。图2-33中晶闸管用正桥组的三个，电阻 R 用三相可调电阻，将两个900Ω接成并联形式，电感用200mH。

先对触发电路进行调试：① 打开总电源开关，操作“电源控制屏”上的“三相电网电压指示”开关，观察输入的三相电网电压是否平衡。② 按下“启动”按钮，调节三相调压器，使 U_3、V_3、W_3 线电压约为150V。③ 为触发电路接通电源，按下控制屏“启动”按钮，用双踪示波器观察“三相同步信号输出”端输出正弦波信号。④ 观察A、B、C三相的锯齿波，锯齿波斜率尽可能一致。⑤ 将脉冲使能控制端接地，“给定”输出 U_g 直接与移相控制电压 U_c 相接，调节移相控制电位器，用双踪示波器观察A相同步电压信号和脉冲触发器的输出波形，使 $\alpha=150°$。⑥ 适当增加给定 U_g 的正电压输出，观测“脉冲观察孔” J_1 ~ J_6 的波形，此时应观测到双窄脉冲。⑦ 用25芯并口电缆线，将“正桥触发脉冲输出”端和“正桥触发脉冲输入”端相连，并将“正桥触发脉冲”的六个开关拨至“通”，观察正桥 VTH_1、VTH_3、VTH_5 晶闸管门极和阴极之间的触发脉冲是否正常。

三相半波可控整流电路带电阻性负载按图2-33接线，将电阻器 R 拨至最大阻值处，按下“启动”按钮，“给定”从零开始，慢慢增加移相控制电压，使 α 能在30°~150°范围内调节，用示波器观察并记录三相电路中 $\alpha=30°$、60°、90°、120°、150°时整流输出电压 u_d 和晶闸管两端电压 u_{VTH} 的波形，并记录相应的 U_2 及 U_d 的数值于表2-8中。

表 2-8 三相半波可控整流电路带电阻性负载测量电压数据

α	30°	60°	90°	120°	150°
U_2					
U_d					

三相半波整流带阻感性负载实验只需要将200mH的电感与负载电阻 R 串联后接入主电路，观察不同触发延迟角 α 时 u_d、i_d 的输出波形，并记录相应的 U_2 及 U_d 值于表2-9中，

画出 $\alpha=90°$时的 u_d 及 i_d 波形。

表 2-9　三相半波可控整流电路阻感性负载测量电压数据

α	30°	60°	90°	120°
U_2				
U_d				

（3）注意事项

1）整流电路与三相电源连接时，一定要注意相序，必须一一对应。

2）注意 α 表示三相晶闸管电路中的触发延迟角，它的 0°是从自然换相点开始计算，前面实验中的单相晶闸管电路的 0°移相角表示从同步信号过零点开始计算，两者存在相位差，前者比后者滞后 30°。

2. 三相桥式半控整流电路的分析与调试

（1）任务实施所需模块

1）电源控制屏：包含“三相电源输出”等模块。

2）晶闸管主电路：包含“正反桥功放”等模块。

3）晶闸管触发电路：包含“触发电路”模块。

4）给定及实验器件：包含“给定”“二极管”等模块。

5）三相可调电阻：包含“900Ω 磁盘电阻”。

6）双踪示波器。

7）万用表。

（2）任务实施步骤

在中等容量的整流装置或要求不可逆的电力拖动装置中，可采用比三相全控桥式整流电路更简单、经济的三相桥式半控整流电路。它由共阴极接法的三相半波可控整流电路与共阳极接法的三相半波不可控整流电路串联而成，因此这种电路兼有可控与不可控两者的特性。共阳极组三个整流二极管总是在自然换相点换相，使电流换到阴极电位更低的一相，而共阴极组三个晶闸管则要在触发后才能换到阳极电位更高的一相。改变共阴极组晶闸管的触发延迟角 α，可获得0～$2.34U_2$ 的直流可调电压。

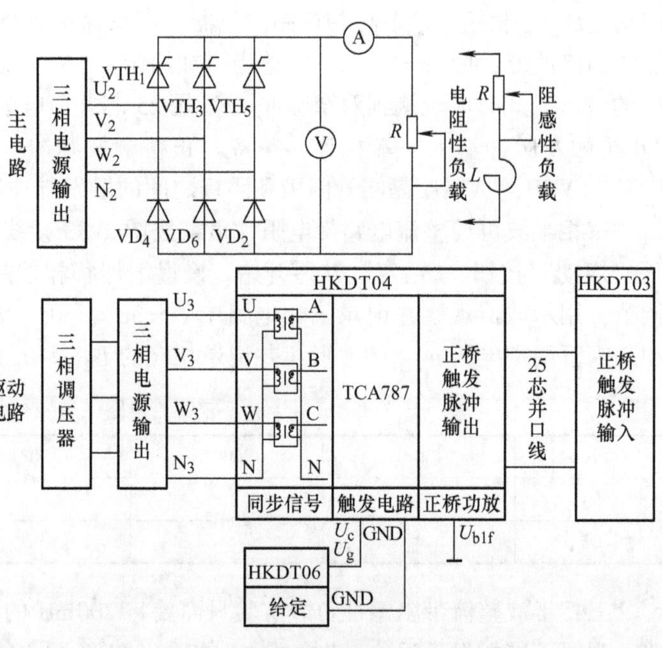

图 2-34　三相桥式半控整流电路接线图

三相桥式半控整流电路的接线图如图 2-34 所示。其中三个晶闸管在 HKDT03 挂箱上，三相触发电路在 HKDT04 挂箱上，二极管和给定在 HKDT08 给定及实验器件挂箱上，直流电压表、电流表以及电感 L 从 HKDT03 上获得，电阻 R 用 HK27 三相可调电阻，将两个 900Ω 接成并联形式。

同前一个任务，先对触发电路进行调试。

三相桥式半控整流电路带电阻性负载按图 2-34 接线，将“给定”输出调到零，负载电阻放在最大阻值位置，按下“启动”按钮，缓慢调节“给定”，观察 α 在 30°、60°、90°、120°、150°等不同触发延迟角时，整流电路的输出电压 u_d、输出电流 i_d 以及晶闸管 VTH_1 两端电压 u_{VTH1} 的波形，并将相应数据记录于表 2-10 中。

表 2-10　三相桥式半控整流电路带电阻性负载测量电压数据

α	30°	60°	90°	120°	150°
U_2/V					
U_d/V					

三相桥式半控整流电路带阻感性负载只需将电抗 L（200mH）与负载电阻 R 串联后接入，重复前一步骤，记录数据于表 2-11 中。

表 2-11　三相桥式半控整流电路带阻感性负载测量电压数据

α	30°	60°	90°	120°
U_2/V				
U_d/V				

3. 三相桥式全控整流电路的分析与调试

（1）任务实施所需模块

1）电源控制屏：包含“三相电源输出”等模块。

2）晶闸管主电路：包含“正反桥功放”等模块。

3）晶闸管触发电路：包含“触发电路”模块。

4）给定及实验器件：包含“给定”等模块。

5）三相可调电阻：包含“900Ω 磁盘电阻”。

6）双踪示波器。

7）万用表。

（2）任务实施步骤

接线如图 2-35 所示。主电路为三相桥式全控整流电路，触发电路由集成触发电路 TC787 集成芯片提供，可输出经高频调制后的双窄脉冲链。

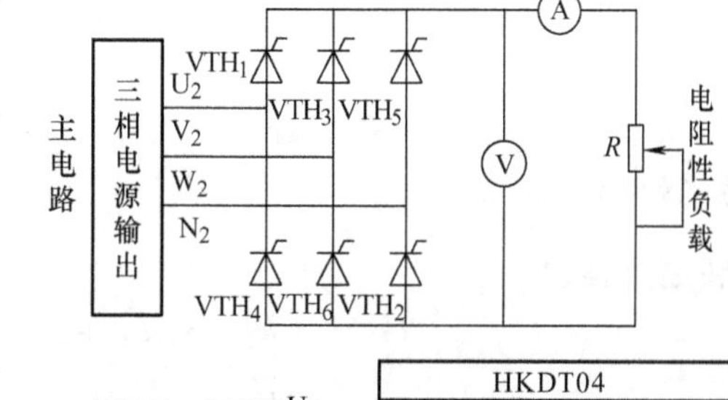

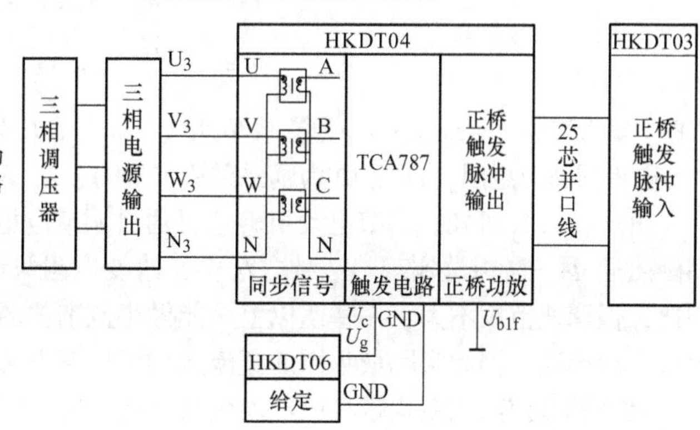

图 2-35　三相桥式全控整流电路接线图

“触发电路”的调试步骤同前一个任务。

三相桥式全控整流电路按图2-35接线，将“给定”输出调到零，即将旋钮逆时针旋到底，使电阻器放在最大阻值处，按下“启动”按钮，调节“给定”的移相控制电位器，增加移相控制电压，使α在30°~120°范围内调节，同时，根据需要不断调整负载电阻R，使得负载电流I_d保持在0.6A左右，特别注意I_d不得超过0.65A。用示波器观察并记录α= 30°、60°及90°时的整流电压u_d和晶闸管VTH$_1$两端电压u_{VTH1}的波形，并记录相应的U_2、U_d数值于表2-12中。

表2-12　三相桥式全控整流电路带电阻性负载测量电压数据

α	30°	60°	90°	120°
U_2/V				
U_d/V				

任务2.4　直流电动机调速系统的分析与调试

1）熟悉晶闸管直流调速系统的组成及其基本结构。
2）熟悉直流调速系统主要单元部件的工作原理及调速系统对其提出的要求。
3）掌握直流调速系统主要单元部件的调试步骤和方法。
4）了解单闭环直流调速系统的原理、组成及各主要单元部件的原理。
5）掌握晶闸管直流调速系统的一般调试过程。
6）认识闭环反馈控制系统的基本特性。

1. 直流电动机的调速方法

直流电动机转速方程为

$$U = E + IR = K_e \Phi n + IR$$

$$n = \frac{U - IR}{K_e \Phi} = n_0 - \frac{R}{K_e \Phi} I \tag{2-1}$$

式中，n为转速（r/min）；n_0为空载转速（r/min）；U为电枢电压（V）；I为电枢电流（A）；R为电枢回路总电阻（Ω）；Φ为励磁磁通（Wb）；K_e为由电动机结构决定的电动势常数。

由式(2-1)可知，调节电动机转速可通过调节电枢电压U、改变电枢回路电阻R、减弱励磁磁通Φ三种方法实现。三种方法中，改变电阻只能有级调速；减弱磁通虽然能够平滑调速，但调速范围不大，在基速以上只能做小范围的弱磁升速；调压调速能在较大的范围内无级平滑调速。因此实际最常用的直流电动机调速方法即是调压调速。

晶闸管可控整流装置带直流电动机负载组成的系统，简称V-M系统。采用晶闸管可控整流电路给直流电动机供电，通过调节触发装置的控制电压U_c来移动触发脉冲的相位，即

可改变整流电压 U_d，从而实现平滑调速。这种 V－M 系统是电力拖动的一种重要方式，也是可控整流电路的主要用途之一。V－M 系统具有起动性能好、调速范围宽、动态和静态性能好等优点。

机械特性可以表征电动机轴上所产生的转矩 T 和相应的运行转速 n 之间的关系。电流连续时，整流器供电下直流电动机的机械特性与直流发电机组供电的机械特性类似，通过改变触发延迟角，可实现电动机的速度调节。如果平波电抗器电感量足够大，晶闸管整流器输出电流连续，此时 V－M 系统可按直流等值电路来分析。由于电流连续，晶闸管整流器可等效为一个直流电源 U_d 与内阻的串联。

在电枢电流连续的情况下，当整流器触发延迟角固定时，电动机转速随负载电流的增加而下降。当触发延迟角改变时，随着空载转速点的变化，机械特性曲线为一组斜率相同的平行线，如图 2-36 所示。

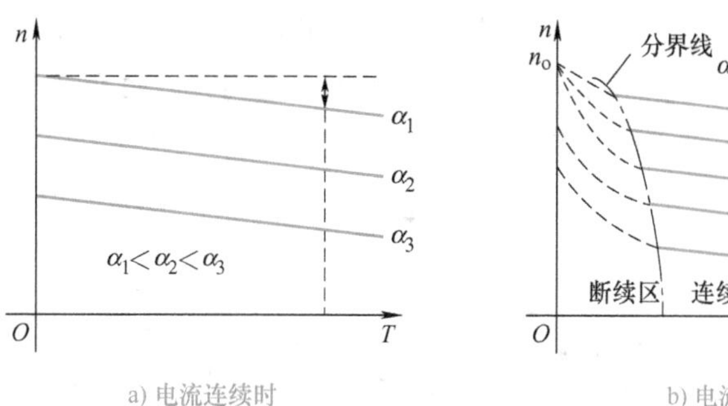

图 2-36　V－M 系统机械特性曲线

当负载减小时，平波电抗器中的电感储能减小，致使电流不再连续，此时其机械特性也就呈现出非线性。电流断续时，不再存在晶闸管换相重叠现象。电流断续时电动机机械特性的特点变为理想空载转速抬高，机械特性变软，即负载电流变化很小也可引起很大的转速变化。

2. 晶闸管直流调速系统

晶闸管直流调速系统（可逆直流调速系统）由整流变压器、晶闸管整流调速装置、平波电抗器、电动机-发电机组等组成。晶闸管整流调速装置的主电路为三相桥式电路，控制电路可直接由给定电压 U_g 作为触发器的移相控制电压 U_c，改变 U_g 的大小即可改变触发延迟角 α，从而获得可调的直流电压。系统接线如图 2-37 所示。

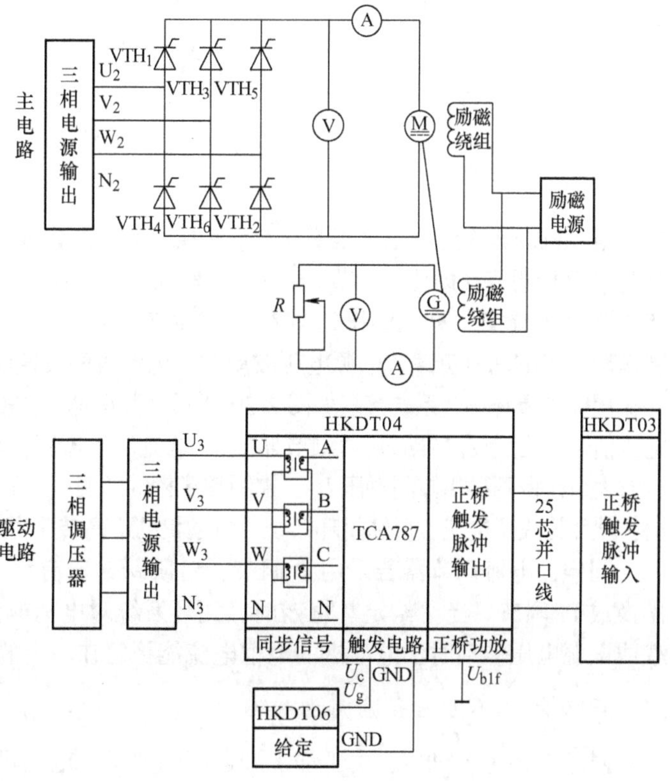

图 2-37　晶闸管直流调速系统接线图

对该系统的调试主要包括两个方面：一是在带电动机负载时

整流电路的工作情况；二是由整流电路供电时电动机的工作情况。

3. 单闭环不可逆直流调速系统

为了提高直流调速系统的动静态性能指标，通常采用闭环控制系统，包括单闭环系统和多闭环系统。对调速指标要求不高的场合，采用单闭环系统，而对调速指标要求较高的场合则采用多闭环系统。按反馈的方式不同可分为转速反馈、电流反馈、电压反馈等。在单闭环系统中，转速单闭环使用较多。

转速单闭环调速系统接线如图 2-38 所示，其调速方法是将反映转速变化的电压信号作为反馈信号，经“转速变换”后接到“调节器Ⅰ”（速度调节器）的输入端，与“给定”的电压相比较，经放大后，得到移相控制电压 U_c，用于控制整流桥的“触发电路”，触发脉冲经“正桥功放”后加到晶闸管的门极和阴极之间，以改变“三相全控整流”的输出电压，从而构成了速度负反馈闭环系统。

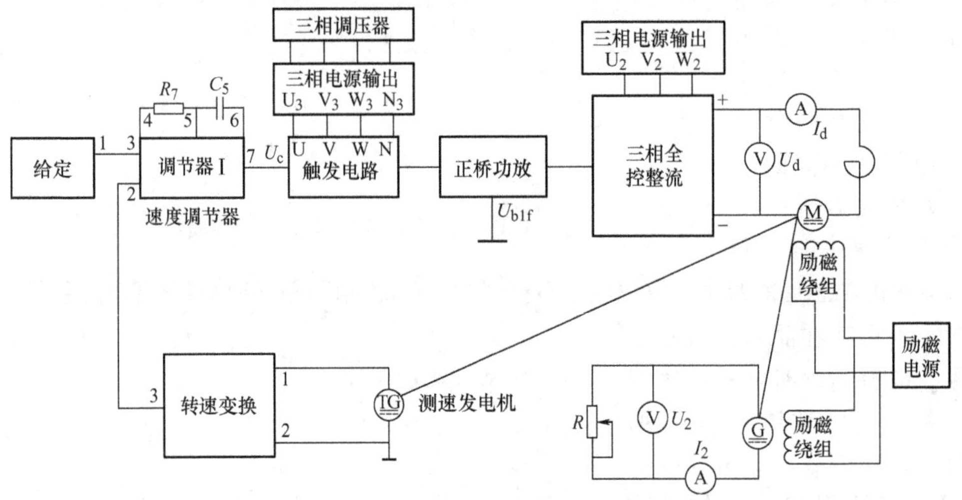

图 2-38 转速单闭环调速系统接线图

电动机的转速随给定电压变化，电动机最高转速由速度调节器的输出限幅所决定，速度调节器采用 P 调节（即比例调节），对阶跃输入有稳态误差，要想消除上述误差，则需将速度调节器调为 PI 调节（即比例积分调节）。这时当“给定”恒定时，闭环系统对速度变化起到抑制作用，当电动机负载或电源电压波动时，电动机的转速能稳定在一定的范围内变化。

电流单闭环调速系统接线如图 2-39 所示，其调速方法是将反映电流变化的电流互感器输出电压信号作为反馈信号加到“调节器Ⅱ”（电流调节器）的输入端，与“给定”的电压相比较，经放大后，得到移相控制电压 U_c，控制整流桥的“触发电路”，改变“三相全控整流”的电压输出，从而构成了电流负反馈闭环系统。电动机的最高转速由电流调节器的输出限幅所决定。

同样，电流调节器若采用 P 调节，对阶跃输入有稳态误差，要消除该误差，可将调节器换成 PI 调节。当“给定”恒定时，闭环系统对电枢电流变化起到抑制作用，当电动机负载或电源电压波动时，电动机的电枢电流能稳定在一定的范围内。

4. 双闭环不可逆直流调速系统

对于许多生产机械，由于加工和运行的要求，电动机经常处于起动、制动、反转的过渡过程中，因此起动和制动过程的时间在很大程度上决定了生产机械的生产效率。为缩短这一

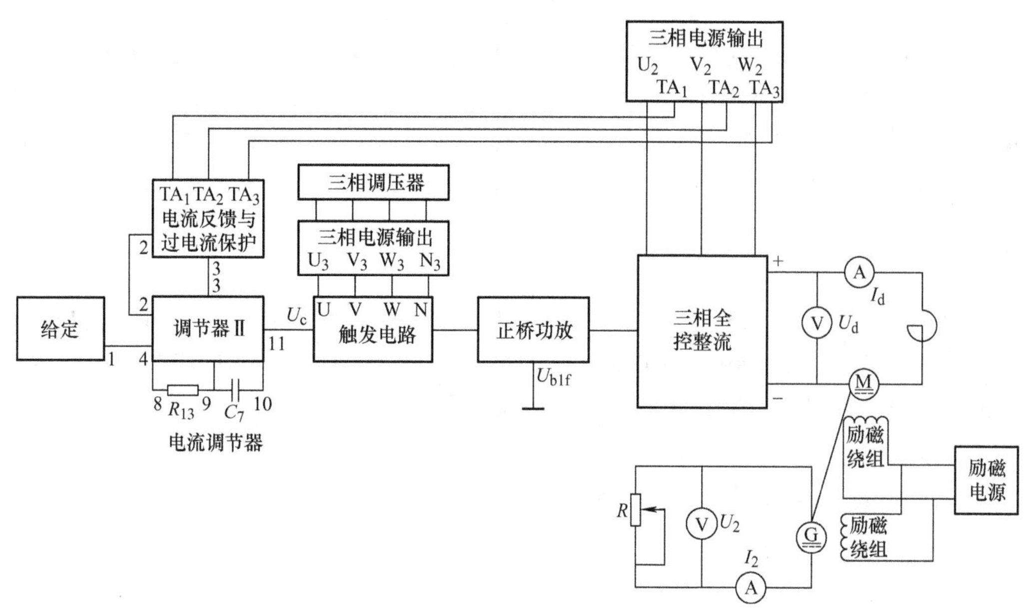

图 2-39　电流单闭环调速系统接线图

部分时间，仅采用 PI 调节器的转速负反馈单闭环调速系统，其性能还不尽如人意。双闭环直流调速系统是由速度调节器和电流调节器进行综合调节，可获得良好的静、动态性能。由于调速系统的主要参量为转速，故将转速环作为主环放在外面，电流环作为副环放在里面，这样可以抑制电网电压扰动对转速的影响。

双闭环直流调速系统接线如图 2-40 所示，其原理为：起动时，加入给定电压 U_g，“调节器Ⅰ”（速度调节器）和“调节器Ⅱ”（电流调节器）即以饱和限幅值输出，使电动机以限定的最大起动电流加速起动，直到电动机转速达到给定转速（即 $U_g=U_{fn}$），在出现超调

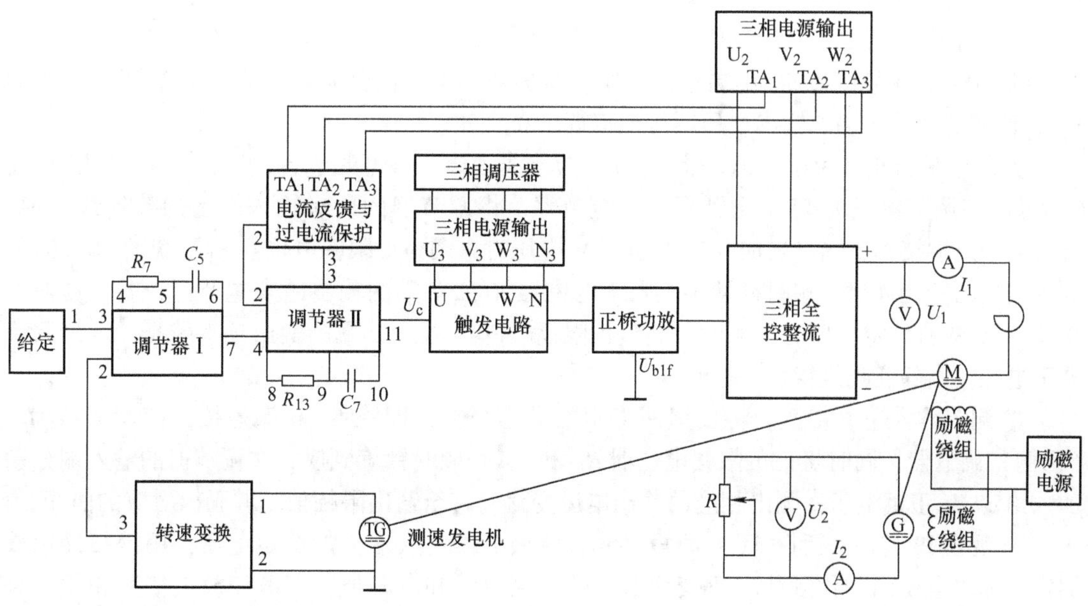

图 2-40　双闭环直流调速系统接线图

后，速度调节器和电流调节器退出饱和，最后稳定在略低于给定转速值下运行。系统工作时，要先给电动机加励磁，改变给定电压 U_g 的大小即可方便地改变电动机的转速。速度调节器、电流调节器均设有限幅环节，速度调节器的输出作为电流调节器的给定，利用速度调节器的输出限幅可达到限制起动电流的目的。电流调节器的输出作为“触发电路”的控制电压 U_c，利用电流调节器的输出限幅可达到限制 α_{max} 的目的。

任务实施

根据任务实施需要，选择在 HKDD－1－V 型电力电子技术实训台上选择 HKDT12 变压器实验挂箱、HKDJ32 双闭环 H 桥 DC－DC 变换直流调速系统挂箱、HKDT08 给定及实验器件挂箱、HK27 三相可调电阻器挂箱等挂箱中相应模块。

1. 晶闸管直流调速系统主要单元的调试

(1) 任务实施所需模块

1) 电源控制屏：包含“三相电源输出”等模块。

2) 电动机调速系统：包含“给定”“调节器Ⅰ”“调节器Ⅱ”“电流反馈与过电流保护”等模块。

3) 可调电阻、电容箱。

4) 慢扫描示波器。

5) 万用表。

(2) 任务实施步骤

将电动机调速系统的蓝色三芯电源线与控制屏相应电源插座连接，打开挂箱上的电源开关，就可以开始调试。

1) 速度调节器（调节器Ⅰ）的调试：

① 调节器的调零。将调节器 1、2、3 端接地，再将调节器的 4、5 两端内置可调电阻 R 调节到 13kΩ，用导线将 5、6 端短接，使调节器成为 P（比例）调节器。调节调零电位器 R_{P3}，使调节器的 7 端的输出电压尽可能接近于 0。

② 调整输出正、负限幅值。将 5、6 间短接线去掉，将可调电容设置为 7.47μF 接入 5、6 两端，使调节器成为 PI（比例积分）调节器，将调节器的所有输入端上的接地线去掉，将给定输出端接到 3 端，当加 +5V 的正给定电压时，调整负限幅电位器 R_{P2}，观察调节器负电压输出的变化规律，顺时针调整负限幅电位器 R_{P2}，7 端的输出越来越低；当调节器输入端加 −5V 的负给定电压时，顺时针调整正限幅电位器 R_{P1}，7 端的输出越来越高，观察调节器正电压输出的变化规律。

③ 测定输入输出特性。将反馈网络中的电容短接，即将 5、6 端短接，使调节器为 P（比例）调节器，同时将正负限幅电位器 R_{P1} 和 R_{P2} 均顺时针旋到底，在调节器的输入端分别加入给定 U_g 正负电压，测出相应的输出电压变化，直至输出限幅值，并画出对应的曲线。

④ 观察 PI 特性。拆除 5、6 间短接线，给调节器输入端突加给定电压，用慢扫描示波器观察输出电压的变化规律。改变调节器的外接电阻和电容值，即改变放大倍数和积分时间，观察输出电压的变化。

2）电流调节器（调节器Ⅱ）的调试：

① 调节器的调零。将调节器1～7端接地，再将8、9端内置可调电阻 R 调节为13kΩ，用导线将9、10短接，使调节器成为P（比例）调节器。调节面板上的调零电位器 R_{P3}，使调节器的11端的输出电压尽可能接近于0。

② 调整输出正、负限幅值。把9、10间短接线去掉，将可调电容10.47μF接入9、10两端，使调节器成为PI（比例积分）调节器，将所有输入端上的接地线去掉，将给定输出端接到调节器的4端，当加+5V的正给定电压时，调整负限幅电位器 R_{P2}，观察调节器负电压输出的变化规律；当调节器输入端加-5V的负给定电压时，调整正限幅电位器 R_{P1}，观察调节器正电压输出的变化规律。

③ 观察PI特性。拆除9、10间短接线，突加给定电压，用慢扫描示波器观察输出电压的变化规律。改变调节器的外接电阻和电容值，观察输出电压的变化。

2. 单闭环不可逆直流调速系统的调试

（1）任务实施所需模块

1）电源控制屏：包含“三相电源输出”等模块。

2）晶闸管主电路：包含“电感”“正反桥功放”等模块。

3）三相晶闸管触发电路。

4）电动机调速系统：包含“给定”“调节器Ⅰ”“调节器Ⅱ”“电流反馈与过电流保护”等模块。

5）电动机导轨、光码盘测速系统及数显转速表。

6）直流并励电动机。

7）三相可调电阻：包含“900Ω磁盘电阻”。

8）数字存储示波器。

9）万用表。

（2）任务实施步骤

1）触发电路调试。

① 打开总电源开关，操作“电源控制屏”上的“三相电网电压指示”开关，观察输入的三相电网电压是否平衡。

② 按下“启动”按钮，调节调压器，使 U_3、V_3、W_3 线电压约为150V。

③ 将触发电路接通电源，按下控制屏“启动”按钮，用双踪示波器观察“三相同步信号输出”端输出正弦波信号。

④ 将示波器探头接TCA787的CA、CB、CC三个引脚，示波器探头地接挂箱模块的GND。观察A、B、C三相的锯齿波，CA、CB、CC锯齿波斜率应尽可能一致。

⑤ 将脉冲使能控制端 U_{blf} 接地，“给定”输出 U_g 直接与移相控制电压 U_c 相接，调节偏移电压电位器，用双踪示波器观察A相同步电压信号和“脉冲触发器” J_1 的输出波形，使 $\alpha=150°$。

⑥ 适当增加给定 U_g 的正电压输出，观测“脉冲观察孔” J_1～J_6 的波形，此时应观测到双窄脉冲。

⑦ 用25芯并口电缆线将“正桥触发脉冲输出”端和“正桥触发脉冲输入”端相连，并将“正桥触发脉冲”的六个开关拨至“通”，观察正桥 VTH_1～VTH_6 晶闸管门极和阴极之

间的触发脉冲是否正常。

2）基本单元部件调试。

① 移相控制电压 U_c 调节范围的确定。直接将“给定”电压 U_g 接入移相控制电压 U_c 的输入端，“三相全控整流”输出接电阻负载 R，用示波器观察 u_d 的波形。当“给定”电压 U_g 由零调大时，U_d 将随给定电压的增大而增大，当 U_g 超过某一数值时，U_d 接近为输出最高电压值 U'_d，一般可认为“三相全控整流”输出允许的最大值 $U_{dmax}=0.9U'_d$，调节 U_g 使得“三相全控整流”输出等于 U_{dmax}，此时将对应的 U'_g 的电压值记录下来，$U_{cmax}=U'_g$，即 U_g 的允许调节范围为 0 ~ U_{cmax}。如果把输出限幅定为 U_{cmax}，则“三相全控整流”输出范围就被限定，不会工作到极限值状态，能保证六个晶闸管可靠工作。将数据记录于表 2-13 中。

表 2-13　移相控制电压测试电压数据　（单位：V）

U'_d	
$U_{dmax}=0.9U'_d$	
$U_{cmax}=U'_g$	

将给定退到零，再按“停止”按钮，结束。

② 调节器的调整。

a. 调节器的调零。将“调节器Ⅰ”所有输入端接地，再将调节器 4、5 端间的可调电阻 R 调节到 13kΩ，用导线将 5、6 短接，使“调节器Ⅰ”成为 P 调节器。调节面板上的调零电位器 R_{P3}，使“调节器Ⅰ”的 7 端的输出电压尽可能接近于 0。将“调节器Ⅱ”所有输入端接地，再将调节器 8、9 端间的可调电阻 R 调节到 13kΩ，用导线将 9、10 短接，使“调节器Ⅱ”成为 P 调节器。调节面板上的调零电位器 R_{P3}，使调节器Ⅱ的 11 端的输出电压尽可能接近于 0。

b. 正负限幅值的调整。把“调节器Ⅰ”的 5、6 间短接线去掉，将可调电容 10.47μF 接入 5、6 两端，使“调节器Ⅰ”成为 PI 调节器，将“调节器Ⅰ”的所有输入端的接地线去掉，将“给定”输出端接到“调节器Ⅰ”的 3 端。当加 +5V 的正给定电压时，调整负限幅电位器 R_{P2}，使输出电压尽可能接近于 0；当调节器输入端加 −5V 的负给定电压时，调整正限幅电位器 R_{P1}，使“调节器Ⅰ”的输出正限幅为 U_{cmax}。把“调节器Ⅱ”的 9、10 间短接线去掉，将 HKDT06“调节器Ⅱ”中的可调电容 10.47μF 接入 9、10 两端，使调节器成为 PI 调节器，将“调节器Ⅱ”所有输入端的接地线去掉，将给定输出端接到“调节器Ⅱ”的 4 端，当加 +5V 的正给定电压时，调整负限幅电位器 R_{P2}，使输出电压尽可能接近于 0。当调节器输入端加 −5V 的负给定电压时，调整正限幅电位器 R_{P1}，使调节器Ⅱ的输出正限幅为 U_{cmax}。

c. 电流反馈系数的整定。直接将“给定”电压 U_g 接入移相控制电压 U_c 的输入端，整流桥输出接电阻负载 R（2 个 900Ω 并联），负载电阻置于最大值处，“给定”输出调到零。按下“启动”按钮，从零增加给定，使输出电压升高，当 $U_d=220$V 时，减小负载的阻值，调节“电流反馈与过电流保护”上的电流反馈电位器 R_{P1}，使得负载电流 $I_d=1.3$A 时，“2”端 I_f 的电流反馈电压 $U_{fi}=6$V，这时的电流反馈系数 $\beta=U_{fi}/I_d=4.615$V/A。

d. 转速反馈系数的整定。直接将“给定”电压 U_g 接移相控制电压 U_c 的输入端，“三相全控整流”电路接直流电动机负载，L_d 用 200mH，输出给定调到零。

按下“启动”按钮，接通励磁电源，从零逐渐增加给定，使电动机提速到 $n=1500$r/min

时，调节“转速变换”上的转速反馈电位器 R_{P1}，使得该转速时反馈电压 $U_{fn}=-6V$，这时的转速反馈系数 $\alpha=U_{fn}/n=0.004V/(r/min)$。

3）转速单闭环直流调速系统调试。

① 按照接线图接线。“给定”电压 U_g 为负给定，转速反馈为正电压，将“调节器Ⅰ”接成 PI 调节器。直流发电机接负载电阻 R，L_d 用200mH，“给定”输出调到零。

② 直流发电机先轻载，从零开始逐渐调大“给定”电压 U_g，使电动机的转速接近 $n=1200r/min$。

③ 由大到小调节直流发电机负载 R（两个900Ω并联），测出电动机的电枢电流 I_d 和电动机的转速 n，数据记录于表2-14中，直至 $I_d=I_{ed}$（I_{ed}为额定电流，1.2A），即可测出系统静态特性曲线 $n=f(I_d)$。

表2-14　转速单闭环直流调速系统静态特性数据

n/(r/min)					
I_d/A					

4）电流单闭环直流调速系统调试

① 按照接线图接线。“给定”电压 U_g 为负给定，电流反馈为正电压，将“调节器Ⅱ”接成 PI 调节器。直流发电机接负载电阻 R，L_d 用200mH，将“给定”输出调到零。

② 直流发电机先轻载，从零开始逐渐调大“给定”电压 U_g，使电动机转速接近 $n=1200r/min$。

③ 由大到小调节直流发电机负载 R，测定相应的 I_d 和 n，数据记录于表2-15中，直至 $I_d=I_{ed}$，即可测出系统静态特性曲线 $n=f(I_d)$。

表2-15　电流单闭环直流调速系统静态特性数据

n/(r/min)					
I_d/A					

（3）注意事项

1）双踪示波器有两个探头，可同时观测两路信号，但这两探头的地线都与示波器的外壳相连，所以两个探头的地线不能同时接在同一电路的不同电位的两个点上，否则这两点会通过示波器外壳发生电气短路。因此，为了保证测量顺利进行，可将其中一根探头的地线取下或外包绝缘，只使用其中一路的地线，这样就从根本上解决了这个问题。当需要同时观察两个信号时，必须在被测电路上找到这两个信号的公共点，将探头的地线接于此处，探头各接至被测信号，只有这样才能在示波器上同时观察到两个信号，而不发生意外。

2）电动机起动前，应先加上电动机的励磁，才能使电动机起动。在起动前必须将移相控制电压调到零，使整流输出电压为零，这时才可以逐渐加大给定电压，不能在开环或速度闭环时突加给定，否则会引起过大的起动电流，使过电流保护动作、告警、跳闸。

3）通电实验时，可先用电阻作为整流桥的负载，待确定电路能正常工作后，再换成电动机作为负载。

4）在连接反馈信号时，给定信号的极性必须与反馈信号的极性相反，确保为负反馈，否则会造成失控。

5）直流电动机的电枢电流不要超过额定值使用，转速也不要超过 1.2 倍的额定值，以免影响电动机的使用寿命，或发生意外。

6）三相晶闸管触发电路与电动机调速系统不共地，所以实验时须短接两模块的地。

7）调节三相可调电阻时要注意电流。

3. 双闭环不可逆直流调速系统的调试

（1）任务实施所需模块

1）电源控制屏：包含“三相电源输出”等模块。

2）晶闸管主电路：包含“电感”“正反桥功放”等模块。

3）三相晶闸管触发电路。

4）电动机调速系统：包含“给定”“调节器Ⅰ”“调节器Ⅱ”“电流反馈与过电流保护”等模块。

5）电动机导轨、光码盘测速系统及数显转速表。

6）直流并励电动机。

7）三相可调电阻：包含“900Ω 磁盘电阻”。

8）数字存储示波器。

9）万用表。

（2）任务实施步骤

1）双闭环直流调速系统调试原则：

① 先单元、后系统，即先将单元的参数调好，然后才能组成系统。

② 先开环、后闭环，即先使系统运行在开环状态，在确定电流和转速均为负反馈后，才可组成闭环系统。

③ 先内环，后外环，即先调试电流内环，再调试转速外环。

④ 先调整稳态精度，后调整动态指标。

2）“触发电路”调试、基本单元部件调试。调试过程与前一任务一致。

3）开环外特性的测定。

① 控制电压 U_c 由“给定”输出 U_g 直接接入，“三相全控整流”电路接电动机，L_d 用 200mH，直流发电机接负载电阻 R（两个 900Ω 并联），负载电阻置于最大值，“给定”输出调到零。

② 按下“启动”按钮，先接通励磁电源，然后从零开始逐渐增加“给定”输出 U_g，使电动机起动升速，转速到达 1200r/min。

③ 增大负载，即减小负载电阻 R 阻值，使得电动机电流 $I_d = I_{ed}$，可测出该系统的开环外特性 $n = f(I_d)$，数据记录于表 2-16 中。

表 2-16 双闭环直流调速系统开环外特性测试数据

n/(r/min)					
I_d/A					

将给定退到零，断开励磁电源，按下“停止”按钮，结束实验。

4）系统静特性测试。

① 按接线图接线，“给定”输出 U_g 为正给定，转速反馈电压为负电压，直流发电机接

负载电阻 R，L_d 用200mH，负载电阻置于最大值，“给定”输出调到零。将“调节器Ⅰ”“调节器Ⅱ”都接成P调节器后，接入系统，形成双闭环不可逆系统，按下“启动”按钮，接通励磁电源，增加给定，观察系统能否正常运行，确认整个系统的接线正确无误后，将“调节器Ⅰ”“调节器Ⅱ”均恢复成PI调节器，构成实验系统。

② 机械特性 $n=f(I_d)$ 的测定。发电机先空载，从零开始逐渐调大给定电压 U_g，使电动机转速接近 $n=1200\text{r/min}$，然后接入发电机负载电阻 R，逐渐改变负载电阻，直至 $I_d=I_{ed}$，即可测出系统静态特性曲线 $n=f(I_d)$，并将数据记录于表2-17中。

表2-17　不同状态下双闭环调速系统机械特性测试数据（一）

n/(r/min)					
I_d/A					

降低 U_g，再测试 $n=800\text{r/min}$ 时的静态特性曲线，并将数据记录于表2-18中。

表2-18　不同状态下双闭环调速系统机械特性测试数据（二）

n/(r/min)					
I_d/A					

调节 U_g 及 R，使 $I_d=0.5I_{ed}$，逐渐降低 U_g，记录 U_g 和 n，即可测出闭环控制特性曲线 $n=f(U_g)$，并将数据记录于表2-19中。

表2-19　不同状态下双闭环调速系统闭环控制特性测试数据

n/(r/min)					
U_g/V					

5）系统动态特性的观察。用慢扫描示波器观察动态波形。在不同的系统参数下，即“调节器Ⅰ”的增益和积分电容、“调节器Ⅱ”的增益和积分电容、“转速变换”的滤波电容不同的情况下，用示波器观察、记录下列动态波形：

① 突加给定 U_g，电动机起动时的电枢电流 i_d 波形（即“电流反馈与过电流保护”的“2”端波形）以及转速 n 波形（即“转速变换”的“3”端波形）。

② 突加额定负载时电动机电枢电流波形和转速波形。

③ 突降负载时电动机的电枢电流波形和转速波形。

（3）注意事项

在记录动态波形时，可先用双踪慢扫描示波器观察波形，以便找出系统动态特性较为理想的调节器参数，再用数字存储示波器或记忆示波器记录动态波形。

任务2.5　直流电动机调速系统发电制动状态的实现

1）研究三相半波有源逆变电路的工作原理，验证可控整流电路在有源逆变时的工作条件，并比较与整流工作时的区别。

2）加深理解三相桥式全控整流及有源逆变电路的工作原理。

1. 直流电动机可逆调速系统组成

直流电动机可逆调速系统由交流电源、变压器、变流器及直流电机构成，如图 2-41 所示。在实际应用场合中，有些场合需要将交流电转变成直流电，这就是整流电路。在另外一些场合则需要将直流电转变成交流电，对应于整流的逆向过程，定义为逆变电路。在一定条件下，一套晶闸管电路既可以作为整流电路又可作为逆变电路，这种装置称为变流器。

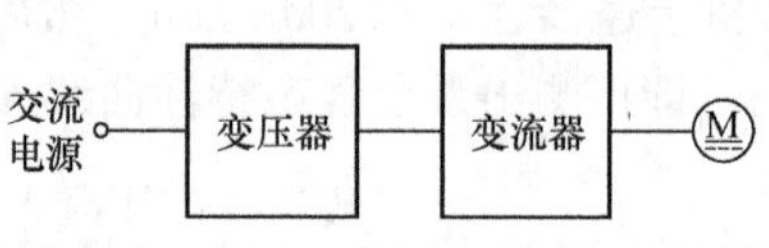

图 2-41　直流可逆调速系统组成

起重机还可以发电?

2. 直流电机的制动方式与四象限运行

电机的电气制动方法包括反接制动、能耗制动、电容制动、发电回馈制动等。反接制动的原理是使定子两相反接，电源的相序改变，定子旋转磁场的方向反向，电磁转矩反向，与转子转动方向相反，从而制动；能耗制动的原理是将转子的动能转换为电能消耗于转子电阻上。

如图 2-42 所示，可以把电机的电磁转矩方向用一条横轴 X 来表示，把电机的旋转方向用一条纵轴 Y 来表示。如此，构成一个平面坐标系，第Ⅰ象限是正转电动，此时转速与转矩旋转方向相同，这是正常的电动状态。第Ⅱ象限是电机正转，但转矩相反，电机处于发电状态，即回馈制动。第Ⅲ象限是反转电动，此时转速与转矩的方向相同，是电动状态。第Ⅳ象限转速与转矩方向相反，电机处于发电状态，即反方向的回馈制动。

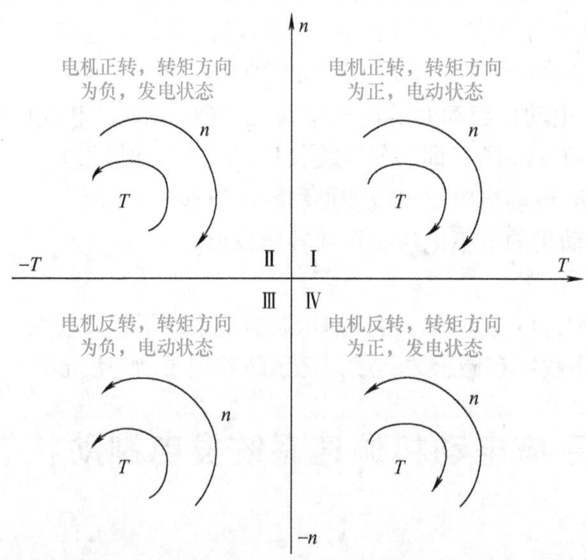

图 2-42　电机的四象限运行

也就是说，电机处于电动状态时，转矩 T 与转速 n 方向相同，此时 T 为拖动转矩，交流电源向直流电机输入电能，电机输出机械能，此时电机的机械特性在直角坐标系的第Ⅰ、Ⅲ

象限；电机处于制动状态时，转矩 T 与转速 n 方向相反，此时 T 为制动转矩，电机机械能转化为电能，该电能通过变流器回馈给电网，此时电机的机械特性在直角坐标系的第Ⅱ、Ⅳ象限。

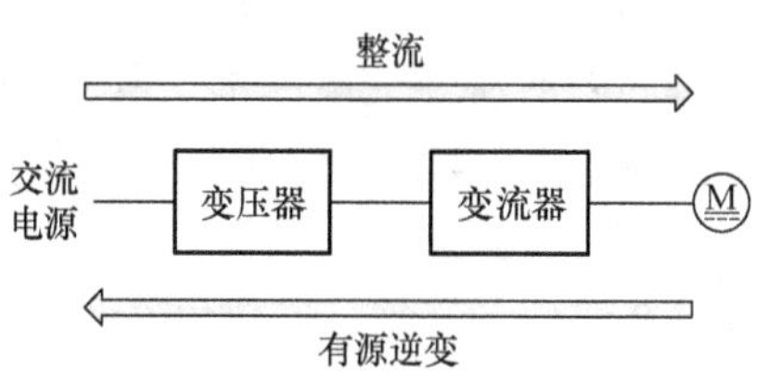

图 2-43　整流同有源逆变的关系

3. 有源逆变电路的工作原理分析

如果将逆变电路的交流侧接到交流电网上，直流电逆变成与电网同频率的交流电反送至电网上，称为有源逆变。有源逆变电路主要应用于直流电机的可逆调速、绕线转子异步电动机的串级调速、高压直流输电和太阳能发电等领域。

（1）有源逆变的工作原理

以单相全波变流电路（如图 2-44 所示）给直流电机供电为例，当 $0<\alpha<90°$ 时，变流电路工作在整流状态。u_2 处于正半周的时候，$\omega t=\alpha$ 时刻给 VTH_1 导通的信号、给 VTH_2 断开的信号，u_{10} 正向加于负载，u_{10} 通过 VTH_1 供给负载。当 u_2 处于负半周的时候，在 $\omega t=\pi+\alpha$ 时刻给 VTH_2 导通的信号、给 VTH_1 断开的信号，u_{02} 被反向加在负载上，$-u_{02}$ 通过 VTH_2 供给负载。观察输出波形（见图 2-45a），对于在 $0<\alpha<90°$ 范围内的其他移相角，即使输出电压的瞬时值有正有负，但正面积总是大于负面积，输出电压的平均值 U_d 总为正，电机从交流电源侧获得电能，处于电动运行的状态。

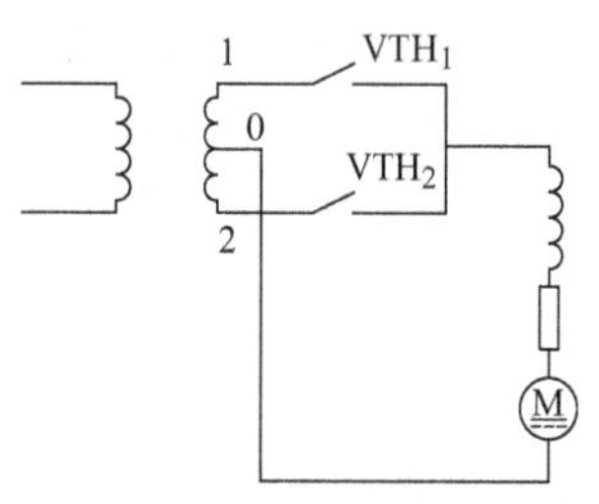

图 2-44　单相全波变流电路

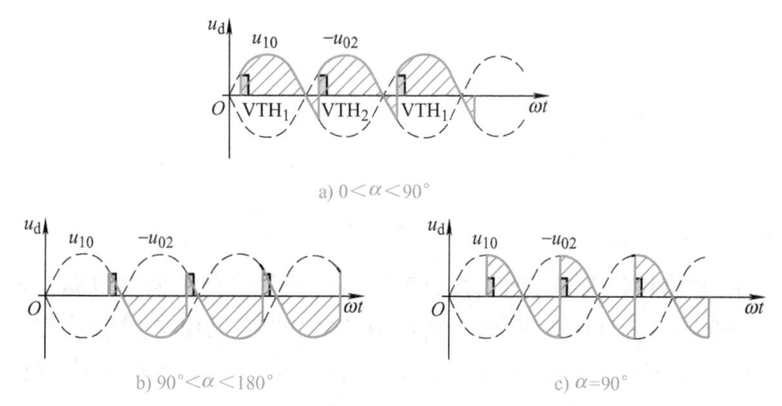

图 2-45　不同 α 角的情况下单相全波变流电路的输出波形

当 $90°<\alpha<180°$ 时，电路的工作状态与之前的分析类似，但输出波形会有不同，如图 2-45b 所示。其输出电压的瞬时值 u_d 在整个周期内也是有正有负，但是负电压面积将总是大于正面积，故输出电压的平均值 U_d 为负值，此时电机向外输出能量，以发电状态运行，交流电网吸收能量，电路以有源逆变状态运行。

而当 $\alpha=90°$ 时，其输出电压的瞬时值 u_d 在整个周期内正电压的面积恰好等于负电压的面积，如图 2-45c 所示，故输出电压的平均值 U_d 恰好为零，此时电机既不向外输出能量也不从交流电网吸收能量，电路处于整流和有源逆变工作状态的临界。

通过对有源逆变电路的工作过程的理解，逆变和整流的区别在于触发延迟角 α 不同，$0<\alpha<90°$时，电路工作在整流状态；$90°<\alpha<180°$时，电路工作在逆变状态。可沿用整流的办法来处理逆变时有关波形与参数计算等问题。把 $\alpha>90°$时的触发延迟角用 $180°-\alpha=\beta$ 表示，β 称为逆变角。逆变角 β 和触发延迟角 α 的计量方向相反，其大小自 $\beta=0$ 的起始点向左方计量。

（2）三相半波有源逆变电路

当选择三相半波有源逆变电路给直流电机供电时，当 $0<\alpha<90°$时，电路依然工作在整流状态，输出电压的平均值 U_d 总为正，电机从交流电源侧获得电能，处于电动运行的状态。如图 2-46a 所示，当 $\alpha=90°$时，输出电压的平均值 U_d 恰好为零，此时电机既不向外输出能量也不从交流电网吸收能量，电路处于整流和有源逆变工作状态的临界。而当 $90°<\alpha<180°$时，如图 2-46b 所示，输出电压的平均值 U_d 为负值，此时电机向外输出能量，以发电状态运行，交流电网吸收能量，电路以有源逆变状态运行。

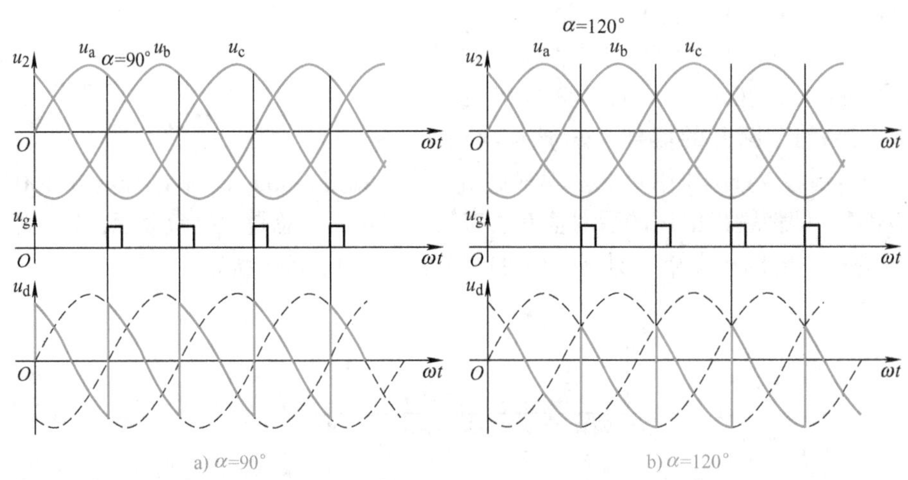

a) α=90°　b) α=120°

图 2-46　三相半波有源逆变电路的输出波形

（3）三相桥式有源逆变电路

三相桥式整流电路用作有源逆变时，就成为三相桥式有源逆变电路。与三相半波逆变电路一样，当 $90°<\alpha<180°$，即 $90°>\beta>0°$时，电路工作在逆变状态，其输出电压平均值 U_d 为负值，电机向外输出能量，以发电状态运行，交流电网吸收能量，其波形如图 2-47 所示。

4. 有源逆变的实现条件

1）要有一个能提供逆变能量的直流电源，且极性必须与晶闸管导通方向一致，其大小要大于变流器直流侧的平均电压。

2）变流电路必须工作在 $\alpha>90°$，使 U_d 的极性与整流状态时相反。

3）为了保证逆变过程中电流连续，使有源逆变连续进行，电路中还应具备足够的电感量。

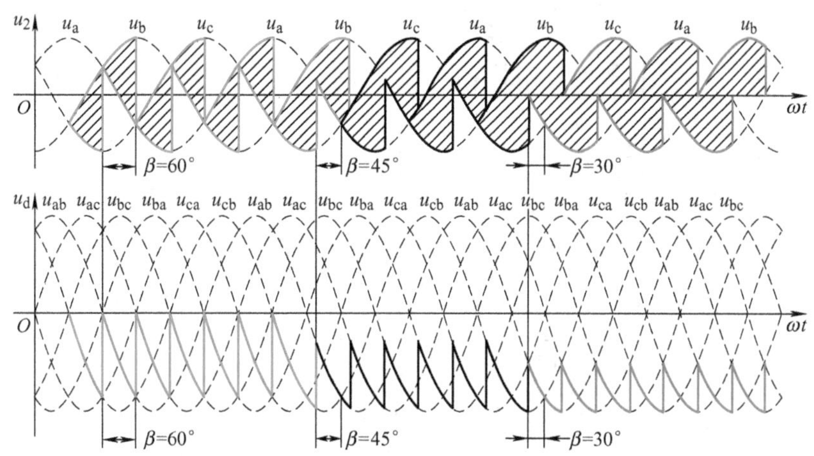

图2-47　三相桥式有源逆变电路的输出波形

任务实施

根据任务实施需要，在 HKDD－1－V 型电力电子技术实训台上选择 HKDT12 变压器实验挂箱、HKDT03 晶闸管桥式电路挂箱、HKDT05 晶闸管触发电路挂箱、HKDT08 给定及实验器件挂箱、HK27 三相可调电阻器挂箱等挂箱中相应模块。

1. 三相半波有源逆变电路的调试

（1）任务实施所需模块

1）电源控制屏：包含“三相电源输出”等模块。

2）晶闸管主电路：包含“正反桥功放”等模块。

3）三相晶闸管触发电路。

4）给定及实验器件：包含“二极管”等模块。

5）变压器系统：包含“逆变变压器”以及“三相不控整流”等模块。

6）三相可调电阻：包含“900Ω 磁盘电阻”。

7）双踪示波器。

8）万用表。

（2）任务实施步骤

晶闸管可选用正桥模块，电感用700mH，电阻 R 选用三相可调电阻，将四个900Ω 接成串并联形式，构成900Ω 电阻增大功率，直流电源用励磁电源模块，其中三相芯式变压器接成 Yy 联结，逆变输出的电压接三相芯式变压器的中压端 Am、Bm、Cm，返回电网的电压从高压端 A、B、C 输出。

1）触发电路调试、基本单元部件调试。调试过程与前一任务一致。

2）三相半波有源逆变电路的调试。

① 按图2-48 接线，将负载电阻置于最大阻值处，将“给定”输出调到零。

② 按下“启动”按钮，此时电路处于逆变状态，$\alpha=150°$，用示波器观察电路输出电压 u_d 波形，缓慢调节给定电位器，升高“给定”输出电压。观察电压表的指示，其值由负的

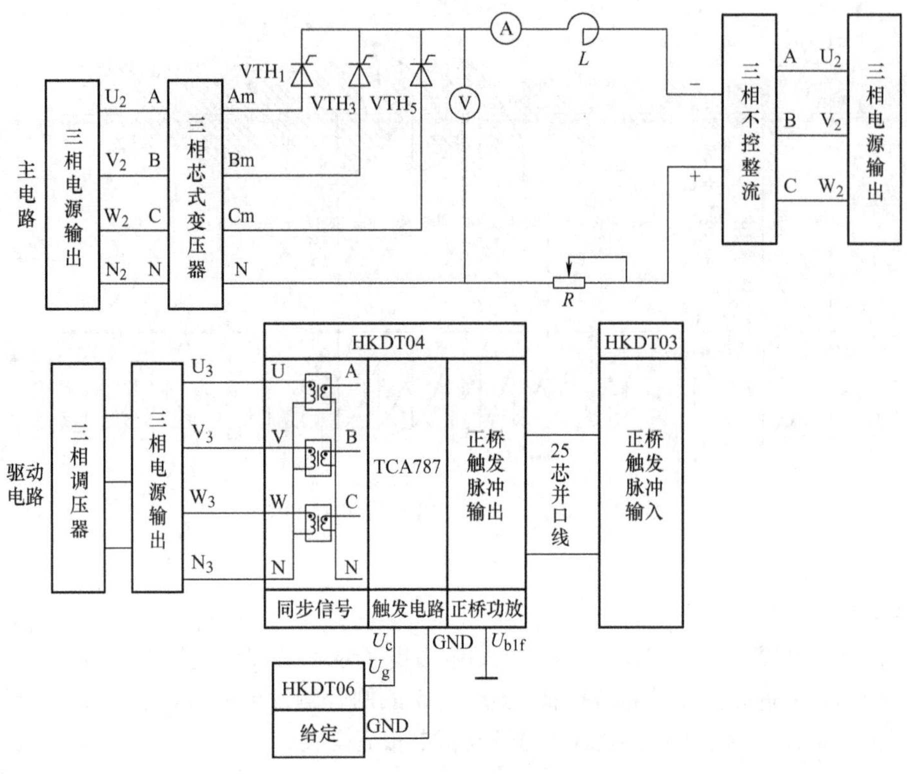

图 2-48　三相半波有源逆变电路调试接线图

电压值向零靠近，当到零电压的时候，也就是 $\alpha=90°$时，继续升高“给定”输出电压，输出电压由零向正的电压值升高，进入整流区。在此过程中记录 $\alpha=30°$、$60°$、$90°$、$120°$、$150°$时的输出电压平均值于表 2-20 以及电压表两端电压（即 u_d）波形。

表 2-20　三相半波有源逆变电流测试数据

α	30°	60°	90°	120°	150°
U_d/V					

（3）注意事项

1）为防止逆变颠覆，逆变角必须设在 $90°>\beta>30°$范围内，即 $U_{ct}=0$ 时，$\beta=30°$，调整 U_{ct}时，用直流电压表监视逆变电压，待逆变电压接近零时，必须缓慢操作。

2）在实验过程中调节 β，必须监视主电路电流，防止 β 的变化引起主电路出现过大的电流。

3）在实验接线过程中，注意三相芯式变压器高压侧的和中压侧的中性线不能接一起。

2. 三相桥式有源逆变电路的调试

（1）任务实施所需模块

参考“1. 三相半波有源逆变电路的调试”。

（2）任务实施步骤

如图 2-49 所示，主电路由三相全控整流电路及作为逆变直流电源的三相不控整流电路组成，触发电路由集成触发电路 TCA787 集成芯片提供，可输出经高频调制后的双窄脉冲链。

在三相桥式有源逆变电路中，电阻、电感与整流电路一致，而三相不控整流及三相芯式变压器与前面的任务类似，逆变输出的电压接芯式变压器的中压端 Am、Bm、Cm，返回电网的电压从高压端 A、B、C 输出，变压器接成 Y/Y 联结。R 均使用三相可调电阻，将 4 个 900Ω 电阻两两串联，再将串联形成的 2 个 1800Ω 接成并联形式。电感选用 700mH。

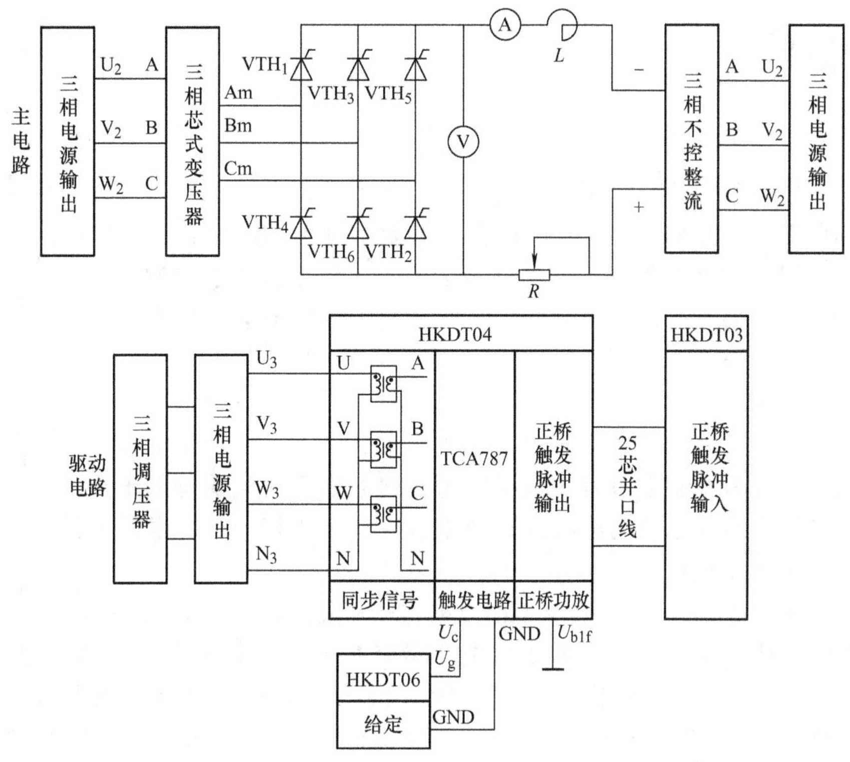

图 2-49　三相桥式有源逆变电路调试接线图

1）触发电路调试、基本单元部件调试。调试过程与前一任务一致。

2）三相桥式有源逆变电路的调试。三相桥式有源逆变电路按图 2-49 接线，将“给定”输出调到零，即逆时针旋到底，将电阻器置于最大阻值处，按下“启动”按钮，调节给定电位器，增加移相控制电压，使 β 在 30°～90°内调节，同时，根据需要不断调整负载电阻 R，使电流 I_d 保持在 0.6A 左右，需要注意 I_d 不得超过 0.65A。用示波器观察并记录 $\beta=45°$、60°、75°时的电压 u_d 和晶闸管两端电压 u_{VTH1} 的波形，并记录相应的 U_d 数值于表 2-21 中。

表 2-21　三相桥式有源逆变电路测试数据

β	45°	60°	75°
U_2/V			
U_d/V			

（3）注意事项

1）为了防止过电流，启动时将负载电阻 R 调至最大阻值位置。

2）三相不控整流桥的输入端可加接三相自耦调压器，以降低逆变用直流电源的电压值。

3）有时会发现脉冲的相位只能移动120°左右就消失了，这是因为触发电路的原因，触发电路要求相位关系按A、B、C的排列顺序，如果A、C两相相位接反，结果就会如此，对整流实验无影响，但在逆变时，由于调节范围只能到120°，实验效果不明显，读者可自行将四芯插头内的A、C两相的导线对调，就能保证足够的移相范围。

拓展应用

1. 有源逆变电路的应用

有源逆变电路常用于变频调速系统中。在变频调速系统中，电动机的减速和停止都是通过逐渐降低运行频率来实现的。在变频器频率降低的瞬间，电动机的同步转速随之下降，而由于机械惯性的原因，电动机转子的实际转速并不能立刻下降，它的转速变化具有一定的时间滞后性，这时会出现实际转速大于给定转速，从而产生电动机反电动势高于变频器直流端电压的情况，这时电动机就变成发电机。在这种情况下，电动机不仅不消耗电网的电能，反而可以通过变频器中的能量回馈单元向电网回馈电能，这样既有良好的减速效果，又将动能转化为电能回馈电网，从而达到能量回收的节能效果。交流电动机和直流电动机在制动过程中也会转为发电状态而使直流母线电压上升，其回馈制动系统采用有源逆变技术将能量回馈给交流电网，以代替传统的电阻能耗制动，既节约了电能，又提高了安全性。

此外，有源逆变电路还常用于新能源发电领域和直流输电领域。随着煤和石油等不可再生资源的大量消耗，以及发电过程中产生的大量有害气体和温室效应所造成的能源和环境危机日趋严重，人类开始探索利用各种可再生能源和研发新的发电技术，其中部分发电方式，如太阳能光伏发电、燃料电池发电等产生的电能都是直流电，这些直流电往往需要通过有源逆变电路转变为交流电才能并入交流电网以供使用。另一方面，高压直流输电技术已成熟并进入到了实用阶段，无论是僻远地区的风力发电或太阳能发电等所生产出的各种清洁电能，还是煤区就地燃煤发电所生产出的电能，都可以通过远距离高压直流输电线路送到有用电需求的地区，这种直流电也需要通过有源逆变电路转变为交流电并最终并入交流电网。

2. 含两组变流器的直流可逆电力拖动系统

为实现电机的四象限运行，可以采用图2-50所示的两套变流装置反并联连接的可逆电路。四象限里的第Ⅰ、Ⅳ象限和第Ⅲ、Ⅱ象限的特性是分别属于两组变流器的，它们输出整流电压的极性彼此相反，故分别标以正组和反组变流器。正组变流器整流状态工作时，电机从电网侧获得正向电枢电压，处于正转电动状态，工作于第Ⅰ象限。反组变流器有源逆变状态工作时，电机通过反组变流器向电网侧输出电能，处于正转发电状态，工作于第Ⅱ象限。反组变流器整流状态工作时，电机从电网侧获得反向电枢电压，处于反转电动状态，工作于第Ⅲ象限。正组变流器有源逆变状态工作时，电机通过正组变流器向电网侧输出电能，处于正转发电状态，工作于第Ⅳ象限。工作情况如图2-51所示。

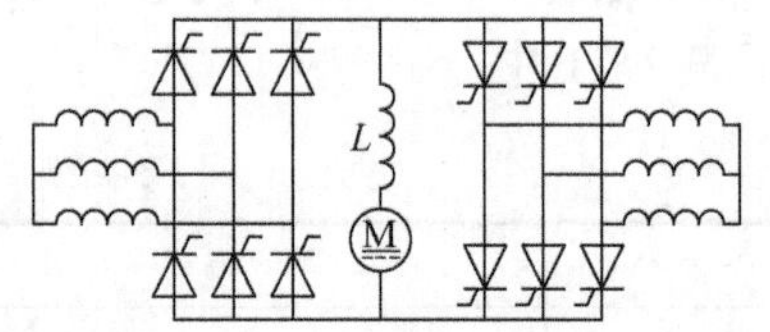

图2-50　三相全控桥无环流接线

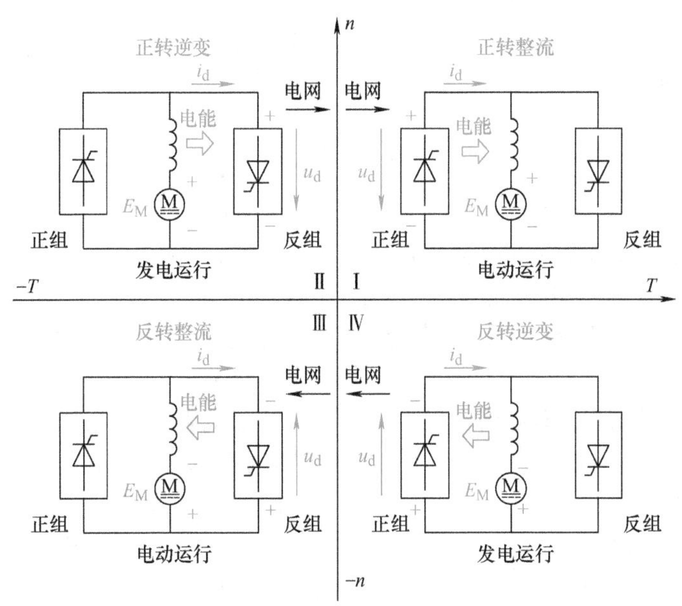

图 2-51　对应电动机四象限运行时两组变流器工作情况

所以，直流可逆拖动系统除能方便地实现正反转外，还能实现电动机的回馈制动。可根据电动机所需运转状态来决定哪一组变流器工作及其工作状态（整流或逆变）。

思考与练习

2-1　选择题

1. 晶闸管可控整流电路中的触发延迟角 α 减小，则输出的电压平均值会（　　）。

A. 不变　　B. 增大　　C. 减小

2. 为了让晶闸管可控整流电路带阻感性负载正常工作，在电路中应接入（　　）。

A. 晶体管　　B. 续流二极管　　C. 熔丝

3. 晶闸管可整流电路中直流端的蓄电池或直流电动机属于（　　）负载。

A. 电阻性　　B. 电感性　　C. 反电动势

4. 普通的单相桥式全控整流电路中一共用了（　　）晶闸管。

A. 一个　　B. 两个　　C. 三个

5. 普通的单相桥式半控整流电路中一共用了（　　）晶闸管。

A. 一个　　B. 两个　　C. 三个

6. 单相桥式半控整流电路带阻感性负载时，为了避免出现一个晶闸管一直导通、另两个整流二极管交替换相导通的失控现象，应采取的措施是在负载两端并联一个（　　）。

A. 电容　　B. 电感　　C. 电阻　　D. 二极管

7. 三相桥式全控整流装置中一共用了（　　）晶闸管。

A. 三个　　B. 六个　　C. 九个

8. 三相桥式全控整流电路带大电感负载，当 α 为（　　）时，整流平均电压 $U_d=0$。

A. 30° B. 60° C. 90° D. 120°

9. 三相桥式全控整流电路在宽脉冲触发方式下一个周期内所需要的触发脉冲共有六个，它们在相位上依次相差（　　）。

A. 60° B. 120° C. 90° D. 180°

10. 三相半波可控整流电路中的三个晶闸管的触发脉冲相位互差（　　）。

A. 150° B. 60° C. 120° D. 90°

11. 晶闸管-电动机系统的主回路电流断续时，开环机械特性（　　）。

A. 变软 B. 变硬 C. 不变 D. 变软或变硬

12. 转速负反馈调速系统对检测反馈元件和给定电压造成的转速扰动（　　）补偿能力。

A. 没有 B. 有

C. 对前者有补偿能力，对后者无 D. 对前者无补偿能力，对后者有

13. 调试时，若将比例积分（PI）调节器的反馈电容短接，则调节器将成为（　　）。

A. 比例调节器 B. 积分调节器

C. 比例微分调节器 D. 比例积分微分调节器

14. 转速负反馈有静差调速系统中，当负载增加以后，转速要下降，系统自动调速以后，可以使电动机的转速（　　）。

A. 等于原来的转速 B. 低于原来的转速

C. 高于原来的转速 D. 以恒转速旋转

15. 在转速电流双闭环直流调速系统调试中，若转速给定电压增加到额定给定值，而电动机转速低于所要求的额定值，此时应（　　）。

A. 增加转速负反馈电压值

B. 减小转速负反馈电压值

C. 增加转速调节器输出电压限幅值

D. 减小转速调节器输出电压限幅值

16. 在转速电流双闭环直流调速系统中，如要使主回路允许最大电流值减小，应使(　　)。

A. 转速调节器输出电压限幅值增加 B. 电流调节器输出电压限幅值增加

C. 转速调节器输出电压限幅值减小 D. 电流调节器输出电压限幅值减小

17. 转速电流双闭环直流调速系统中不加电流截止负反馈，是因为其主电路电流的限流（　　）。

A. 由比例积分调节器保证 B. 由转速环保证

C. 由电流环保证 D. 由速度调节器的限幅保证

18. 双闭环直流调速系统中的电流环的输入信号有两个，即（　　）。

A. 主电路反馈的转速信号及转速环的输出信号

B. 主电路反馈的电流信号及转速环的输出信号

C. 主电路反馈的电压信号及转速环的输出信号

19. 转速电流双闭环直流调速系统中，若负载变化时出现转速偏差，消除此偏差主要靠（　　）。

A. 电流调节器 B. 转速调节器 C. 转速、电流两个调节器

2-2　填空题

1. 触发脉冲可采用宽脉冲触发与双窄脉冲触发两种方式，目前采用较多的是__________触发方式。

2. 由于电路中共阴极组与共阳极组换相点相隔60°，所以每隔60°有一次__________。

3. 在三相可控整流电路中，$\alpha=0°$的位置（自然换相点）为相邻线电压的交点，它距对应线电压波形的原点为__________。

4. 三相半波可控整流电路带电阻性负载，当触发延迟角__________时，电流连续。

5. 三相半波可控整流电路带阻感性负载，当触发延迟角__________时，输出电压波形出现负值，因而常加续流二极管。

6. 三相桥式全控整流电路带电阻性负载，当触发延迟角__________时，电流连续。

7. 三相桥式可控整流电路适宜在__________电压而电流不太大的场合使用。

8. 双窄脉冲触发是在触发某一个晶闸管时，触发电路同时给__________晶闸管补发一脉冲。

9. 直流电动机的调速方法有__________、__________和__________。

10. 直流调压调速的常用装置有__________、__________和__________。

11. 所谓闭环控制系统是指系统的__________对__________系统的控制作用有直接影响。在闭环控制系统中，系统的__________经测量后反馈到输入端，形成了闭合回路。

2-3　简答题

1. 单相桥式半控整流电路带电阻性负载，若其中一只晶闸管的阳极、阴极之间被烧断，试画出整流二极管、晶闸管和负载电阻两端的电压波形。

2. 整流电路中续流二极管有何作用？若不注意把它的极性接反了会产生什么后果？

3. 三相桥式全控整流电路中，当一只晶闸管短路时，电路会发生什么情况？

4. 与开环直流调速系统相比，转速负反馈直流调速系统的特点是什么？

5. 与转速负反馈直流调速系统相比，转速电流双闭环直流调速系统的特点是什么？

6. 电力电子电路中的电感和电容的基本特性是什么？

7. 单相半波可控整流电路带电阻性负载与带阻感性负载，输出电流波形的区别是什么？造成这一现象的根本原因是什么？

8. 简述单相桥式全控整流电路带电阻性负载的工作原理，并绘出相应的波形图。

9. 单相半波可控整流电路与单相桥式全控整流电路带阻感性负载的输出电压波形共有的特点是什么？如何解决这个问题？

10. 绘出三相半波整流电路与三相桥式整流电路带阻感性负载的电路图。

11. 在三相交流相电压波形图中找出一组自然换相点，此时触发延迟角α为多少？触发延迟角α为多少时，三相半波可控整流电路和三相半波不可控整流电路的输出电压波形相同？

12. 绘出$\alpha=0°$、30°和60°时，三相半波可控整流电路带电阻性负载时的输出电压波形（标触发脉冲），并说明输出电压幅值如何受触发延迟角α的影响。电流处于连续与断续（出现零值）的临界点时α为多少时？

13. 绘出$\alpha=0°$、30°和60°时，三相半波可控整流电路带阻感性负载时的输出电压波形（标触发脉冲），总结与带电阻性负载时波形的异同，指出产生原因。

14. 触发延迟角 α 为多少时，三相桥式可控整流电路和三相桥式不可控整流电路的输出电压波形相同？

15. 三相桥式可控整流电路中，VTH_1 与 VTH_6、VTH_1 与 VTH_2、VTH_2 与 VTH_3、VTH_3 与 VTH_4、VTH_4 与 VTH_5、VTH_5 与 VTH_6 导通时，负载上分别承受什么线电压？切换时刻需要对什么管子进行什么操作？

16. 宽脉冲和双窄脉冲触发的目的是什么？

17. 绘出 $\alpha=0°$、30°和 60°时，三相桥式可控整流电路带电阻性负载时的输出电压波形（标触发脉冲）。电流处于连续与断续（出现零值）的临界点时 α 为多少时？

18. 绘出 $\alpha=0°$、30°和 60°时，三相桥式可控整流电路带阻感性负载时的输出电压波形（标触发脉冲），总结与带电阻性负载时波形的异同，指出产生原因。

19. 说明有源逆变与整流的关系。

20. 以单相全波变流电路给直流电机供电为例，绘出有源逆变状态的输出电压波形，指出变流器整流与逆变功能变换的临界点时 α 为多少时。总结有源逆变的实现条件。

21. 绘出三相半波和三相桥式变流电路有源逆变状态下的输出电压波形。总结有源逆变的实现条件。

项目3

开关电源的分析与调试

【项目描述】

开关模式电源（Switch Mode Power Supply，简称 SMPS）简称开关电源，又称交换式电源、开关变换器，是一种高频化电能转换装置，如图 3-1 所示。其功能是将一个固定的电压，通过不同形式的电路转换为用户端所需要的电压或电流。开关电源的输入多半是交流电源（如市电）或是直流电源，输出多半是需要直流电源的设备（如个人计算机），而开关电源就进行两者之间电压及电流的转换。开关电源广泛应用于工业自动化控制、军工、通信、电力、医疗、半导体制冷制热、数码产品和仪器等领域。

开关电源不同于线性电源，开关电源利用的电力电子器件多半是在全开模式及全闭模式之间切换，这两个模式都有低耗散的特点，切换会有较高的耗散，但时间很短，因此比较节省能源，产生废热较少。理想情况下，开关电源本身是不会消耗电能的。开关电源的高转换效率是其一大优点。由于开关电源工作频率高，所以可以使用小尺寸、轻重量的变压器，因此开关电源也会比线性电源的尺寸小，重量也会比较轻。

在电力电子器件的使用上，功率场效应晶体管（MOSFET）和绝缘栅双极晶体管（IGBT）是应用较多的开关器件。前者有较高的开关速度，但有较大的寄生电容；后者是一种复合开关器件，可以在零电压条件下关断，能减小关断损耗。

开关电源的内部结构如图 3-2 所示。

图 3-1　开关电源的实物图

图 3-2　开关电源的内部结构

任务3.1 认识GTR、MOSFET与IGBT

1）掌握MOSFET、IGBT导通和关断的条件，认识它们的结构、外形及电气符号。

2）能用万用表判断MOSFET、IGBT管脚的极性，测试器件的好坏。

1. 电力晶体管（GTR）

电力晶体管（Giant Transistor，GTR）是一种耐高电压、大电流的双极结型晶体管（Bipolar Junction Transistor，BJT），所以有时也称为Power BJT。但其驱动电路复杂，驱动功率大。GTR的主要特性是耐压高、电流大、开关特性好，缺点是驱动电流较大、耐浪涌电流能力差、易受二次击穿而损坏。在开关电源和UPS内，GTR正逐步被功率MOSFET和IGBT所代替。

电力晶体管为三端三层器件，其实物图和电气符号如图3-3所示。电力晶体管有NPN型和PNP型两种结构，大功率电力晶体管多为NPN型。GTR和普通双极结型晶体管的工作原理是一样的，均是用基极电流 I_b 控制集电极电流 I_c 的电流控制型器件。区别在于GTR能在大的耗散功率或输出功率下工作。

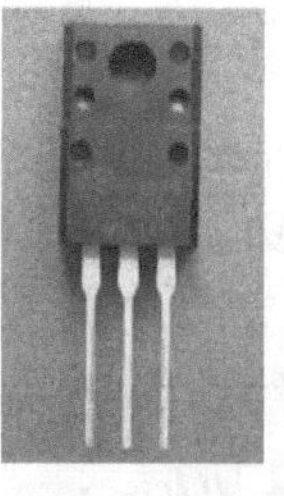

a) 实物图

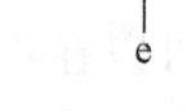

b) 电气符号

图3-3 电力晶体管的实物图和电气符号

2. 电力场效应晶体管（Power MOSFET）

电力金属-氧化物半导体场效应晶体管，简称金氧半场效应晶体管（Power Metal-Oxide-Semiconductor Field-Effect Transistor，Power MOSFET），是一种可以广泛使用在模拟电路与数字电路的场效应晶体管。MOSFET按工作载流子的极性不同，可分为“N型”与“P型”两种类型；另外又有耗尽型和增强型之分，耗尽型MOSFET当栅极电压为零时漏源极之间就存在导电沟道，而增强型MOSFET对于N（P）沟道器件，栅极电压大于（小于）零时才存在导电沟道。在电力电子装置中，应用更广泛的是N沟道增强型，下面以此类型为例。

（1）外形与结构

图3-4是典型N沟道增强型NMOSFET的剖面图。它用一块P型硅半导体材料做衬底，

在其面上扩散了两个N型区，再在上面覆盖一层二氧化硅（SiO_2）绝缘层，最后在N型区上方用腐蚀的方法做成两个孔，用金属化的方法分别在绝缘层上及两个孔内做成三个电极：G（栅极）、S（源极）及D（漏极）。可以看出栅极G与漏极D及源极S是绝缘的，D与S之间有两个PN结。一般情况下，衬底与源极在内部连接在一起，相当于D与S之间有一个PN结。

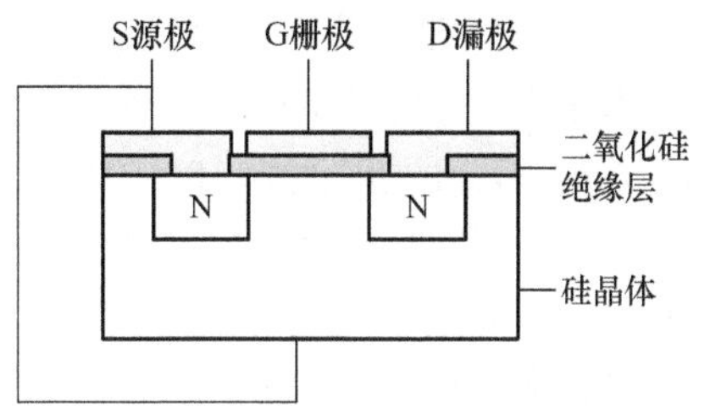

图3-4　N沟道增强型MOSFET的剖面图

为了改善某些参数的特性，如提高工作电流、提高工作电压、降低导通电阻、提高开关特性等，会采用不同的结构及工艺，构成所谓VMOS、DMOS、TMOS等结构。虽然有不同的结构，但其工作原理是相同的。MOSFET的实物图与电气符号如图3-5所示。

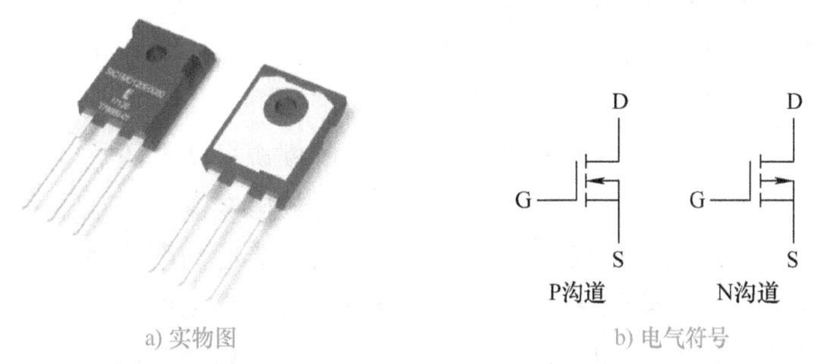

a) 实物图　　b) 电气符号

图3-5　MOSFET的实物图与电气符号

（2）应用优势

电力场效应晶体管是一种单极型电压控制器件，不但有自关断能力，而且有驱动功率小、开关速度高、无二次击穿、安全工作区宽等特点。由于其易于驱动、开关频率可高达500kHz，特别适用于高频化电力电子装置，如应用于DC－DC变换器、开关电源、便携式电子设备、航空航天装置以及汽车等电子电器设备中。但因为其电流小、热容量小，耐压低，一般只适用于小功率电力电子装置。场效应晶体管能在很小电流和很低电压的条件下工作，而且它的制造工艺可以很方便地把很多场效应晶体管集成在一块硅片上，因此在大规模集成电路中得到了广泛应用。

（3）导通与关断条件

MOSFET导通原理：

1）漏极D接电源正极，源极S接负极。

2）若栅源极电压U_{GS}为零，沟道不导电，处于截止状态。栅极G与源极S间施加的脉冲电压u_P上升沿到来，U_{GS}上升至开启电压U_T，器件导通，漏极D和源极S间流过电流I_D。

MOSFET关断原理：

脉冲电压u_P下降沿到来，U_{GS}电压下降至开启电压U_T，器件断开，$I_D=0$。

（4）开关速度

MOSFET的3个极之间存在着极间电容C_{GS}、C_{GD}、C_{DS}。若MOSFET输入是栅极和源极，输出是漏极和源极，则源极被称为共源极。漏源极断路时的共源极输入电容C_{iSS} =

$C_{GS}+C_{GD}$，共源极输出电容 $C_{OOS}=C_{GD}+C_{DS}$。输入电容可近似用 C_{iSS} 代替。

MOSFET 是单极型压控器件，没有少数载流子的存储效应，输入阻抗高，因而开关速度可以很高，其开关时间为 10～100ns，工作频率可达 100kHz 以上，是主要电力电子器件中最高的。但是它的极间电容较大，因而工作速度与驱动源内阻抗有关。可通过降低驱动源内阻减小时间常数，加快开关速度。

（5）栅极驱动和保护

1）电力场效应晶体管的栅极驱动电路特点

① 驱动电路简单。MOSFET 在稳定状态下工作时，栅极无电流流过；只有在动态开关过程中才有电流出现，因而所需驱动功率小，栅极驱动电路简单。

② 驱动电路为容性负载。MOSFET 的栅极输入端相当于一个容性网络，因而一旦它导通后即不再需要驱动电流。

2）电力场效应晶体管对栅极驱动电路的要求

① 为保证器件开通和关断的可靠性，触发脉冲前、后沿要求陡峭。

② 减小驱动电路的输出电阻，提高器件开关速度。

③ 为了防止误导通，在器件截止时，应提供负的栅源极间电压。

④ 器件开关时所需的驱动电流为栅极电容的充、放电电流。

⑤ 驱动电路应实现主电路与控制电路之间的隔离，避免功率电路对控制信号造成干扰。

⑥ 驱动电路应能提供适当的保护功能，使得功率管可靠工作。

⑦ 驱动电源必须并联旁路电容，滤除噪声，也给负载提供瞬时电流，加快器件开关速度。

3. 绝缘栅双极晶体管（IGBT）

IGBT（Insulated Gate Bipolar Transistor）即绝缘栅双极晶体管，是由 BJT（双极结型晶体管）和 MOSFET（绝缘栅型场效应晶体管）组成的复合全控型电压驱动式功率半导体器件，所以兼有 MOSFET 的高输入阻抗和 GTR 的低导通压降的优点。GTR 饱和压降低，载流密度大，但驱动电流较大；MOSFET 驱动功率很小，开关速度快，但导通压降大，载流密度小。IGBT 综合了以上两种器件的优点，驱动功率小而饱和压降低，非常适合应用于直流电压为 600V 及以上的变流系统，如交流电机、变频器、开关电源、照明电路、牵引传动等。

（1）外形与结构

IGBT 也是一种三端器件，它们分别是栅极 G、集电极 C 和发射极 E。其简化等效电路和电气符号如图 3-6 所示。从简化等效电路可以看出，IGBT 可等效为一个 N 沟道 MOSFET 和一个 PNP 晶体管构成的复合管，导电以 GTR 为主。R_N 是 GTR 厚基区内的调制电阻。

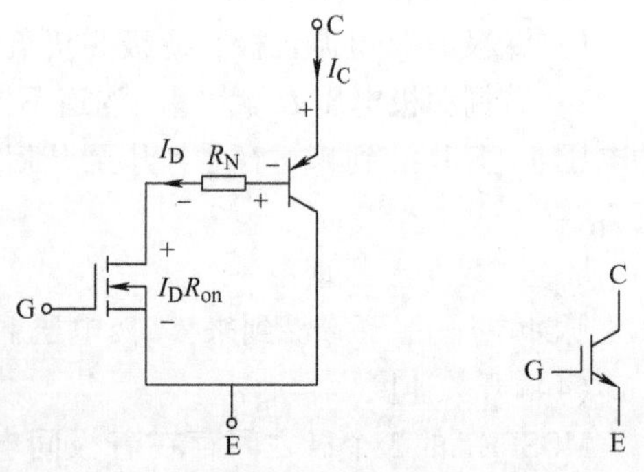

图 3-6 IGBT 的简化等效电路和电气符号

（2）导通与关断条件

IGBT 的开通和关断均由栅射极间电压 u_{GE} 控制。当 u_{GE} 大于开启电压 $U_{GE(th)}$ 时，MOSFET 内形成导电沟道，为晶体管提供基极电流，IGBT 导通。栅射极间施加反压或不加信号时，MOSFET 内的导电沟道消失，晶体管的基极电流被切断，IGBT 关断。

（3）模块的选择

IGBT 模块的电压规格与所使用装置的输入电源（即市电电源）电压紧密相关。使用中当 IGBT 模块集电极电流增大时，所产生的损耗也增大。开关损耗增大，使器件发热加剧，因此，选用 IGBT 模块时额定电流应大于负载电流。特别是用作高频开关时，由于开关损耗增大，发热加剧，选用时应该降等使用。

任务实施

1. MOSFET 的极性与质量判别

（1）极性判别

首先判定栅极 G。将万用表拨至 $R\times1\mathrm{k}$ 档，万用表的红表笔任意接一电极，黑表笔依次去接触其余的两个电极，测其电阻。若两次测得的电阻值近似相等，则红表笔所接触的为栅极 G，另外两电极为漏极 D 和源极 S。漏极 D 和源极 S 互换，若两次测出的电阻都很大，则为 N 沟道；若两次测得的阻值都很小，则为 P 沟道。

然后判定源极 S、漏极 D。在源极与漏极之间有一个 PN 结，根据 PN 结正、反向电阻存在差异，可识别源极与漏极。交换表笔测两次电阻，其中电阻值较低的一次为正向电阻，此时黑表笔接的是源极 S，红表笔接的是漏极 D。

（2）发热原因判断

使用 MOSFET 的过程中，如果遇到器件发热的情况，可按照以下的情况对照判断是何原因。

1）由于电路设计的问题，使 MOSFET 工作在线性状态，而不是在开关状态，这是导致器件发热的一个原因。如果使用 N 沟道 MOSFET 做开关，栅极 G 电压要比电源高很多才能完全导通，P 沟道型则相反。开关管没有完全打开导致压降过大，由于等效直流阻抗比较大，最终造成功率消耗，导致器件发热。

2）频率太高，器件损耗增大，所以发热增多。

3）器件标称的电流值，一般需要良好的散热才能达到。若没有做好足够的散热设计，电流太高，也可能导致发热严重。

4）器件的选型如果有误，对功率判断不准确，器件的内阻没有充分考虑，导致开关阻抗增大，也可能造成发热严重。

（3）质量判别

1）将万用表置于欧姆档 $R\times1\mathrm{k}$，红表笔接 MOSFET 的源极 S，黑表笔接 MOSFET 的漏极 D，如果管子是好的，则测得的电阻应该是无穷大。如果测得阻值，则被测 MOSFET 有漏电现象。

2）将一只 100～200KΩ 的电阻连在栅极和源极之间，然后将万用表的红表笔接 MOSFET 的源极 S，黑表笔接 MOSFET 的漏极 D。指针指示的值一般是 0，这时电荷通过电阻对 MOSFET 的栅极 G 进行充电，产生栅极电场，从而使漏极 D 和源极 S 导通，故万用表指针偏转。

3）把连接栅极 G 和源极 S 的电阻移开，万用表红黑表笔不变，如果移开电阻后指针慢慢逐步退回到高阻或无穷大，则 MOSFET 漏电，若不变则完好。

4）用一根导线把 MOSFET 的栅极 G 和源极 S 连接起来，如果指针立即返回无穷大，则 MOSFET 完好。

2. IGBT 的极性与质量判别

（1）极性判别

首先将万用表置于 $R\times1k$ 档，用万用表测量时，若某一极与其他两极阻值为无穷大，调换表笔后该极与其他两极的阻值仍为无穷大，则判断此极为栅极 G。其余两极再用万用表测量，若测得阻值为无穷大，调换表笔后测量阻值较小，在测量阻值较小的一次中，则判断红表笔接的为集电极 C，黑表笔接的为发射极 E。

（2）质量判别

将万用表置于 $R\times10k$ 档，用黑表笔接 IGBT 的集电极 C，红表笔接 IGBT 的发射极 E，此时万用表的指针在零位。用手指同时触及一下栅极 G 和集电极 C，这时 IGBT 被触发导通，万用表的指针摆向阻值较小的方向，并能停住指示在某一位置。然后再用手指同时触及一下栅极 G 和发射极 E，这时 IGBT 被阻断，万用表的指针回零。此时即可判断 IGBT 是好的。

（3）检测注意事项

任何指针式万用表皆可用于检测 IGBT。注意判断 IGBT 好坏时，一定要将万用表拨在 $R\times10k$ 档，因 $R\times1k$ 档以下各档万用表内部电池电压太低，检测好坏时不能使 IGBT 导通，而无法判断 IGBT 的好坏。

（4）使用注意事项

由于 IGBT 模块为 MOSFET 结构，IGBT 的栅极通过一层氧化膜与发射极实现电隔离。由于此氧化膜很薄，其击穿电压一般为 20～30V。因此因静电而导致栅极击穿是 IGBT 失效的常见原因之一。因此使用中要注意以下几点：

1）使用时，尽量不要用手触摸栅极端子，当必须要触摸时，要先将人体或衣服上的静电用大电阻接地进行放电后，再触摸。在使用 IGBT 时，有时虽然保证了栅极驱动电压没有超过栅极最大额定电压，但栅极连线的寄生电感和栅极与集电极间的电容耦合也会产生使氧化层损坏的振荡电压。所以需要尽量采用双绞线来传送驱动信号或在栅极连线中串联小电阻用以抑制振荡电压。

2）在栅极与发射极间开路时，若在集电极与发射极间加上电压，则随着集电极电位的变化，由于集电极有漏电流流过，栅极电位升高，集电极则有电流流过。这时，如果集电极与发射极间存在高电压，则有可能使 IGBT 发热甚至损坏。

3）在使用 IGBT 的场合，当栅极回路不正常或栅极回路损坏时，若在主回路上加上电压，则 IGBT 就会损坏，为防止此类故障，应在栅极与发射极之间串接一只 10kΩ 左右的电阻。

4）在安装或更换 IGBT 模块时，应注意 IGBT 模块与散热片的接触面状态和拧紧程度。为了减少接触热阻，最好在散热器与 IGBT 模块间涂抹导热硅脂，并在散热片底部安装散热风扇。

任务 3.2　MOSFET 与 IGBT 的性能测试

1）掌握 MOSFET 与 IGBT 的工作特性。
2）掌握 MOSFET 与 IGBT 对触发信号的要求。

知识引入

1. MOSFET 的触发性能检测

以增强型 N 沟道 MOSFET 为例，若要使其工作，要在 G、S 之间加正电压 U_{GS}，在 D、S 之间加正电压 U_{DS}，则产生正向工作电流 I_D。改变 U_{GS}可控制工作电流 I_D。

MOSFET 触发性能检测电路如图 3-7 所示。若先不接 E_2（即 $U_{GS}=0$），在漏极 D 与源极 S 之间加一正电压 E_1，漏极 D 与衬底之间的 PN 结处于反向，因此漏源极间不能导电。

当加上 E_2 后，在绝缘层和栅极界面上感应出正电荷，而在绝缘层和 P 型衬底界面上感应出负电荷。当 E_2 电压太低时，感应出来的负电荷较少，它将被 P 型衬底中的空穴中和，因此在这种情况时，漏源极间仍然无电流 I_D。当 E_2 增加到一定值时，其感应的负电荷把两个分离的 N 区连通形成 N 沟道，这个临界电压即是开启电压 U_T（一般规定 $I_D=10\mu A$ 时的 U_{GS}作为 U_T）。

当 E_2 继续增大，负电荷增加，导电沟道扩大，电阻降低，I_D 也随之增加，并且呈较好的线性关系。因此在一定范围内可以认为，改变 U_{GS}可控制漏源极间的电阻，达到控制 I_D 的效果。

2. IGBT 的触发性能检测

IGBT 触发性能检测电路如图 3-8 所示。与 MOSFET 触发性能检测类似，在 G、E 之间先不接 E_2，在 C、E 之间加上 E_1，器件不导通，集电极 C 与发射极 E 间的电流 I_C 为 0。当加上 E_2 后，E_2 电压太低时，C、E 间仍然没有电流，电流表无读数。当 E_2 逐渐增大，I_C 随之增加。因此在一定范围内可以认为，改变 U_{GE}来控制 C、E 之间的电阻，达到控制 I_C 的效果。

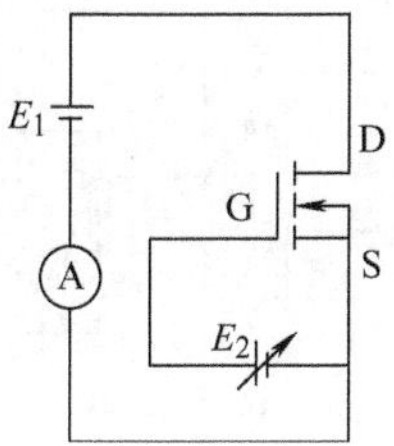

图 3-7　MOSFET 触发性能检测电路

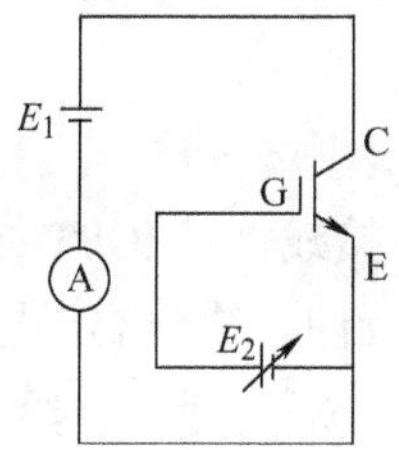

图 3-8　IGBT 触发性能检测电路

按任务实施需要，在 HKDD－1－V 型电力电子技术实训台上选择 HKDT12 变压器实验挂箱、HK22－1 直流仪表挂箱、HK27 三相可调电阻器挂箱、HKDT08 给定及实验器件挂箱等挂箱中相应模块及相应电力电子器件。

1. MOSFET 的认识与性能测试

（1）任务实施所需模块

1）电源控制屏：包含“三相电源输出”等模块。

2）给定：包括“给定”等模块。

3）功率电路驱动：包括“IGBT”“MOSFET”等模块。

4）智能直流数字电压、电流表。

5）900Ω 磁盘电阻。

6）整流电路模块。

（2）任务实施步骤

按图 3-9 接线，将 MOSFET 接入主电路，在实验开始前，将给定电位器沿逆时针旋到底，“三相电源输出”的开关 S_1 拨到“正给定”侧，S_2 拨到“运行”侧，三相调压器逆时针调到底，按下“启动”按钮；然后缓慢调节三相调压器，同时监视电压表的读数，当直流电压升到 40V 时，停止调节三相调压器；调节给定电位器，逐步增加给定电压，监视电压表、电流表的读数，当电压表指示接近零时，管子完全导通，停止调节，记录给定电压 U_g（即 U_{GS}）调节过程中回路电流 I_D 以及器件的管压降 U_{DS} 于表 3-1 中。

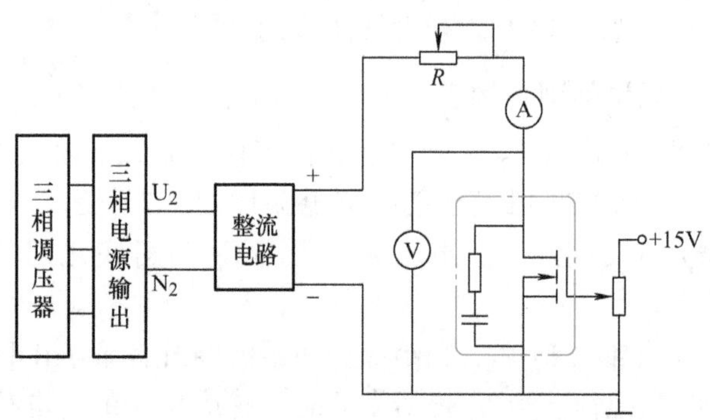

图 3-9　MOSFET 的性能测试接线图

表 3-1　MOSFET 性能测试数据

U_{GS}/V					
I_D/A					
U_{DS}/V					

2. IGBT 的认识与性能测试

（1）任务实施所需模块

同前。

（2）任务实施步骤

按图 3-10 接线，将 IGBT 接入主电路，在测试开始前，将给定电位器沿逆时针旋到底，S_1 拨到“正给定”侧，S_2 拨到“运行”侧，三相调压器逆时

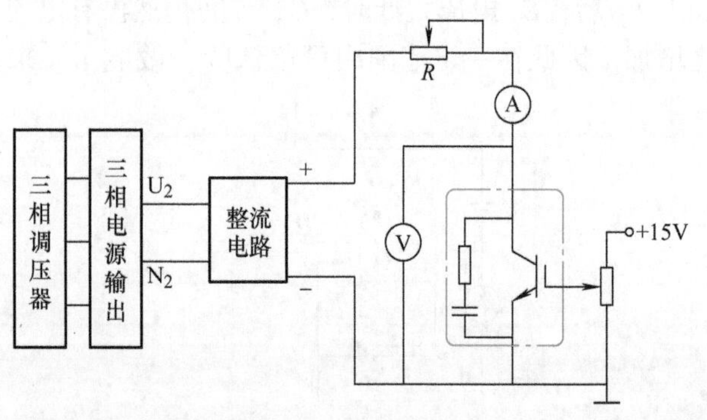

图 3-10　IGBT 的性能测试接线图

针调到底，按下“启动”按钮；然后缓慢调节调压器，同时监视电压表的读数，当直流电压升到40V时，停止调节三相调压器；调节给定电位器，逐步增加给定电压，监视电压表、电流表的读数，当电压表指示接近零时，管子完全导通，停止调节，记录给定电压 U_g（即 U_{GE}）调节过程中回路电流 I_C 以及器件的管压降 U_{CE} 于表3-2中。

表3-2　IGBT性能测试数据

U_{GE}/V					
I_C/A					
U_{CE}/V					

（3）测试注意事项

1）连接驱动电路时必须注意各器件不同的接地方式。

2）不同的自关断器件需接不同的控制电压，接线时应注意正确选择。

3）实验开始前，必须先加上自关断器件的控制电压，然后再加主回路的电源；实验结束时，必须先切断主回路电源，然后再切断控制电源。

任务3.3　6种直流斩波（DC－DC变换）电路的调试

学习目标

1）熟悉直流斩波电路的工作原理。

2）熟悉各种直流斩波电路的组成及其工作特点。

知识引入

直流斩波电路是一种将电压恒定的直流电变换为电压可调的直流电的电力电子变流装置，亦称直流斩波器或DC－DC变换器。用斩波器实现直流变换的基本思想是通过对电力电子开关器件的快速通断控制把恒定的直流电压或电流斩切成一系列的脉冲电压或电流，在一定的滤波条件下，在负载上可以获得平均值小于或大于电源的电压或电流。如果改变开关器件通、断的动作频率，或改变开关器件通、断的时间比例，就可以改变这一脉冲序列的脉冲宽度，以实现输出电压、电流平均值的调节。

目前，斩波器广泛用于电力牵引领域，如地铁、电力机车、无轨电车和电瓶搬运车等直流电动机的无级调速上。与传统的在电路中串电阻调压的方法相比，斩波器不仅有较好的起动、制动特性，而且省去体积大的直流接触器和耗电高的变阻器，电能损耗也大大减少。

直流斩波电路的种类较多，根据其电路结构及功能分类，主要有以下4种基本类型：降压（Buck）斩波电路、升压（Boost）斩波电路、升降压（Buck-Boost）斩波电路、库克（Cuk）斩波电路，其中前两种是最基本的电路，后两种是前两种基本电路的组合形式。由基本斩波电路衍生出来的Sepic斩波电路和Zeta斩波电路也是较为典型的电路。利用基本斩波电路进行组合，还可以构成复合斩波电路和多相多重斩波电路。

1. 降压斩波电路

降压斩波电路（Buck Chopper）的原理图如图 3-11 所示。图中 V 为全控型器件，这里选用 IGBT，VD 为续流二极管。具体工作过程分析如下：

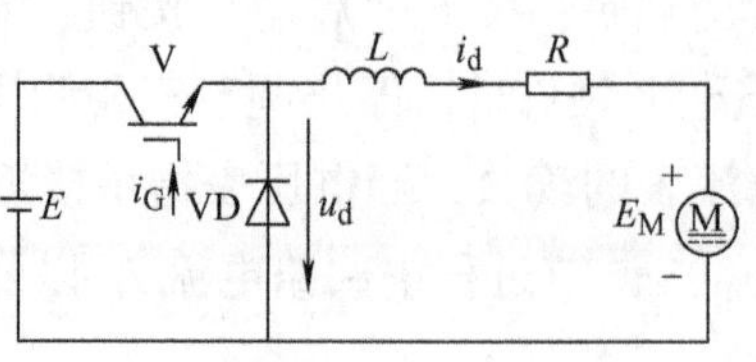

图 3-11　降压斩波电路的原理图

（1）电流连续（L 足够大）

1）$t=0$ 时刻，给 V 导通的信号，VD 承受反压截止，电源 E 向负载供电，同时给 L 充电。电流通路为：电源阳极—V—L—R—负载 M—电源负极，如图 3-12a 所示。斩波电路的输出电压 $u_d=E$，负载电流 i_d 按指数规律上升，如图 3-12b 所示。

2）$t=t_1$ 时刻，给 V 关断的信号，电源 E 被切断。由于大电感 L 的储能作用，电流 i_d 不能突变，经二极管 VD 续流。电流通路为：L—R—负载 M—VD，如图 3-12c 所示。输出电压 u_d 近似为零，i_d 按指数规律下降。

3）由波形可见，在负载上串接较大电感 L 使负载电流连续且脉动小。

（2）电流断续（L 不够大）

$t=0$ 时刻，给 V 导通的信号，电源 E 向负载供电，$u_d=E$。在 $t=t_1$ 时刻，给 V 关断的信号。当 V 关断时，负载电流经二极管 VD 续流，电压 u_d 近似为零，至一个周期结束，再驱动 V 导通，重复上一周期的过程。

由于 L 不够大，所以 V 关断后电流会减小至零。当电流减小到零时，电子开关依然关断，负载无能量供应，出现电流不连续的情况，如图 3-12d 所示。应避免此情况出现。

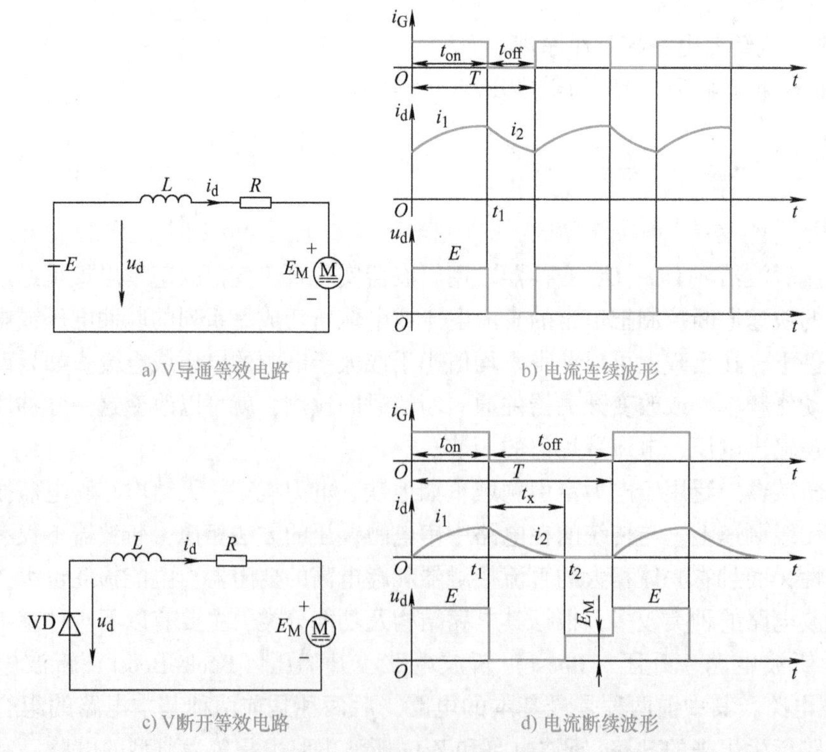

图 3-12　降压斩波电路的等效电路及相应的输出波形

由分析可知，电流连续情况下负载电压的平均值为

$$U_{\mathrm{d}}=\frac{t_{\mathrm{on}}}{t_{\mathrm{on}}+t_{\mathrm{off}}}E=\frac{t_{\mathrm{on}}}{T}E=\alpha E$$

式中，t_{on}为V处于通态的时间；t_{off}为V处于断态的时间；T为开关周期；α为导通占空比，简称占空比或导通比（$\alpha=t_{\mathrm{on}}/T$）。

由此可知，输出到负载的电压平均值最大为E，若减小占空比α，则u_{d}的平均值U_{d}随之减小，由于输出电压总是低于输入电压，故称该电路为降压斩波电路。

2. 升压斩波电路

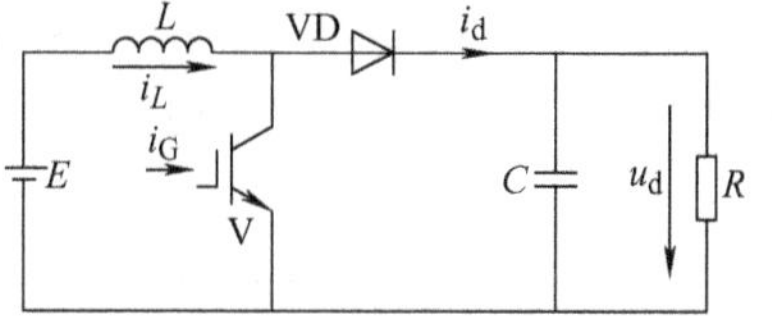

图3-13　升压斩波电路的原理图

升压斩波电路（Boost Chopper）的原理图如图3-13所示。电路也使用一个全控型器件V，VD为续流二极管。假设L和C值很大。

电路的基本工作原理是：

1）V处于通态时，VD承受反压截止，电源E向电感L充电，电流恒为I_1。电容C向负载R供电，输出电压u_{d}恒定。电流通路有两个，分别为E—L和C—R。等效电路如图3-14a所示。

2）V处于断态时，VD承受正向电压导通，电源E和电感L同时向电容C充电，并向负载R提供能量。电流通路为：E的正极—L—VD—负载和C—E的负极。等效电路如图3-14b所示。

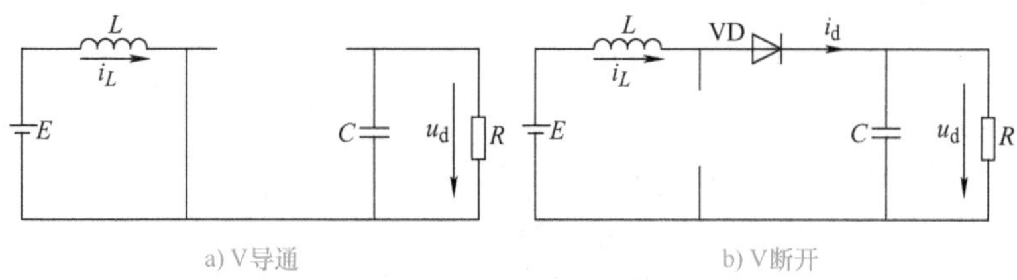

a) V导通　　b) V断开

图3-14　升压斩波电路的等效电路

设V处于通态的时间为t_{on}，V处于断态的时间为t_{off}，当电路工作于稳态时，一个周期T内电感L_1积蓄的能量与释放的能量相等，即

$$EI_1t_{\mathrm{on}}=(U_{\mathrm{d}}-E)I_1t_{\mathrm{off}}$$

$$U_{\mathrm{d}}=\frac{t_{\mathrm{on}}+t_{\mathrm{off}}}{t_{\mathrm{off}}}E=\frac{T}{t_{\mathrm{off}}}E$$

式中，$\frac{T}{t_{\mathrm{off}}}\geqslant 1$，输出电压高于电源电压，故称该电路为升压斩波电路。电压升高的本质原因是L的电压泵升作用和C的电压保持作用。与降压斩波电路一样，升压斩波电路可看作直流变压器，可以用于直流电动机传动电路、单相功率因数校正（PFC）电路或者是其他交直流电源中。

3. 升降压斩波电路

升降压斩波电路（Buck-Boost Chopper）的原理图如图3-15所示。

电路的基本工作原理是：

1）V 处于通态时，VD 承受反压截止，电源 E 经 V 向 L 供电使其储能，此时电流 $i_1 = i_L$。C 维持输出电压恒定并向负载 R 供电。电流通路有两个，分别为：E—L 和 C—R。

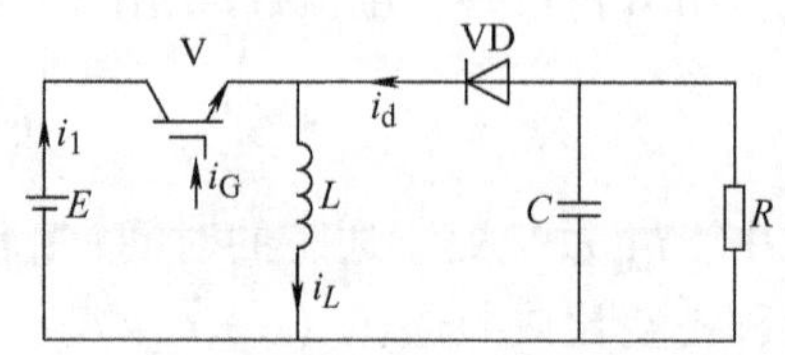

图 3-15　升降压斩波电路的原理图

2）V 处于断态时，电源 E 被切断，由于大电感 L 的储能作用，VD 承受正向电压导通，L 的能量向负载释放，并给 C 储能。此时，负载电压极性为上负下正，与电源电压极性相反，该电路也称作反极性斩波电路。

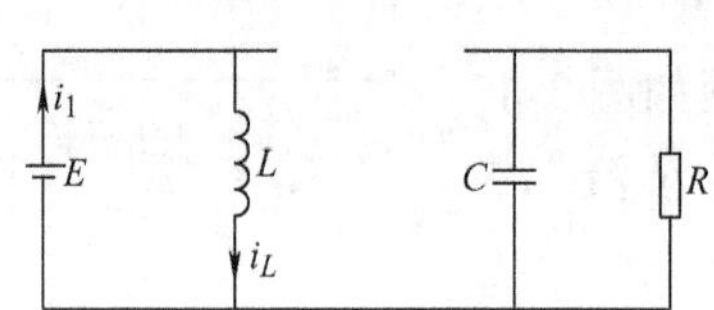

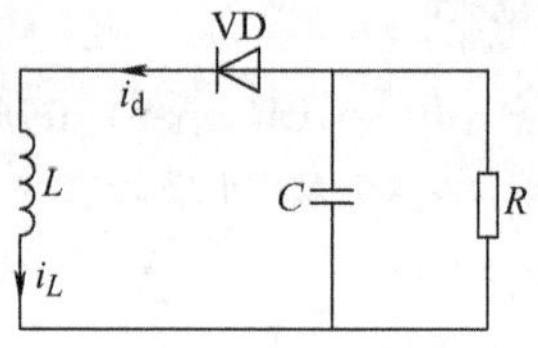

图 3-16　升降压斩波电路的等效电路

由分析可知，输出电压为

$$U_d = \frac{t_{on}}{t_{off}}E = \frac{t_{on}}{T - t_{on}}E = \frac{\alpha}{1 - \alpha}E$$

若改变导通比 α，则输出电压可以比电源电压高，也可以比电源电压低。当 $0 < \alpha < 1/2$ 时为降压，当 $1/2 < \alpha < 1$ 时为升压。

4. Cuk 斩波电路

Cuk 斩波电路的原理图如图 3-17 所示。

电路的基本工作原理是：

1）当 V 处于通态时，电源 E 经 V 向 L_1 供电使其储能，U_C 使 VD 承受反向电压截止，C 维持输出电压恒定并向负载 R 供电，并向 L_2 供电使其储能。电流回路有两个，分别是 E—L_1—V 回路和 R—L_2—C—V 回路，如图 3-18a 所示。

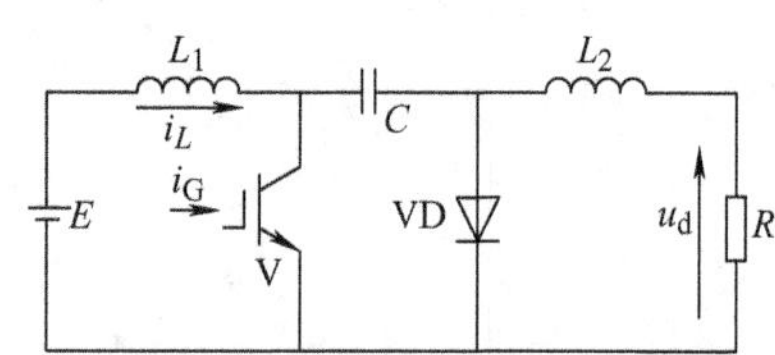

图 3-17　Cuk 斩波电路的原理图

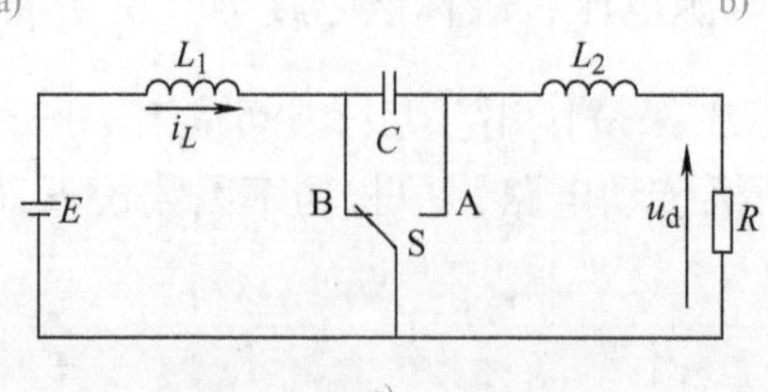

图 3-18　Cuk 斩波电路的等效电路

2）当V处于断态时，电源E和L_1向C供电并使其储能，由于L_2的储能作用，VD承受正向电压导通续流，L_2的能量向负载释放。电流回路有两个，分别是E—L_1—C—VD回路和负载R—L_2—VD回路，如图3-18b所示，输出电压的极性与电源电压极性相反。

由分析可知，V相当于开关S在A、B两点之间交替切换，如图3-18c所示，输出电压为

$$U_d = \frac{t_{on}}{t_{off}}E = \frac{t_{on}}{T - t_{on}}E = \frac{\alpha}{1-\alpha}E$$

若改变导通比α，则输出电压可以比电源电压高，也可以比电源电压低。当$0 < \alpha < 1/2$时为降压，当$1/2 < \alpha < 1$时为升压。

与升降压斩波电路相比，Cuk斩波电路的输入电源电流和输出负载电流都是连续的，且脉动很小，有利于对输入、输出进行滤波。

5. Sepic斩波电路

Sepic斩波电路的原理图如图3-19所示。

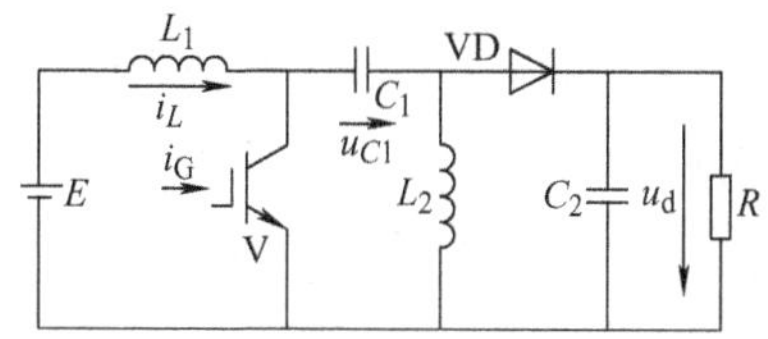

图3-19　Sepic斩波电路的原理图

电路的基本工作原理是：

1）V处于通态时，电源E经V向L_1供电使其储能，C_1经V向L_2供电使其储能。VD承受反向电压截止，C_2维持输出电压恒定并向负载R供电。电流回路有三个，分别是E—L_1—V回路、C_1—V—L_2回路和C_2—R回路。等效电路如图3-20a所示。

2）当V处于断态时，E和L_1既向R供电，同时也向C_2充电。电流回路有两个，分别为E—L_1—C_1—VD—负载及L_2—VD—负载和C_2回路。等效电路如图3-20b所示。输出电压为

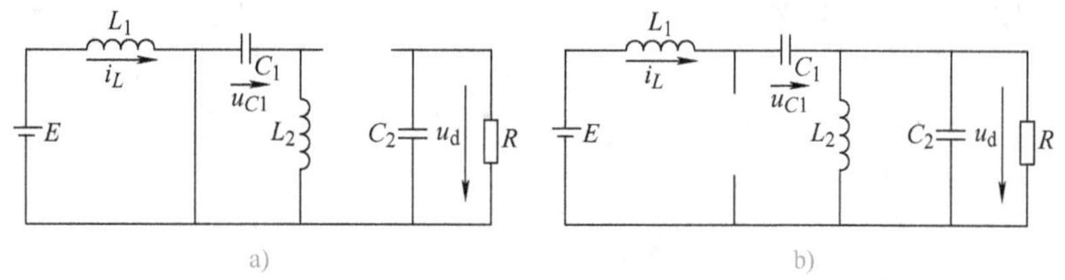

图3-20　Sepic斩波电路的等效电路

$$U_d = \frac{t_{on}}{t_{off}}E = \frac{t_{on}}{T - t_{on}}E = \frac{\alpha}{1-\alpha}E$$

若改变导通比α，则输出电压可以比电源电压高，也可以比电源电压低。当$0 < \alpha < 1/2$时为降压，当$1/2 < \alpha < 1$时为升压。

6. Zeta斩波电路

Zeta斩波电路的原理图如图3-21所示。

电路的基本工作原理是：

1）当V处于通态时，电源E经开关V向电感L_1储能，E和C_1共同向负载R供电，并向C_2充电。等效电路如图3-22a所示。

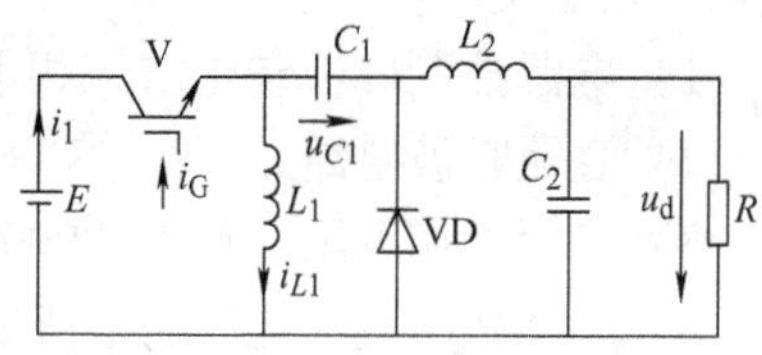

图3-21　Zeta斩波电路的原理图

2）当V处于断态后，VD相当于一个开关，开始开关VD闭合，L_1—VD—C_1构成振荡回路，L_1的能量

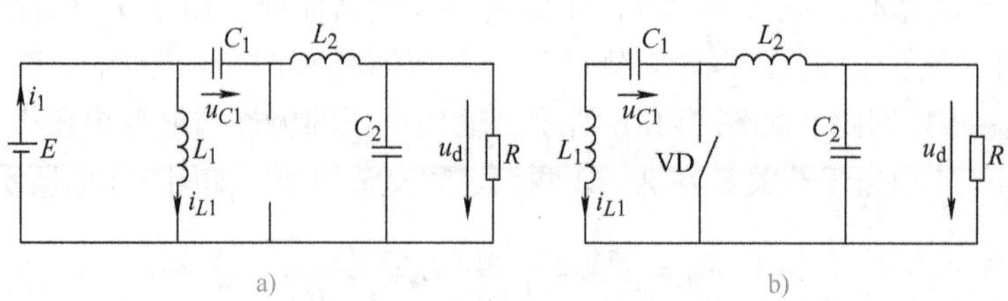

图 3-22 Zeta 斩波电路的等效电路

转移至 C_1。能量全部转移至 C_1 上之后，开关 VD 关断，L_1 相当于一条导线，C_1 经 L_2 向负载供电，并给 C_2 充电。等效电路如图 3-22b 所示。输出电压为

$$U_d = \frac{\alpha}{1-\alpha}E$$

若改变导通比 α，则输出电压可以比电源电压高，也可以比电源电压低。当 $0<\alpha<1/2$ 时为降压，当 $1/2<\alpha<1$ 时为升压。Sepic 电路和 Zeta 电路有相同的输入输出关系，Sepic 电路的电源电流和负载电流均连续，Zeta 电路的输入、输出电流均是断续的。两种电路输出电压为正极性的。

可以发现为了实现电压可调的直流电的输出，可采用电力电子器件和合适大小的电感和电容器构成升压、降压或升降压式的斩波器。通过对 6 种斩波电路基本工作原理的分析，可以得出如下结论：

1）Buck 电路：降压斩波器，其输出平均电压 U_d 小于输入电压 E，输出电压与输入电压极性相同。

2）Boost 电路：升压斩波器，其输出平均电压 U_d 大于输入电压 E，输出电压与输入电压极性相同。

3）Buck-Boost 电路：升降压斩波器，其输出平均电压 U_d 大于或小于输入电压 E，输出电压与输入电压极性相反，电感传输。

4）Cuk 电路：升降压斩波器，其输出平均电压 U_d 大于或小于输入电压 E，输出电压与输入电压极性相反，电容传输。

5）Sepic 和 Zeta 斩波电路：升降压斩波器，其输出平均电压 U_d 大于或小于输入电压 E，输出电压与输入电压极性相同，电感和电容传输。

任务实施

（1）任务实施所需模块

按任务实施需要，在 HKDD－1－V 型电力电子技术实训台上选择 HK22－1 直流仪表挂箱、HKDT12 变压器实验挂箱、HK27 三相可调电阻器挂箱、HKDT07 直流斩波实验挂箱等挂箱中相应模块。

1）电源控制屏：包含“三相电源输出”等模块。

2）直流斩波电路。

3）三相可调电阻：包含“900Ω 磁盘电阻”。

4）智能数字直流电压、电流表。

5）慢扫描示波器。

6）万用表。

（2）任务实施步骤

实验的控制电路以 SG3525 为核心构成，SG3525 为美国 Silicon General 公司生产的专用 PWM 控制集成电路芯片，适用于各开关电源、斩波器的控制。其内部电路结构及各引脚功能如图 3-23 所示，它采用恒频脉宽调制控制方案，内部包含有精密基准电源、锯齿波振荡器、误差放大器、比较器、分频器和保护电路等。调节 U_r 的大小，在引脚 11 和引脚 14 上可输出两个幅度相等、频率相等、相位相差、占空比可调的矩形波（即 PWM 信号）。

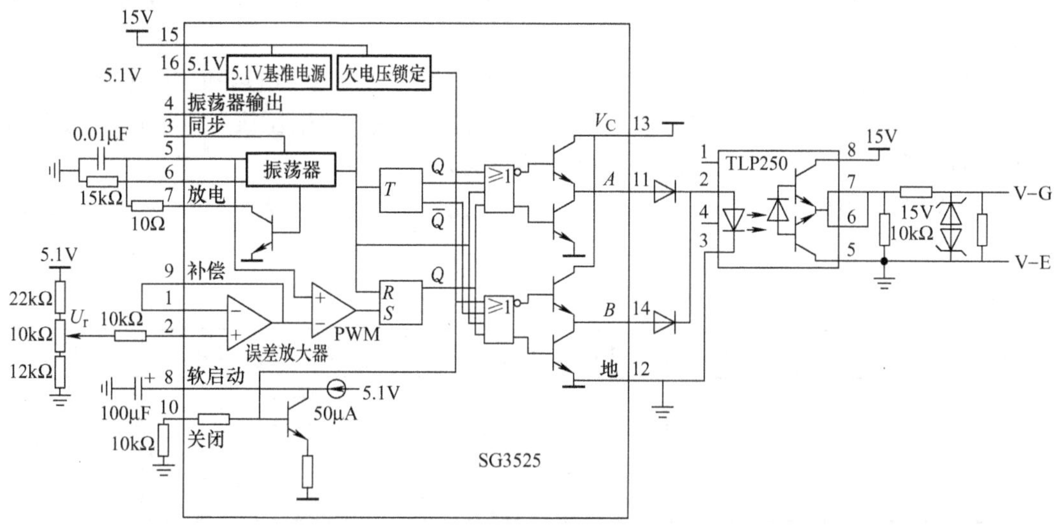

图 3-23　SG3525 芯片的内部结构及各引脚功能

1）控制与驱动电路的测试。首先启动实验装置电源，开启控制电路电源开关。

调节 PWM 电位器改变 U_r，用双踪示波器分别观测 SG3525 的引脚 11 与引脚 14 的波形，观测输出 PWM 信号的变化情况，并填入表 3-3。

表 3-3　PWM 信号测试占空比数据

U_r/V	1.4	1.6	1.8	2.0	2.2	2.4	2.5
引脚 11（A）占空比（%）							
引脚 14（B）占空比（%）							
PWM 占空比（%）							

用示波器分别观测 A、B 和 PWM 信号的波形，记录其波形类型、幅值和频率，并填入表 3-4。

表 3-4　PWM 信号波形及相关数据

观测点	A（引脚 11）	B（引脚 14）	PWM 信号
波形类型			
幅值 A/V			
频率 f/Hz			

用双踪示波器的两个探头同时观测引脚 11 和引脚 14 的输出波形，调节 PWM 电位器，观测两路输出的 PWM 信号，测出两路信号的相位差。

2）直流斩波电路的测试。斩波电路的输入直流电压由三相调压器输出的单相交流电经 HKDT07 挂箱上的单相桥式整流及电容滤波后得到。接通交流电源，观测 u_i 波形，记录其平均值。

按下列实验步骤依次对六种典型的直流斩波电路进行测试。

① 切断电源，根据主电路图，连接好相应的斩波实验电路，并接上电阻负载，负载电流最大值限制在 200mA 以内。将控制与驱动电路的输出“V－G”、“V－E”分别接至 V 的 G 端和 E 端。

② 检查接线正确，尤其是电解电容的极性没有接反后，接通主电路和控制电路的电源。

③ 用示波器观测 PWM 信号的波形、u_{GE}的电压波形、u_{CE}的电压波形及输出电压 U_d 和二极管两端电压 u_{VD}的波形，注意各波形间的相位关系。

④ 调节 PWM 电位器改变 U_r，观测在不同占空比（α）时，记录 U_i、U_d 和 α 的数值于表 3-5～表 3-10 中。

表 3-5　Buck 斩波电路测试数据

U_r/V	1.4	1.6	1.8	2.0	2.2	2.4	2.5
占空比 α（%）							
U_i/V							
U_d/V							

表 3-6　Boost 斩波电路测试数据

U_r/V	1.4	1.6	1.8	2.0	2.2	2.4	2.5
占空比 α（%）							
U_i/V							
U_d/V							

表 3-7　Buck-Boost 斩波电路测试数据

U_r/V	1.4	1.6	1.8	2.0	2.2	2.4	2.5
占空比 α（%）							
U_i/V							
U_d/V							

表 3-8　Cuk 斩波电路测试数据

U_r/V	1.4	1.6	1.8	2.0	2.2	2.4	2.5
占空比 α（%）							
U_i/V							
U_d/V							

表 3-9 Sepic 斩波电路测试数据

U_r/V	1.4	1.6	1.8	2.0	2.2	2.4	2.5
占空比 α（%）							
U_i/V							
U_d/V							

表 3-10 Zeta 斩波电路测试数据

U_r/V	1.4	1.6	1.8	2.0	2.2	2.4	2.5
占空比 α（%）							
U_i/V							
U_d/V							

（3）注意事项

1）在主电路通电后，不能用示波器的两个探头同时观测主电路元器件之间的波形，否则会造成短路。

2）用示波器两探头同时观测两处波形时，要注意共地问题，否则会造成短路，在观测高压时应衰减 10 倍，在做直流斩波器测试实验时，最好使用一个探头。

任务 3.4 半桥型开关稳压电源电路的设计与调试

1）了解隔离变压器的作用和特征。
2）了解带隔离变压器的直流变换器的基本工作原理。
3）熟悉典型开关电源主电路的结构、元器件和工作原理。

对电源而言，许多应用通常希望输入和输出在电气上是隔离的。隔离可以切断无用信号的传播路径，隔离式电源具备以下优势：

1）保护人员、设备免遭在隔离另一端的危险瞬态电压损害。
2）去除隔离电路之间的接地环路以改善抗噪声能力。
3）在系统中轻松完成输出接线，而不与主接地发生冲突。

隔离式电源通常使用隔离型变换器，而实现电隔离最常用的方法是采用隔离变压器。

隔离变压器是指输入绕组与输出绕组带电气隔离的变压器，通俗地说就是使一次侧与二次侧的电气完全绝缘。隔离变压器利用其铁心高频损耗大的特点，抑制高频杂波传入控制回路。用隔离变压器使二次侧对地悬浮，只能用在供电范围较小、线路较短的场合。此时，系统的对地电容电流小到不足以对人身造成伤害。隔离变压器还有一个很重要的作用是保护人身安全，隔离危险电压，所以广泛用于电子工业或工矿企业的机床和机械设备中一般电路的控制电源、安全照明及指示灯的电源。

隔离式电源按输出变压器二次绕组极性接法分为反激式电路和正激式电路。

1. 反激式电路

反激式电路由电力开关V、输出整流二极管VD、输出滤波电容 C_2 和隔离变压器构成。变压器一、二次绕组极性相反，原理图如图3-24a所示。

电路的基本工作原理是：

1）当V处于导通状态时，W_1 绕组储能，电流 i_1 上升，主磁通增加，负载侧绕组 W_2 感应电压上负下正，VD承受反压截止，C_2 维持输出电压恒定并向负载 R 供电。等效电路如图3-24b所示。

2）当V处于关断状态时，W_1 绕组电流 i_1 瞬间为零；主磁通减少，负载侧绕组 W_2 感应电压上正下负，VD承受正向电压导通，变压器能量向输出端释放，并给 C_2 充电。等效电路如图3-24c所示。

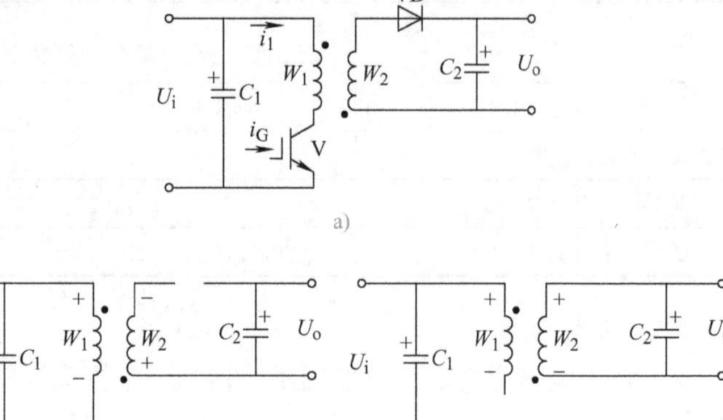

图3-24　反激式电路的原理及等效电路

通过上述分析，可以发现反激式电路的工作分为两个阶段，开关闭合和开关断开阶段。

在开关闭合阶段，变压器的一次绕组直接连接在输入电压上。一次绕组中的电流和变压器铁心中的磁场增加，在铁心中储存能量。但由于二次侧的二极管处于截止状态，负载能量由电容提供。也就是说此阶段，电源只是给变压器储能，负载与电源被变压器隔离。

在开关断开阶段，变压器铁心中的磁场开始下降，二次绕组感应出的正向电压使二极管导通，导通的电流流入电容和负载。也就是说此阶段，变压器不从电源获得能量，它将之前铁心中存储的能量转移至电容和负载中。

主流的手机USB充电器大多使用反激式转换器。数码相机中的CCD芯片，需要将锂电池等电池电压（1.5～4V）转换至15V，反激式转换器也是这种情况下也经常使用。

2. 正激式电路

正激式电路的原理图如图3-25所示。与反激式电路相比，正激式电路的变压器一、二次绕组极性相同，并且在变压器中增加了一个磁复位绕组。图中，VD_2 是续流二极管，L 是输出滤波电感，C_2 是输出滤波电容。

电路的基本工作原理是：

1）当V处于导通状态时，绕组 W_1 储能，电流 i_1 上升，主磁通增加，负载侧绕组 W_2 感应电压上正下负，磁复位绕组 W_3 感应电压上负下正。VD_1 获得正向电压导通，VD_2 与 VD_3 承受反压截止。变压器能量向输出端释放，L 和 C_2 储能。等效电路

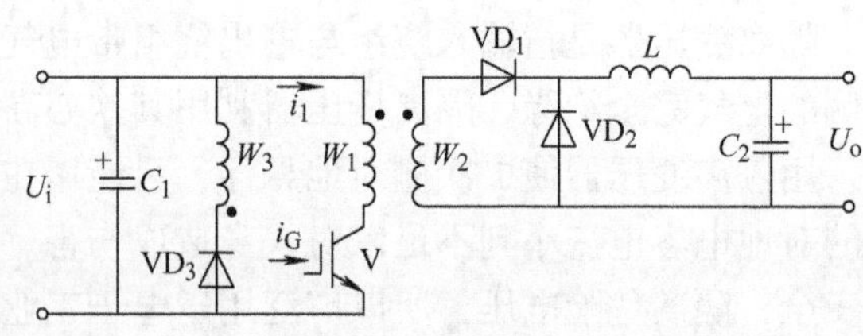

图3-25　正激式电路的原理图

如图 3-26a 所示。

2）当 V 处于断开状态时，绕组 W_1 电流 i_1 为零，主磁通减少，绕组 W_2 感应电压上负下正，绕组 W_3 感应电压上正下负。VD_1 截止，VD_2 导通，VD_3 导通。L 和 C_2 向输出端释放能量。而变压器的励磁电流经绕组 W_3 和 VD_3 流回电源，也就是说，变压器中的磁场能量通过磁复位绕组回馈回电源。等效电路如图 3-26b 所示。

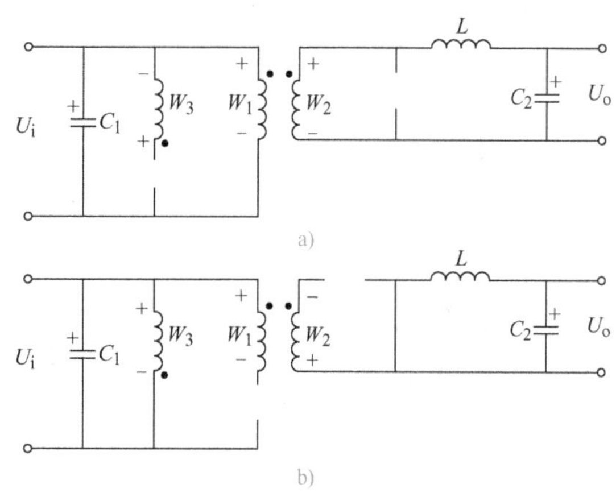

图 3-26　正激式电路的等效电路

通过上述分析，可以发现正激式转换器的工作同样分为两个阶段，开关闭合和开关断开阶段。

在开关闭合阶段，变压器的一次绕组 W_1 的铁心储存能量，并向二次绕组 W_2 释放能量。但由于二次侧的二极管 VD_1 导通，VD_2 截止，所以负载能量由变压器提供。也就是说此阶段，电源的能量不仅给变压器储能，同时通过变压器向输出端传递。

在开关断开阶段，变压器铁心中的磁场开始下降，在二次绕组 W_2 上感应出的正向电压使 VD_1 截止，变压器所传递的能量被截断。也就是说此阶段，一次绕组不再从电源获得能量，它所存储的能量通过 W_3 回馈电网，负载也不再从电源和变压器获得能量。

3. 半桥型开关电源

主电路的结构框图如图3-27所示，原理如图 3-28 所示。

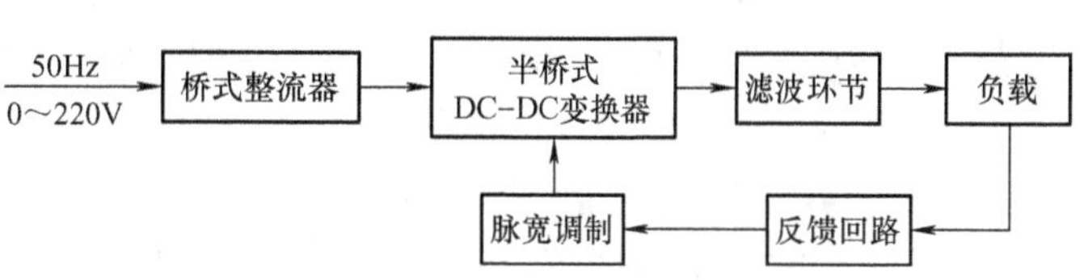

图 3-27　半桥型开关电源的主电路结构框图

半桥型开关电源由桥式整流器、半桥式 DC－DC 变换器、滤波环节和电力电子器件的控制与驱动电路构成。桥式整流器采用第 2 章任务 2. 2 所介绍的单相桥式不可控整流电路，如图 3-28 中点划线框 1 所示，输出为单方向脉动直流电，供给半桥式 DC－DC 变换器。半桥式 DC－DC 变换器如图 3-28 中点划线框 2 所示，由半桥逆变器、高频变压器和输出整流器构成，因而也属于直–交–直变换器。滤波环节采用 LC 无源滤波，如图 3-28 中点划线框 3 所示。

半桥式 DC－DC 变换器作为开关电源的核心环节，开关管承受的反向电压为电源电压，故可在电源电压较高的场合应用。两个相等的电容 C_1 和 C_2 构成一个桥臂，开关管 VF_1 和 VF_2 构成另一个桥臂，两个桥臂的中点接高频变压器，由于电容值较大，其中点电位保持不变，等于其输入电压的一半，即电容 C_4 两端电压的一半。从另一个角度看，它实际上是两个正激式变换器的组合，每个正激式变换器输入电压为 $U_{C4}/2$。变压器一次绕组匝数为 W_1，两个二次绕组匝数相等，即 $W_{21}=W_{22}=W_2$。其工作原理分析如下：

1）当 VF_1 导通时，变压器一次绕组上电压为 $U_{C4}/2$，绕组 W_1 感应电动势上正下负，故 VD_5 导通，VD_6 反偏截止，变压器二次电压 U_{34} 向输出端释放，L 储能，流过电流上升。

2）当给出 VF_1 关断的信号时，由于电感电流不能断续，继续按原方向流动，VD_5 和

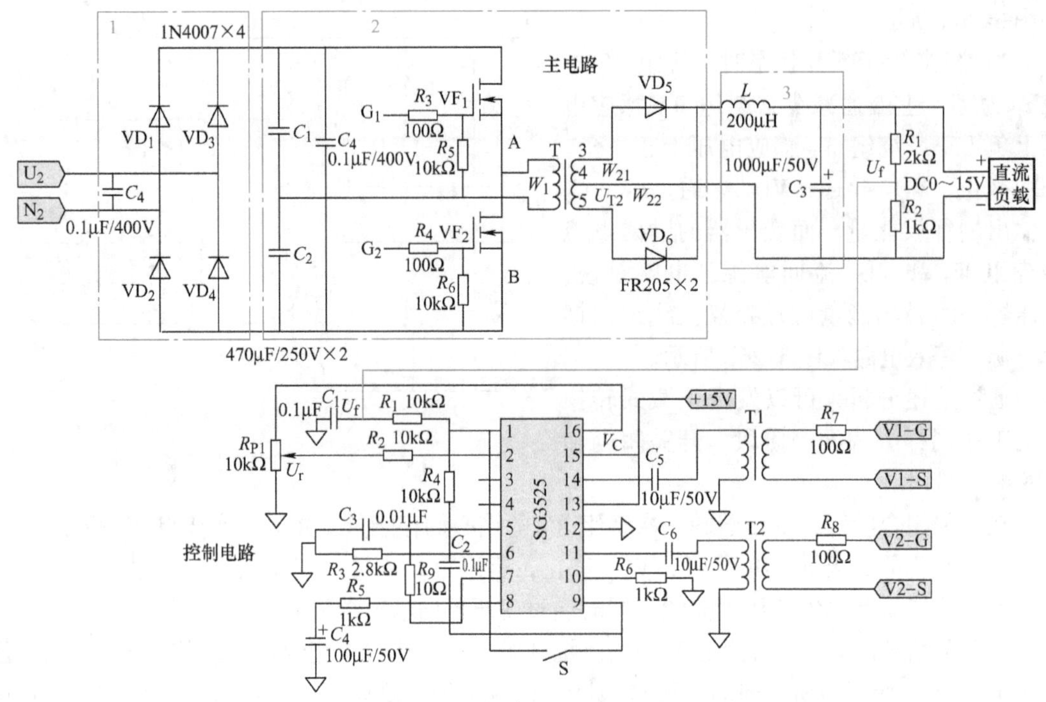

图 3-28　半桥型开关电源原理图

VD_6 同时导通，将变压器二次电压钳位为零，由变压器原理可知，变压器一次电压为零。

3）当 VF_2 导通时，变压器一次绕组上电压为 $-U_{C4}/2$，绕组 W_1 感应电动势上负下正，故 VD_6 导通，VD_5 反偏截止，变压器二次电压 U_{45} 反向向输出端释放，L 同样储能，流过电流上升。

4）在相应的时刻给出 VF_2 关断的信号，VD_5 和 VD_6 同时导通，变压器二次电压钳位为零。

两只 MOSFET 与两只电容 C_1、C_2 在两路驱动信号的控制下实现了直流电压变换为脉宽可调的交流电压，并在桥臂两端输出开关频率约为 32kHz、占空比可调的矩形脉冲电压，然后通过降压、整流、滤波后获得可调的直流电源电压输出。

该电源在开环时，负载特性较差，只有加入反馈构成闭环控制后，当外加电源电压或负载变化时，才能自动控制驱动信号的占空比，以维持电源的输出直流电压在一定的范围内保持不变，达到了稳压的效果。

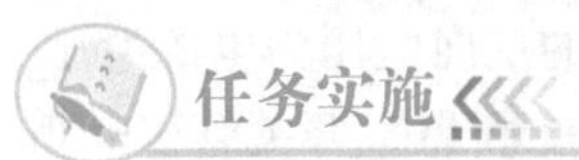

任务实施

(1) 任务实施所需模块

按任务实施需要，在 HKDD-1-V 型电力电子技术实训台上选择 HKDT12 变压器实验挂箱、HK27 三相可调电阻器挂箱、HKDJ33 半桥型开关稳压电源的性能研究挂箱等挂箱的相应模块。

1）电源控制屏：包含“三相电源输出”等模块。

2）半桥型开关稳压电源。

3）三相可调电阻：包含“900Ω 磁盘电阻”。

4）双踪示波器。

5）万用表。

（2）任务实施步骤

1）控制与驱动电路的测试

① 闭合控制电路电源开关。

② 将 SG3525 的引脚 1 与引脚 9 短接，即接通开关 S，使系统处于开环状态。

③ SG3525 各引脚信号的观测：调节 PWM 电位器，用示波器观测各测试点信号的变化规律，然后调定在一个较典型的位置上，记录各测试点的波形参数（包括波形类型、幅度 A、频率 f、占空比和脉宽 t），并填入表 3-11 中。

表 3-11　控制与驱动电路测试数据

SG3525 引脚	11	14
波形类型		
幅值 A/V		
频率 f/Hz		
占空比（%）		
脉宽 t/ms		

④ 用双踪示波器的两个探头同时观测引脚 11 和引脚 14 的输出波形，调节 PWM 电位器，观测两路输出的 PWM 信号，找出占空比随 U_r 的变化规律。

2）主电路开环特性的测试

① 按面板上主电路的要求，在变压器输入端，即逆变输出端装入 220V/15W 的灯泡，在直流输出端接入负载电阻（900Ω），并将主电路接至三相调压输出端 U_2 与 N_2 之间。

② 逐渐将交流输入电压 U_i 从 0 调到 50V 左右，调节占空比，用示波器的一个探头分别观测直流输出电压的波形。用双踪示波器的探头同时观测变压器二次电压 u_{T2} 的波形，改变脉宽，观察这些波形的变化规律，并记录于表 3-12 中。

表 3-12　主电路开环特性测试数据（一）

U_r/V									
占空比（%）									
U_{T2}/V									
U_o/V									

③ 将交流输入电压 U_i 调至 200V，用示波器的一个探头分别观测变压器二次电压和直流输出电压的波形，记录波形参数于表 3-13 中。

表 3-13　主电路开环特性测试数据（二）

U_r/V						
占空比（%）						
U_{T2}/V						
U_o/V						
纹波/V						

④ 在直流电压输出侧接入直流电压表和电流表。在 $U_i=200V$ 时，在一定的脉宽下，进行电源的负载特性测试，即调节可变电阻负载 R，测定直流电源输出端的伏安特性：$U_o=f(I)$（令 $U_r=2.2V$）。记录数据于表 3-14 中。

表 3-14　直流电源输出端的伏安特性数据（一）

R/Ω						
占空比（%）						
U_o/V						
I/A						

⑤ 在一定的脉宽下，保持负载（$R=450\Omega$）不变，使输入电压 U_i 在 200V 上下调节，测量直流输出电压 U_o，测定电源电压变化对输出的影响。记录数据于表 3-15 中。

表 3-15　直流电源输出端的伏安特性数据（二）

U_i/V	150	160	170	180	190	200	210	220	230
占空比（%）									
U_o/V									
I/A									

⑥ 上述各实验步骤完毕后，将输入电压 U_i 调回零位。

3）主电路闭环特性测试

准备工作：断开控制与驱动电路中的开关 S；将主电路的反馈信号 U_f 接至控制电路，使系统处于闭环控制状态。重复主电路开环特性测试的各实验步骤：

① 按面板上主电路的要求在逆变输出端装入 220V/15W 的灯泡，在直流输出端接入负载电阻（900Ω），并将主电路接至三相调压输出端 U_2 与 N_2 之间。

② 逐渐将输入电压 U_i 从 0 调到 50V 左右，调节 U_r，测量输出电压 U_o，记录数据于表 3-16 中。

表 3-16　主电路闭环特性测试数据（一）

U_r/V									
U_o/V									

③ 将输入交流电压 U_i 调到 200V，调节 U_r，测量输出电压 U_o 的波形，记录数据于表 3-17 中。

表 3-17　主电路闭环特性测试数据（二）

U_r/V						
U_o/V						

④ 在直流电压输出侧接入直流电压表和电流表。在 $U_i=200V$ 时，在一定的脉宽下进行电源的负载特性测试，即调节可变电阻负载 R 测定直流电源输出端的伏安特性：$U_o=f(I)$（令 $U_r=2.2V$），记录数据于表 3-18 中。

表 3-18　直流电源输出端的伏安特性数据（三）

R/Ω						
U_o/V						
I/mA						

拓展应用

1. IGBT 的开路故障诊断

电动机调速系统是复杂的电子系统，易受到电磁环境的影响而发生损坏。工业系统运行过程中，生产工艺的连续性不允许系统停机，否则将意味着巨大的经济损失，特别是在一些特殊的应用场合，如宇宙空间系统、核电站和危险的化工厂中，更不允许电动机调速系统因故障停机。因此近年来对具有容错能力的控制系统的研究得到了更多的关注。实现高故障容限控制系统的前提条件是准确的故障诊断。只有准确定位故障，才能据此进行容错控制，因此对电动机调速系统中 IGBT 的开路故障诊断开展的研究得到了广泛关注。

严格地说，在 IGBT 可控电动机调速系统的控制系统中，任何一个功能单元、任何一个元器件发生故障都是可能的。而在调速系统中，IGBT 的开路和短路故障占了相当大的比重。所以针对 IGBT 短路和开路故障的诊断方法是高故障容限变频器研究的热点问题。IGBT 的短路故障已有成熟的方案，即通过硬件电路检测 IGBT 的漏源极间压降，可以准确判别故障管。IGBT 开路故障也时有发生，一方面是由于过电流烧毁导致开路，另一方面是由于接线不良、驱动断线等原因导致驱动信号开路。相对于短路故障而言，开路故障发生后往往电动机还能够继续运行，所以不易被发现，但其危害较大，因为在此情况下其余 IGBT 将通过更大的电流，易发生过电流故障，且电动机电流中存在直流电流分量，会引起转矩减小、发热、绝缘损坏等问题，如不及时处理开路故障，会引发更大的事故。只有检测出某 IGBT 开路后，才可以采用桥臂冗余、四开关等方式继续安全容错运行。

目前主要的检测方法有专家系统法、电流检测法和电压检测法三种。专家系统法基于经验积累，将可能发生的故障一一列出，归纳出规律并建立知识库，当发生故障时只需要观测故障现象，查询知识库即可判断故障类型。其难点在于难以穷尽所有的故障现象并得到完备的故障知识库，而有些故障状态往往与变频器正常运行时的某种状态非常相似，导致难以准确匹配故障。电压检测法通过检测变频器故障时电动机相电压、电动机线电压或电动机中性点电压与正常时的偏差来诊断故障。只需要四分之一基波周期便能检测出故障，大大缩短了诊断时间。但是这种方法需要增加电压传感器，通用性差。

2. 正激式与反激式变换器的区别

(1) 工作原理上的区别

总体来说，正激式变换器、反激式变换器工作原理不同。若一次侧开关管导通前，一次绕组还存在能量，不完全传递到二次绕组，这种情况就叫连续模式（CCM）。若一次绕组能量完全传递到二次绕组，则为断续模式（DCM）。正激式变换器是一次绕组工作时二次绕组也工作，二次绕组不工作时有续流电感续流。一般是连续模式，功率因数一般不高，而且电路输出电压平均值与变压器电压比、占空比成比例。反激式变换器是一次绕组工作时，二次绕组不工作，两边独立开来。一般是断续模式，理论上是单位功率因数，但是变压器的电感会比较小，而且需要加气隙，所以一般适合中小功率情况。

（2）结构上的区别

正激式变换器变压器是理想的，不储能，但是由于励磁电感是有限值，励磁电流使铁心磁路趋向饱和。为避免这种情况，变压器需要辅助绕组进行磁通复位。反激式变换器变压器工作形式可以看作耦合电感，电感先储能，再放能。由于反激式变换器变压器的输入输出电压极性相反，故当开关管断开之后，二次绕组可以提供铁心一个复位电压，因而反激式变换器变压器不需额外增加磁通复位绕组。

所以反激式变换器变压器可以看作一个带变压功能的电感，是一个 Buck-Boost 电路。正激式变换器变压器只有变压功能，整体可以看成一个带变压器的 Buck 电路。二次侧整流二极管的负端接电解电容的是反激式，接电感的是正激式。

（3）工作方式上的区别

正激式变换器、反激式变换器中的变压器的工作方式不同，但在同一象限上。正激式变换器是当一次侧开关管导通时变压器能量被传递到负载上，当开关管截止时变压器的能量要通过磁复位电路去磁。反激式变换器和正激式变换器相反，当一次侧开关管导通时给变压器存储能量，但能量不会加在负载上，当开关管截止时，变压器的能量释放到负载侧。

（4）应用上的区别

反激式变换器主要用在 150W 以下的情况，正激式变换器则用在 150W 到几百瓦之间。之所以反激式变换器应用更广泛，是因为日常生活中 100W 以下的电源比较常见，反激式变换器成本低，调试相对简单，所以在小功率电源中常用。

（5）优劣对比

正激式变换器跟反激式变换器相比最大的问题是用的器件更多，电路比反激式变换器多一个大储能滤波电感以及一个续流二极管。

与反激式变换器相比，正激式变换器输出电压受占空比的影响要小很多，因此，正激式变换器要求调控占空比的误差信号幅度比较高，误差信号放大器的增益和动态范围也比较大。

正激式变换器为了减少变压器的励磁电流，提高工作效率，变压器的伏秒容量一般都取得比较大，并且为了防止变压器一次绕组产生的反电动势把开关管击穿，正激式变换器的变压器要比反激式变换器的变压器多一个反电动势吸收绕组。因此，正激式变换器的变压器的体积要比反激式变换器大。

正激式变换器还有一个缺点是在控制开关关断时，变压器一次绕组产生的反电动势要比反激式变换器高。这是因为一般正激式变换器工作时，控制开关的占空比都取在 0.5 左右，而反激式变换器控制开关的占空比都取得比较小。

思考与练习

3-1 选择题

1. 频率调制型斩波电路是（　　）。

A. 保持导通时间不变，改变周期　　B. 同时改变导通时间和周期
C. 保持周期不变，改变导通时间　　D. 保持导通时间和周期不变

2. 斩波器中的电力晶体管工作在（　　）状态。
A. 放大　　B. 截止　　C. 饱和　　D. 开关

3. 升降压斩波电路的输出电压与输入电压极性（　　）。
A. 相同　　B. 相反　　C. 相差 90°　　D. 不确定

4. 为了能使输出电压高于电源电压，升压斩波电路中的（　　）储能之后具有电压泵升的功能。
A. 电感　　B. 电阻　　C. 电容

5. 由于输入电源为直流电，电流无过零点，所以在直流斩波电路中常用（　　）器件作为开关器件。
A. 半控型　　B. 全控型　　C. 不可控型　　D. 可控型

6. 直流斩波器可以通过改变（　　）来改变输出电压平均值。
A. 占空比 D　　B. 周期　　C. 频率　　D. 输入电源电压

7. 降压斩波电路中，电源电压 $U=100$V，导通比为 0.8，则负载电压平均值为(　　)。
A. 80V　　B. 60V　　C. 100V　　D. 40V

8. 降压斩波电路用于拖动直流电动机时，能使电动机工作于第（　　）象限。
A. 1　　B. 2　　C. 3　　D. 4

9. 桥式可控斩波电路用于拖动直流电动机时，可使电动机工作于第（　　）象限。
A. 1　　B. 2　　C. 3　　D. 4

10. Sepic 斩波电路和 Zeta 斩波电路的不同之处在于，（　　）的电源电流和负载电流均连续，（　　）的输入、输出电流均是断续的。
A. Sepic 斩波电路、Zeta 斩波电路　　B. Zeta 斩波电路、Zeta 斩波电路
C. Zeta 斩波电路、Sepic 斩波电路　　D. Sepic 新波电路、Sepic 斩波电路

11. 下列器件中，（　　）最适合用在小功率、高开关频率的变换电路中。
A. GTR　　B. IGBT　　C. MOSFET　　D. GTO 晶闸管

12. 下列半导体器件中属于电流型控制器件的是（　　）。
A. GTR　　B. MOSFET　　C. IGBT

13. 电力电子器件一般工作在（　　）状态。
A. 开关　　B. 线性　　C. 直流

14. 下列器件中属于电压驱动的全控型器件是（　　）。
A. 电力二极管　　B. 晶闸管
C. 门极关断（GTO）晶闸管　　D. MOSFET

15. 下列器件中不属于全控型器件的是（　　）。
A. IGBT　　B. 晶闸管
C. 门极关断（GTO）晶闸管　　D. MOSFET

16. 下列器件中不属于电流驱动型器件的是（　　）。
A. IGBT　　B. 晶闸管
C. 门极关断（GTO）晶闸管　　D. 电力晶体管

17. 具有自关断能力的电力半导体器件称为（　　）。

A. 全控型器件　　　B. 半控型器件　　　C. 不控型器件　　　D. 触发型器件

18. 变更斩波器占空比 D 最常用的一种方法是（　　）。

A. 既改变斩波周期，又改变开关关断时间

B. 保持斩波周期不变，改变开关导通时间

C. 保持开关导通时间不变，改变斩波周期

D. 保持开关断开时间不变，改变斩波周期

3-2　简答题

1. 写出 GTO 晶闸管、GTR、Power MOSFET、IGBT 的中文名称、图形符号及三个极的中英文名称。

2. 与 GTR、MOSFET 相比，IGBT 有何特点？

3. 绝缘栅双极晶体管的特点有哪些？

4. 简述电力场效应晶体管在应用中的注意事项。

5. 结合 Buck 电路的电路图，说明其电流断续和电流连续时的工作原理，并绘出相应的电压电流波形。

6. 结合 Boost 电路的电路图，说明其工作原理，解释其功能如何实现。

7. 结合 Buck-Boost 电路的电路图，说明其工作原理，解释其功能如何实现。

8. 结合 Cuk 电路的电路图，说明其工作原理，根据其等效电路解释其功能如何实现。

9. MOSFET 和 IGBT 最大的特点是什么？它们的导通和关断是如何实现的？

10. 半控型器件对触发脉冲最重要的要求是什么？全控型器件对触发脉冲最重要的要求是什么？

11. GTO 晶闸管、GTR、IGBT、MOSFET 中开关速度最快的是哪个？

项目4

风力发电系统逆变电源的控制与调试

【项目描述】

风能是可再生的清洁能源，储量大、分布广，而且取之不尽用之不竭，对于缺水、缺燃料和交通不便的沿海岛屿、草原牧区、山区和高原地带，因地制宜地利用风力发电，大有可为。海上风力发电（如图4-1所示）是可再生能源发展的重要领域，是推动风电技术进步和产业升级的重要力量，是促进能源结构调整的重要举措。我国海上风能资源丰富，加快海上风电项目建设，对于治理沿海地区大气雾霾、调整能源结构和转变经济发展方式具有重要意义。

图4-1　海上风力发电

风能利用是综合性的工程技术，风力发电的原理是风力带动叶片旋转，叶片旋转带动发电机发电。风力发电机组可以输出不稳定的交流电，将不稳定的交流电变为稳定的交流电后供用户使用或补充到电网中去，这中间就需要借助整流与逆变等电力电子技术的应用。而逆变器作为风力发电系统的“大脑”，承担着重要的转换能量和传递能量的作用。

任务4.1　认识并网逆变器、离网逆变器的内部结构

学习目标

1）掌握逆变电路的结构及其基本工作原理。

2）掌握风力发电系统的组成及其各部分功能。

知识引入

1. 逆变电路的基本工作原理

（1）无源逆变的概念

逆变与整流相对应，即是将直流电变成交流电。而无源逆变是将直流电转变为负载所需

要的不同频率和电压值的交流电，即当交流侧直接接入负载时，无源逆变器将直流电转换为负载所需要的不同频率和电压值的交流电。

（2）基本工作原理

以单相桥式逆变电路为例说明最基本的工作原理，如图4-2所示，$S_1 \sim S_4$为电路的4个桥臂，由电力电子器件及辅助电路组成。

电路的基本工作原理是：

1）当开关S_1、S_4闭合，S_2、S_3断开时，电源电压U_d通过S_1、S_4加在负载上，输出电压u_o左正右负，如图4-3a所示。

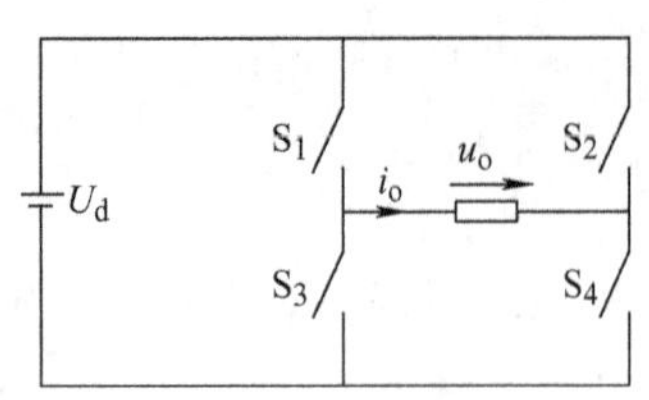

图4-2 单相桥式逆变电路的原理

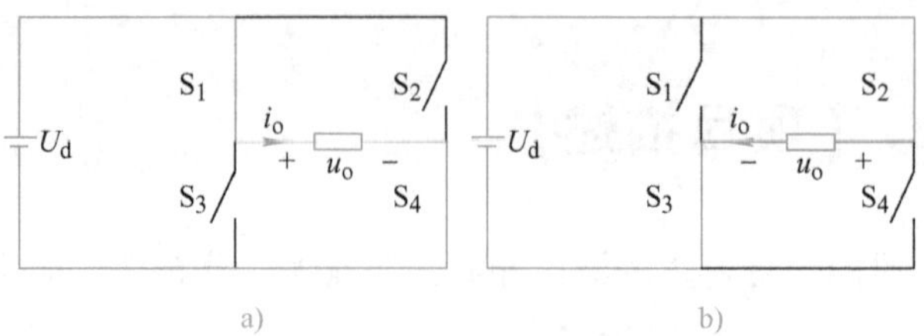

图4-3 单相桥式逆变电路的等效电路

2）当开关S_1、S_4断开，S_2、S_3闭合时，电源电压U_d通过S_2、S_3加在负载上，输出电压u_o左负右正，如图4-3b所示。

改变两组开关的切换频率，即可改变输出交流电的频率，这就是最基本的逆变电路工作原理。当负载为电阻时，输出电流i_o和负载电压u_o的波形形状相同，相位也相同。若负载为阻感性负载，i_o要滞后u_o，两者波形的形状不同，图4-4给出的就是阻感性负载时的输出电压、输出电流波形。

（3）主要应用

逆变器将直流能量转换为交流能量，转换效率比较高、启动快，带负载适应性与稳定性强，因而在科研、国防、生产和生活中应用广泛，如感应加热、功率超声应用、电火花加工、列车照明、脉冲电镀电源、不间断电源、高频直流焊机、交流传动的变频调速、高频电子镇流器、快速充电等场合。实现无源逆变的电路称为无源逆变器。逆变器实物如图4-5所示。

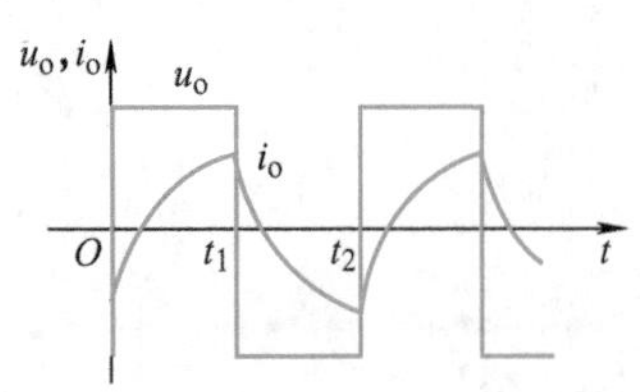

图4-4 单相桥式逆变电路的输出电压、输出电流波形

图4-5 逆变器实物图

2. 逆变电路的分类

（1）根据输出电能分类

① 有源逆变电路。交流侧接交流电网，把直流电逆变成同频率的交流电返送到电网去。

② 无源逆变电路。交流侧接负载，将直流电逆变成某一频率或可变频率的交流电供给负载。

（2）根据直流侧电源性质分类

① 电压型逆变电路。电压型逆变电路的输入端并接有大电容，输入直流电源为恒压源，逆变电路将直流电压变换成交流电压，又称为电压源型逆变电路。

② 电流型逆变电路。电流型逆变电路的输入端串接有大电感，输入直流电源为恒流源，逆变电路将直流电流变换为交流电流，又称为电流源型逆变电路。

（3）根据逆变电路的器件分类

① 全控型逆变电路。由具有自关断能力的全控型器件组成。

② 半控型逆变电路。由无关断能力的半控型器件组成。

3. 风力发电系统的基本工作原理

风力发电系统由风力发电机组、整流器、离网逆变器、并网逆变器、控制器、双向智能电表等组成，如图4-6所示。

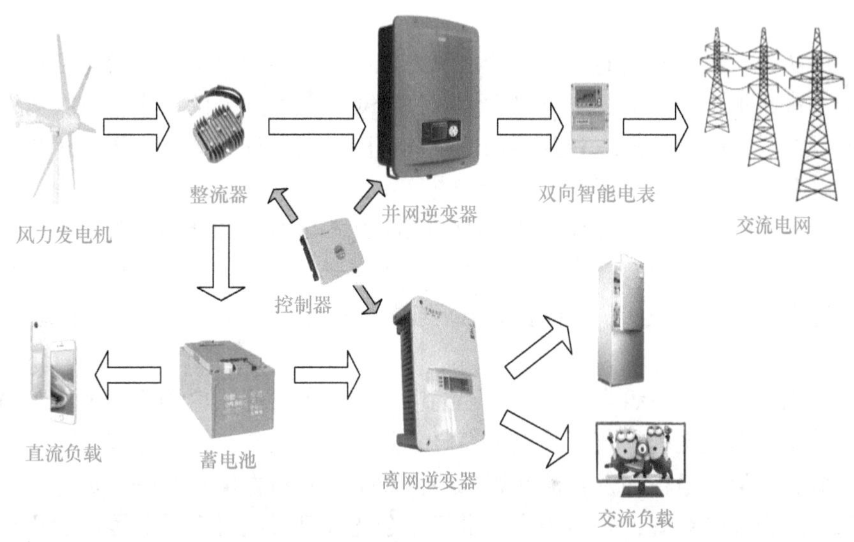

图4-6　风力发电系统结构

（1）风力发电机组

风力发电机组的作用是将风的动能转变成机械能，再把机械能转化为电能。风力带动叶片旋转，叶片旋转带动发电机发电。依据目前的技术，大约3m/s的速度（微风）便可以开始发电。

风力发电机组由机头、转体、尾翼、叶片组成。叶片用来接受风力并通过机头转为电能；尾翼使叶片始终对着来风的方向从而使发电机获得最大的风能；转体能使机头灵活地转动以实现尾翼调整方向的功能；机头的转子是永磁体，定子绕组切割磁力线产生电能。

（2）逆变器

风力发电机组因风力不稳定，故其输出的是13～25V变化的交流电，须经整流器整流成稳定的直流对蓄电池充电，再供给离网逆变器或并网逆变器。

(3) 控制器

控制器主要用来控制整流器输出合适的理想的直流电，控制离网逆变器输出合适的交流电能输送给交流负载，控制并网逆变器输出合适的规范的交流电输送至交流电网。

(4) 双向智能电表

新能源供电系统对电能计量也提出新的要求，要求电表既能记录并入电网的电能，又能记录从电网吸收的电能。普通单向电表不能满足这一要求，双向电表应运而生。双向智能电表是能够同时计量用电量和发电量的电能表，功率和电能都是有方向的。从用电角度看，耗电的算为正功率或正电能；发电的算为负功率或负电能。双向智能电表可实现电能的正、反向分开计量、分开存储、分开显示，同时可通过电表配有标准 RS－485 通信接口实现数据的远传。

1. 风力发电系统的设计

(1) 风力发电机组的选择

通常人们认为，风力发电的功率完全由风力发电机组的功率决定，总想选购大一点的风力发电机组，这是不正确的。发电机组大小取决于对风能利用率的大小，选择风力发电机组应首先确定目标风区的风速范围和要利用的风速范围，然后选定风机。根据风机的输出能量大小确定发电机容量。

由于风力的大小是随机变化的，风力发电机组不可能全部利用完，利用风速的上限称为切出风速，下限成为切入风速。一般切出风速越高，可利用的风速范围越大，但发电机的利用率越低，造价越高。合适的切入切出风速是风力发电机组最基本又最难以确定的参数。

目前大多数风力发电机组只是给蓄电池充电，人们最终使用电功率的大小与蓄电池大小有更密切的关系。即使选择给直流蓄电池充电，建议也要选择交流发电机。主要是由于直流发电机效率低，交流发电机加上整流装置的整流效果和直流发电机是一样的。

对于家用风力发电系统，小型风力发电机组会比大型机组更合适。因为它更容易被小风量带动而发电，持续不断的小风会比一时狂风更能供给较大的能量。无风时用户还可以正常使用风力带来的电能，也就是说一台 200W 风力发电机组也可以通过大型蓄电池与逆变器的配合使用，获得 500W、1000W 乃至更大的功率输出。

(2) 蓄电池的选择

铅酸蓄电池、镉镍蓄电池、氢镍蓄电池和锂离子蓄电池是工程中常用的蓄电池。其中，铅酸蓄电池已有 150 多年历史，新能源发电系统中的蓄电池一般采用铅酸蓄电池。铅酸蓄电池技术成熟，成本低廉，负载输出特性好；缺点是质量大，能量密度低，维护成本高，充电速度慢。但近年来，铅酸蓄电池的性能有了改进，如阀控密封式铅酸蓄电池，整体采用密封结构，使用安全可靠、能量高、容量大、使用方便，正常运行时无需对电解液进行检测和调酸加水。

(3) 离网、并网逆变器的选用注意事项

为了保证风力发电系统正常运行，逆变器的选型是非常重要的，选择逆变器时要求对产品型号、额定电压、额定功率、性能特点等进行了解，特别要与整个发电系统匹配。如何用最小的投资获得最大的发电量，选择逆变器也就成了一个非常重要的环节。

在选用离网风力发电系统用的逆变器时，应注意以下几点：

1）要具有合理的电路结构，并要求逆变器具备各种保护功能，如输入直流极性接反保护、交流输出短路保护、过热保护、过载保护等。

2）具有较宽的直流输入电压适应范围。离网逆变器需要考虑蓄电池的电压，由于蓄电池的电压随蓄电池剩余容量和内阻的变化而波动，特别是当蓄电池老化时其端电压的变化范围很大（如12V蓄电池，其端电压可在10～16V之间变化），这就要求逆变器必须在较宽的直流输入电压范围内正常工作，并保证交流输出电压稳定在负载要求的电压范围内。

3）尽量减少电能变换的中间环节，以节约成本、提高效率。

4）应具有较高的效率。为了最大限度地利用风能及蓄电池，提高系统效率，必须提高逆变器的效率。

5）具有较高的可靠性。目前离网风力发电系统主要用于边远地区，许多系统无人值守和维护，这就要求逆变器具有较高的可靠性。

6）输出电压与国内市电电压同频、同幅值，以适用于通用电器负载。

7）在中、大容量的离网风力发电系统中，逆变器的输出应为失真度较小的正弦波。许多离网风力发电系统的负载为通信或仪表设备，这些设备对电源品质有较高的要求。高质量的输出波形有两方面的指标要求：一是稳态精度高，包括THD值小，基波分量相对参考波形在相位和幅度上无静差；二是动态性能好，即在外界扰动下调节快，输出波形变化小。

8）具有一定的过载能力，一般能过载125%～150%。当过载150%时，应能持续30s；当过载125%时，应能持续60s以上。逆变器应在任何负载条件（过载情况除外）和瞬态情况下，都保证标准的额定正弦输出。

（4）双向智能电表的接线方法

为了适应智能电网和新能源的使用，智能电表还具有双向多种费率计量功能、用户端控制功能、多种数据传输模式的双向数据通信功能、防窃电功能等智能化的功能。

某单相双向电表如图4-7所示，有4个接线端子，进线接市电的相线、零线，出线接逆变器或负载。

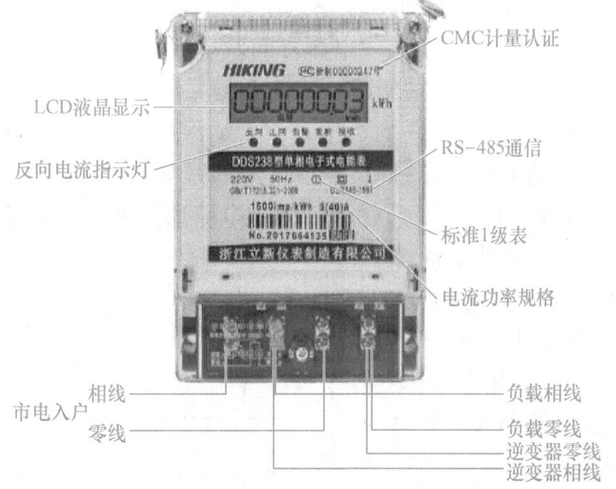

图4-7　单相双向电表实物图

2. 风力发电系统的应用

使用风力发电系统，源源不断地把风能变成标准市电，其经济节能的效果是明显的。而现在的风力发电机组相比几年前性能有很大改进，以前只是在少数边远地区使用，风力发电机组接15W的灯泡直接用电，忽明忽暗可能会损坏灯泡。而现在由于技术进步，采用先进的充电器、逆变器，风力发电系统成为有一定科技含量的小系统，并能在一定条件下代替正常的市电。在旅游景区、边防、学校、部队或山区，可以借此系统做一个常年不花钱的路灯，在高速公路可借此系统做夜晚的路标灯，经济实用。

任务 4.2　离网逆变器与并网逆变器逆变状态测试

学习目标

1）掌握单相、三相电压型逆变电路的结构及工作过程。

2）了解离网逆变器与并网逆变器的概念及应用。

知识引入

直流侧电源是电压源的逆变电路称为电压型逆变电路。逆变电路由若干个导电臂组成，每个导电臂均由具有自关断能力的全控型器件及反并联二极管组成。负载一般为阻感性负载，在逆变电路之前并联大电容。由于电容的作用，逆变输入电压基本无脉动且平滑连续，因此电源具有直流电压源性质。

1. 单相电压型逆变电路

（1）单相半桥电压型逆变电路

单相半桥电压型逆变电路的原理图如图 4-8 所示。电路的基本工作原理是：

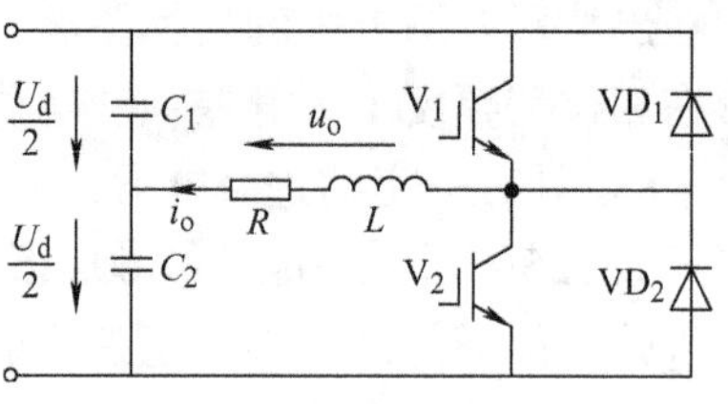

图 4-8　单相半桥电压型逆变电路的原理图

1）在 t_2 时刻之前，V_1 处于导通状态，电容 C_1 两端的电压通过导通的 V_1 加在负载上，负载电压 u_o 极性为左负右正，负载电流 i_o 由右向左。电路通路如图 4-9a 所示（图中示出其实际电流方向及电压极性）。

2）在 t_2 时刻给出 V_1 的关断信号，给出 V_2 的导通信号，则 V_1 关断。由于负载中 L 的作用，感性电流 i_o 方向不能突变，依然由右向左，于是 VD_2 续流导通。电容 C_2 两端电压通过导通的 VD_2 加在负载两端，极性为左正右负。由于负载电压反向，所以 i_o 逐渐降低。电路通路如图 4-9b 所示。

3）直到 t_3 时刻，i_o 降至零，VD_2 由于反压作用截止，V_2 开始导通，i_o 开始反向增大。电路通路如图 4-9c 所示。

4）在 t_4 的时刻给出 V_2 关断信号，给出 V_1 导通信号，则 V_2 关断。由于负载中 L 的作用，感性电流 i_o 方向不能突变，依然由左向右，于

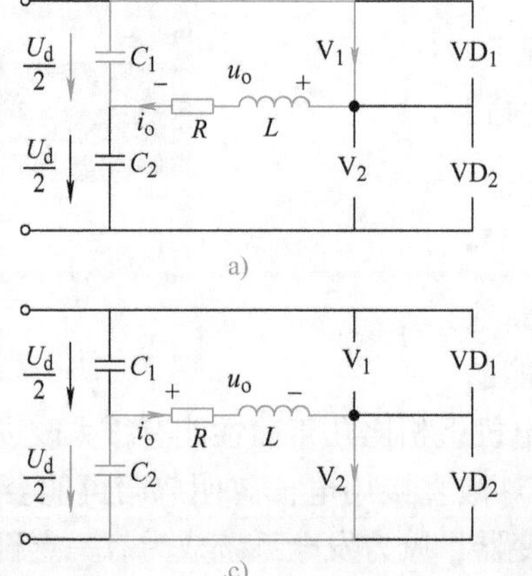

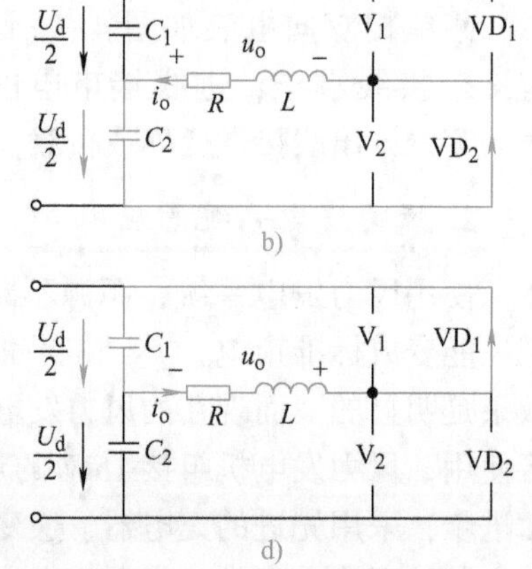

图 4-9　单相半桥电压型逆变电路的等效电路

是 VD_1 导通续流。电路通路如图 4-9d 所示。

5）t_5 时刻 i_o 降至零时，VD_1 截止，V_1 导通，i_o 反向增大。电路回到 t_2 之前的状态。电路通路如图 4-9a 所示。

此后重复上述过程，输出波形如图 4-10 所示。

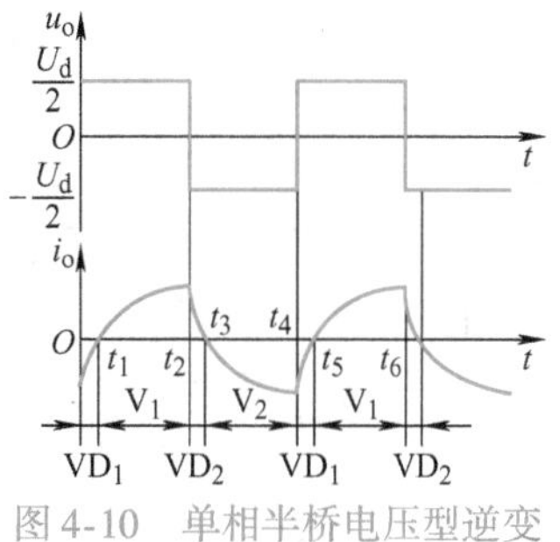

图 4-10　单相半桥电压型逆变电路的输出波形

由上面的分析可以知道，由于 V_1 和 V_2 栅极信号在一周期内各半周正偏、半周反偏，两者互补，所以导致输出电压 u_o 为矩形波，幅值为 $U_d/2$。V_1 或 V_2 通时，i_o 和 u_o 同方向，直流侧向负载提供能量；VD_1 和 VD_2 总在 V_1 和 V_2 之前导通，导通时 i_o 和 u_o 反向，为电感中储存的能量提供一个流通的通道。VD_1、VD_2 称为反馈二极管，它起着使负载电流连续的作用，又称续流二极管。

这种逆变电路结构简单，使用元器件少。但其输出交流电压幅值为 $U_d/2$，所以直流侧需两电容器串联，需要控制两者电压均衡，常用于千瓦级以下的小功率逆变电源。单相全桥、三相桥式逆变电路都可看成若干个单相半桥逆变电路的组合。

（2）单相全桥电压型逆变电路

单相全桥电压型逆变电路的原理图如图 4-11 所示。直流电压 U_d 接有大电容 C，使电源电压稳定。电路中有四个桥臂，桥臂 1、4 和桥臂 2、3 组成两对，VD_1 ~ VD_4 同样为续流二极管。电路的基本工作原理是：

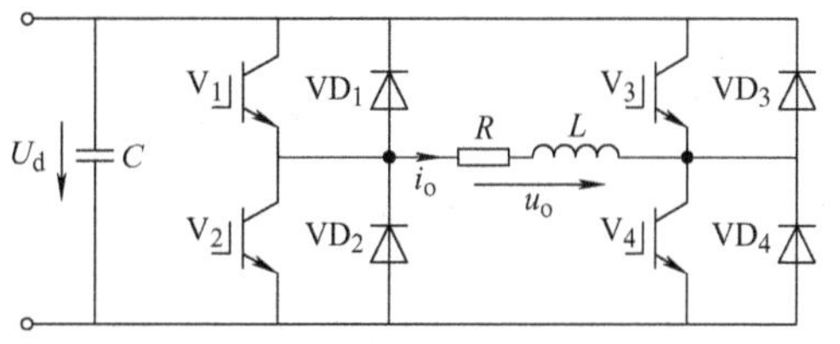

图 4-11　单相全桥电压型逆变电路的原理图

1）电路开始工作时，设 t_1 时刻之前让 V_1、V_4 维持导通，电容 C 两端的电压通过导通的 V_1、V_4 加在负载上，负载上电压 u_o 极性为左正右负，电流 i_o 方向由左向右。电路通路如图 4-12a 所示。

2）在 t_1 时刻让 V_3、V_4 控制信号反向，即给出 V_4 关断的信号，给出 V_3 导通的信号，则 V_4 关断（此时 V_1 有通的信号，V_2 有断的信号）。由于负载中 L 的作用，感性电流 i_o 方向不能突变，依然由左向右，于是 V_1、VD_3 导通续流。大电容 C 被切断，负载两端电压 u_o 为零，L 上的能量通过电流通路向负载中的 R 释放，流过电流 i_o 缓慢降低。电路通路如图 4-12b 所示。

3）在 t_2 时刻让 V_1、V_2 控制信号反向，即给出 V_1 关断的信号，给出 V_2 导通的信号，则 V_1 关断（此时 V_3 有通的信号，V_4 有断的信号）。i_o 方向不变，依然由左向右，由于未降为零，由 VD_2、VD_3 导通续流。电容 C 两端的电压通过导通的 VD_2、VD_3 反向加在负载上，负载上电压 u_o 极性变为左负右正。由于负载电压反向，所以 i_o 降低的幅度变大。电路通路如图 4-12c 所示。

4）直到 t_3 时刻，i_o 降至零，VD_2、VD_3 由于反压作用截止，V_2、V_3 也均拥有导通的信号开始导通，i_o 开始反向增大，方向由右向左。u_o 极性为左负右正。电路通路如图 4-12d 所示。

5）在 t_4 的时刻让 V_3、V_4 控制信号反向，即给出 V_3 关断信号，给出 V_4 导通信号，则 V_3 关断（此时 V_2 有通的信号，V_1 有断的信号）。由于负载中 L 的作用，感性电流 i_o 方向不能突变，依然由右向左，于是 V_2、VD_4 导通续流。大电容 C 被切断，负载两端电压 u_o 为零，L 上的能量消耗于负载中的 R 释放，流过电流 i_o 缓慢反向降低。电路通路如图 4-12e 所示。

6）在 t_5 时刻让 V_1、V_2 控制信号反向，即给出 V_2 关断的信号，给出 V_1 导通的信号，则 V_2 关断（此时 V_4 有通的信号，V_3 有断的信号）。i_o 方向不变，依然由右向左，由于未降为零，由 VD_1、VD_4 导通续流。电容 C 两端的电压通过导通的 VD_1、VD_4 正向加在负载上，负载上电压 u_o 极性变为左正右负。由于负载电压反向，所以 i_o 反向减小的幅度变大。电路通路如图 4-12f 所示。

7）直到 t_6 时刻，i_o 反向降至零，VD_1、VD_4 由于反压作用截止，V_1、V_4 也均拥有导通的信号开始导通，i_o 开始正向向增大，方向由右向左。u_o 极性为左正右负。电路回到 t_1 之前的状态。电路通路如图 4-12a 所示。

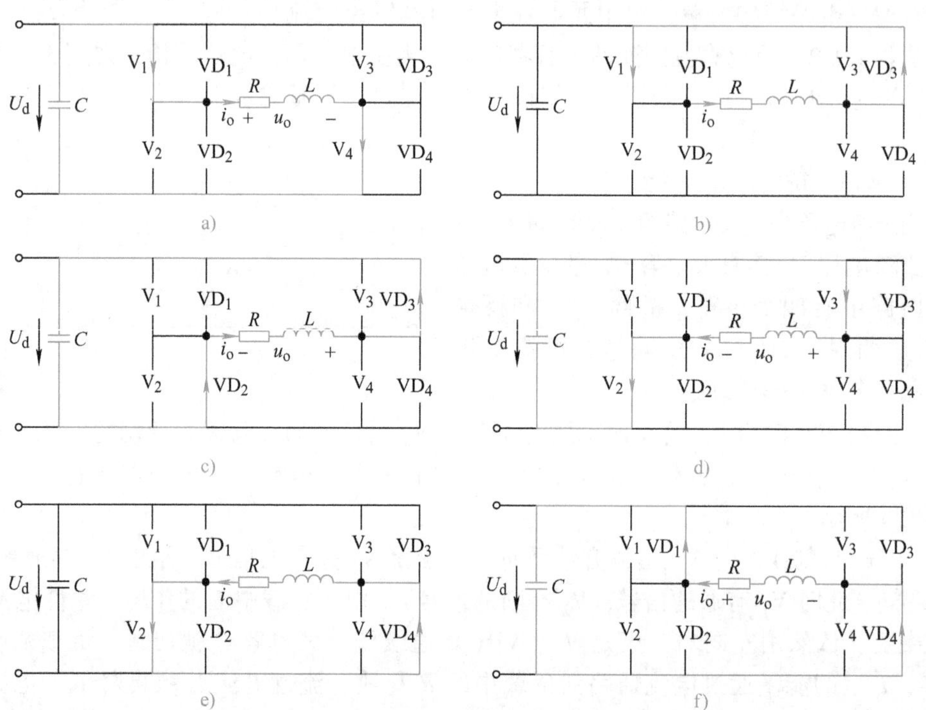

图 4-12　单相全桥电压型逆变电路的等效电路

此后重复上述过程，输出波形如图 4-13 所示。

由上面的分析可以得出以下结论：

① 两对桥臂交替导通 180°。输出电压幅值为 U_d。改变输出交流电压的有效值可通过改变直流电压 U_d 来实现。

② V_1、V_4 或者 V_2、V_3 导通时，i_o 和 u_o 同方向，直流侧向负载提供能量。

③ 续流二极管的作用是为 i_o 未及时反向提供流通通道。VD_1、VD_4 和 VD_2、VD_3 总在 V_1、V_4 和 V_2、V_3 之前导通，导通时为电感 L 中储存的能量提供一个流通的通道。由于此时 i_o 和 u_o 反向，所以 i_o 下降的幅度较大，变化较快。而 V_1、VD_3 和 V_2、VD_4 总在 VD_2、VD_3 和 VD_1、VD_4 之前导通，导通时同样为 L 中储存的能量提供一个流通的通道，但此时电

容 C 被隔离，L 的能量只能消耗于负载，i_o 下降的幅度较小，变化较慢。

④ 如图 4-13 所示，V_3 的基极信号比 V_1 落后 θ（$0<\theta<180°$）。V_3、V_4 的栅极信号分别比 V_2、V_1 的前移 $180°-\theta$。输出电压是正负各为 θ 的脉冲。通过改变 θ 可调节输出电压。

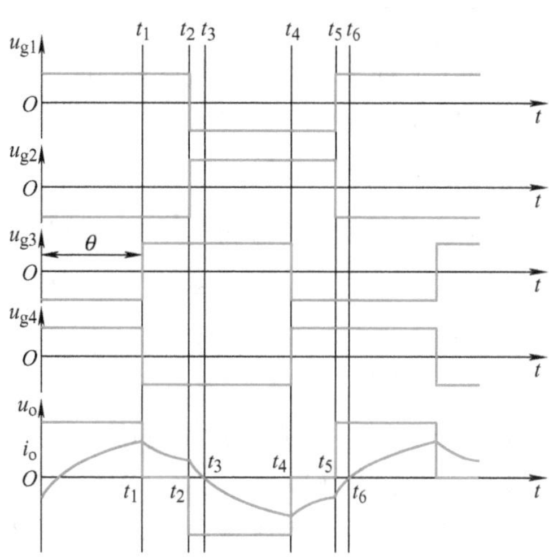

图 4-13 单相全桥电压型逆变电路的输出波形

2. 三相电压型逆变电路

三个单相电压型逆变电路可组合成一个三相电压型逆变电路，应用最广的是三相桥式电压型逆变电路。电路采用全控型器件作为开关器件，由 6 个桥臂组成，如图 4-14 所示。

三相桥式电压型逆变电路的基本工作方式是 180° 导电方式，这种导电方式具有以下特征：

1）同相上下两臂交替导电，每桥臂导电 180°；各相开始导电的角度差 120°。

2）任一瞬间有三个桥臂同时导通。

3）每次换相都是在同一相上下两臂之间进行，也称为纵向换相。

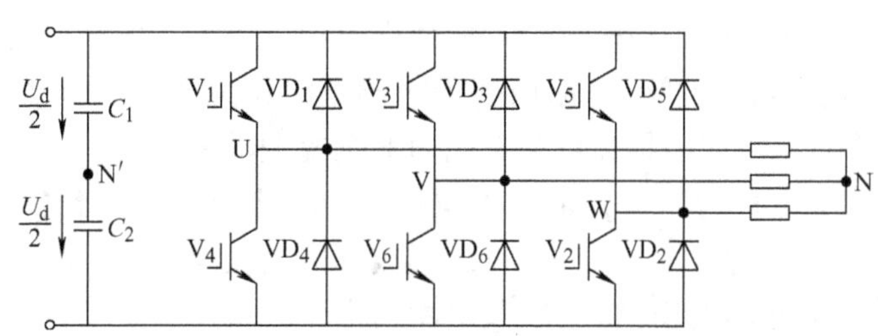

图 4-14 三相桥式电压型逆变电路的原理图

电路的输出波形如图 4-15 所示。由波形可知，负载各相到电源中性点 N′的电压：U 相，V_1 导通，$u_{UN'}=U_d/2$，V_4 导通，$u_{UN'}=-U_d/2$；V 相，V_3 导通，$u_{VN'}=U_d/2$，V_6 导通，$u_{VN'}=-U_d/2$。W 相，V_5 导通，$u_{WN'}=U_d/2$，V_2 导通，$u_{WN'}=-U_d/2$。

由分析可以推导出导通的组合顺序，依次为 V_5、V_6、V_1（$0\sim t_1$ 时间段），V_6、V_1、V_2（$t_1\sim t_2$ 时间段），V_1、V_2、V_3（$t_2\sim t_3$ 时间段），V_2、V_3、V_4（$t_3\sim t_4$ 时间段），V_3、V_4、V_5（$t_4\sim t_5$ 时间段），V_4、V_5、V_6（$t_5\sim t_6$ 时间段）。每种组合工作 60°，依此循环。6 个管子控制导通的顺序为 $V_1\sim V_6$，控制导通间隔为 60°。

负载线电压的波形 u_{UV}、u_{VW}、u_{WU} 可以由负载各相到电源中性点 N′的电压 $u_{UN'}$、$u_{VN'}$、$u_{WN'}$ 叠加得到：

$$u_{UV}=u_{UN'}-u_{VN'}$$

$$u_{VW}=u_{VN'}-u_{WN'}$$

$$u_{WU}=u_{WN'}-u_{UN'}$$

负载中性点 N 和电源中性点 N′间电压 $u_{NN'}$ 可以表示为

$$u_{NN'}=\frac{1}{3}(u_{UN'}+u_{VN'}+u_{WN'})-\frac{1}{3}(u_{UN}+u_{VN}+u_{WN})$$

若三相对称，则有

$$u_{UN}+u_{VN}+u_{WN}=0$$

于是 $u_{NN'}=\frac{1}{3}(u_{UN'}+u_{VN'}+u_{WN'})$

负载相电压 u_{UN}、u_{VN}、u_{WN} 可以由负载各相到电源中性点 N′的电压 $u_{UN'}$、$u_{VN'}$、$u_{WN'}$ 和负载中性点到电源中性点间电压 $u_{NN'}$ 得到：

$$u_{UN}=u_{UN'}-u_{NN'}$$

$$u_{VN}=u_{VN'}-u_{NN'}$$

$$u_{WN}=u_{WN'}-u_{NN'}$$

负载已知时，可由负载相电压 u_{UN}、u_{VN}、u_{WN} 波形求出相电流波形 i_U、i_V、i_W 波形。也就是说，输出电压为矩形波，输出电流因负载阻抗不同而不同。

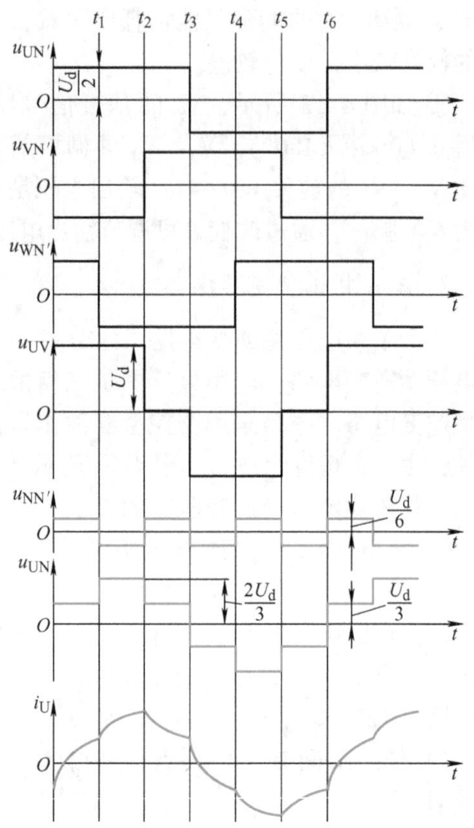

图 4-15　三相电压型逆变电路的输出波形

3. 电流型逆变电路

直流侧电源是电流源的逆变电路称为电流型逆变电路。逆变电路由若干个导电臂组成，每个导电臂均由具有自关断能力的全控型器件或串联二极管组成，也属于全控型逆变电路。负载并入大电容，与感性负载形成并联谐振电路。在逆变电路之前串联大电感，由于大电感的作用，逆变输入电流基本无脉动且平滑连续，因此直流电源具有电流源性质。

（1）基本工作原理

以单相电流型逆变电路为例，其原理图如图 4-16 所示。

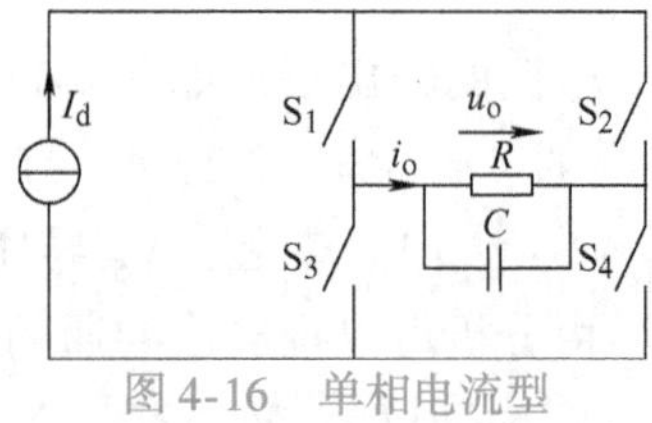

图 4-16　单相电流型逆变电路的原理图

1）当开关 S_1、S_4 闭合，S_2、S_3 断开时，电源电流 I_d 通过 S_1、S_4 加在负载上，电流 i_o 方向由左向右，等效电路如图 4-17a 所示。

2）当开关 S_1、S_4 断开，S_2、S_3 闭合时，电源电流 I_d 通过 S_2、S_3 加在负载上，电流 i_o 方向由右向左，等效电路如图 4-17b 所示。

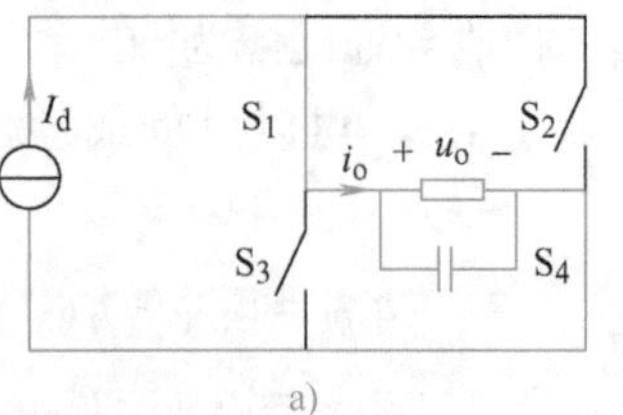

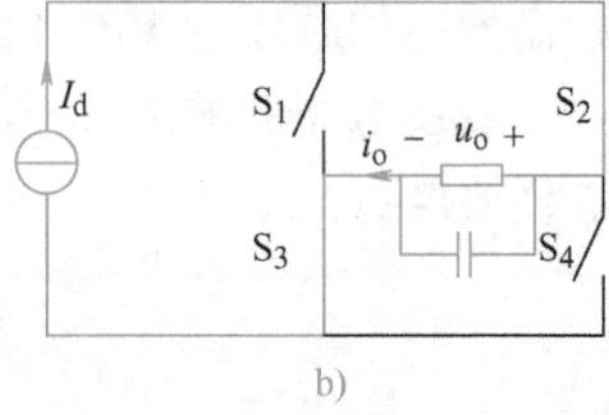

图 4-17　单相电流型逆变电路的等效电路

改变两组开关的切换频率，即可改变输出交流电流的频率。当负载为电阻时，输出电流 i_o 和输出电压 u_o 的波形形状相同，相位也相同。当负载为感性时，在交流输出端需要并联电容 C，吸收负载电感的储能。图 4-18 给出了电阻性负载时的输出电流波形。

电流型逆变电路输出电流波形为矩形波，与电路负载性质无关；输出电压波形由负载性质决定。主电路开关管采用自关断器件时，如果其反向不能承受高电压，则需在各开关器件支路串入二极管。

（2）单相并联谐振式电流型逆变电路

单相并联谐振式电流型逆变电路如图 4-19 所示，电路由四个桥臂构成，每个桥臂的晶闸管各串联一个电抗器，用来限制晶闸管开通时的 di/dt。感性负载与电容 C 构成并联谐振电路。

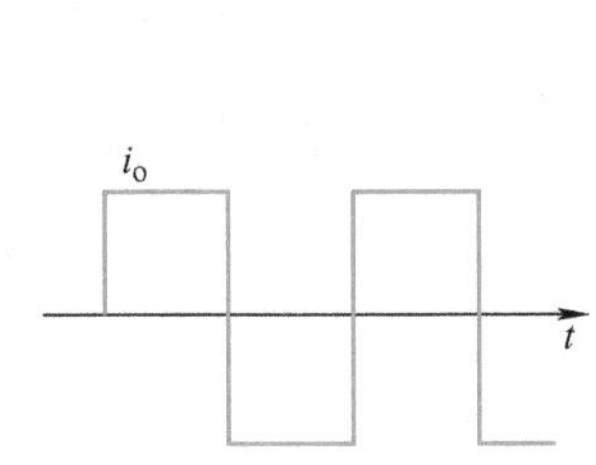

图 4-18　单相电流型逆变电路的输出电流波形

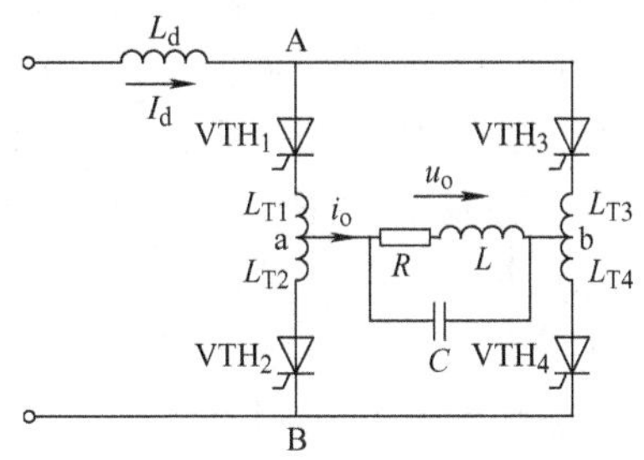

图 4-19　单相并联谐振式电流型逆变电路

电路的基本工作原理是：

1）$t_1 \sim t_2$ 时间段，属于 VTH_1 和 VTH_4 稳定导通阶段，电感 L_d 上流过的电流通过导通的 VTH_1 和 VTH_4 加在负载上，$i_o = I_d$，t_2 时刻前在 C 上建立了左正右负的电压 u_o。电流回路如图 4-20a 所示。

2）$t_2 \sim t_4$ 时间段，在 t_2 时刻触发 VTH_2 和 VTH_3 使其导通，进入换相阶段。L_{T1}、L_{T4} 使 VTH_1、VTH_4 不能立刻关断，电流有一个减小过程。VTH_2、VTH_3 电流有一个增大过程。此时 4 个晶闸管全部导通，负载电容电压经两个并联的放电回路同时放电。电流回路为 L_{T1}—

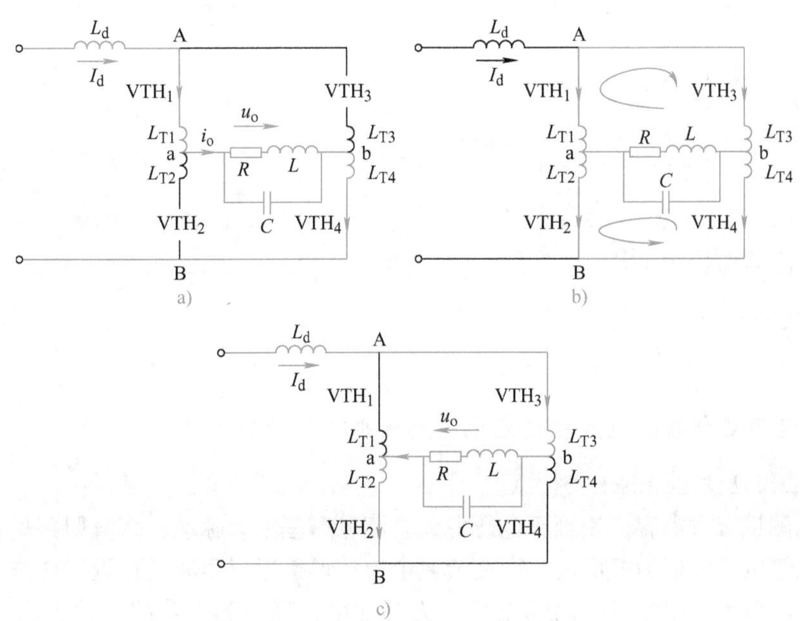

图 4-20　单相并联谐振式电流型逆变电路的等效电路

VTH_1—VTH_3—L_{T3}—C 和 L_{T2}—VTH_2—VTH_4—L_{T4}—C。电流回路如图 4-20b 所示。在 t_3 时刻，$i_{VTH1}=i_{VTH2}$，i_o 过零，t_3 时刻大体位于 t_2 和 t_4 的中点。在 t_4 时刻时，VTH_1、VTH_4 电流减至零而关断，换相阶段结束。$t_4-t_2=t_r$ 称为换相时间。

3）$t_4\sim t_5$ 时间段，属于 VTH_2 和 VTH_3 稳定导通阶段，电感 L_d 上流过的电流通过导通的 VTH_2 和 VTH_3 反向加在负载上，$i_o=-I_d$，t_5 时刻前在 C 上建立了左负右正的电压 u_o。电流回路如图 4-20c 所示。

4）在 t_5 时刻触发 VTH_1 和 VTH_4 使它们开通，再一次进入换相阶段。此阶段 VTH_2、VTH_3 不能立刻关断，电流有一个减小过程，VTH_1、VTH_4 电流有一个增大过程。直至换相结束，到达 VTH_1 和 VTH_4 稳定导通阶段为止，电路回到 t_2 之前的状态。电路通路如图 4-20a 所示。

电路输出波形如图 4-21 所示。

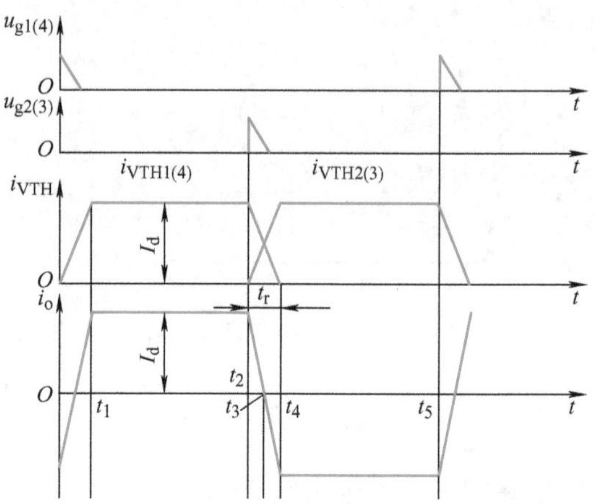

图 4-21　单相并联谐振式电流型逆变电路的输出波形

（3）三相电流型逆变电路

三相电流型逆变电路如图 4-22 所示。基本工作方式是 120°导电方式，每个臂一周期内导电 120°，每个时刻上下桥臂组各有一个臂导通，换流方式为横向换相。输出电流波形和负载性质无关，是正负脉冲各 120°的矩形波，如图 4-23 所示。输出电流波形和三相桥式整流电路带大电感负载时的交流电流波形相同，谐波分析表达式也相同。输出线电压波形和负载性质有关，大体为正弦波。

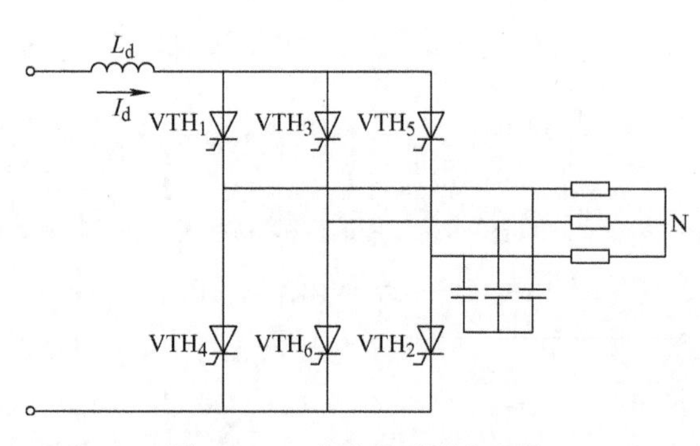

图 4-22　三相电流型逆变电路

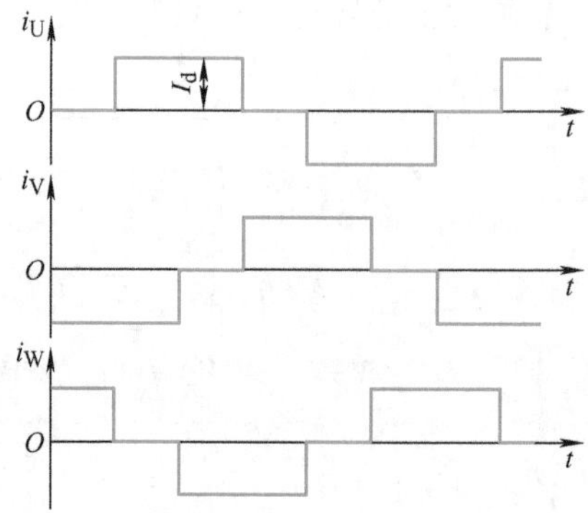

图 4-23　三相电流型逆变电路的输出电流波形

4. 电压型逆变电路与电流型逆变电路的区别

（1）电压型逆变电路的主要特点

1）直流侧接有大电容，相当于电压源，直流电压基本无脉动，直流回路呈现低阻抗。

2）交流侧电压波形为矩形波，而交流侧电流波形接近三角波或接近正弦波。

3）当交流侧为阻感性负载时需要提供无功功率，直流侧电容起缓冲无功能量的作用。为了给交流侧向直流侧反馈能量提供通道，各臂都并联反馈二极管。

4）逆变电路从直流侧向交流侧传送的功率是脉动的。因直流电压无脉动，故传输功率的脉动是由直流电流的脉动来体现的。

5）当用于交–直–交变频器中且负载为电动机时，若电动机工作于再生制动状态，就必须向直流电源反馈能量。

（2）电流型逆变电路的主要特点

1）逆变电路中的开关器件主要起改变直流电流流通路径的作用，故交流侧电流为矩形波，与负载性质无关，而交流侧电压波形及相位因负载阻抗角不同而异，电感负载时其波形接近正弦波。

2）直流侧电感起缓冲无功能量的作用，因电流不能突变，故开关器件不必反并联二极管。

3）逆变电路从直流侧向交流侧传送的功率是脉动的，因直流电流无脉动，故传输功率的脉动是由直流电压的脉动体现的。

（3）电压型逆变器和电流型逆变器的比较

1）电压型逆变器采用大电容做储能元件，适用于稳频稳压电源、不可逆电力拖动系统和对快速性要求不高的场合；电流型逆变器采用大电感做储能元件，直流电流基本无脉动，可用于频繁加减速、正反转的电力拖动系统。

2）电流型逆变器用大电感储能，过电流保护容易；电压型逆变器输出电压稳定，过电流保护困难。

3）电流型逆变器依靠电容和负载电感的谐振来实现换相，负载构成换相回路的一部分，不接负载时系统不能运行。

4）电压型逆变器必须设置反馈二极管给负载提供感性无功电流通路，主电路复杂。电流型逆变器无功功率由滤波电感储存，无需二极管续流，主电路结构简单。

5. 离网逆变器与并网逆变器的应用

（1）离网逆变器与并网逆变器的区别

风力发电系统所使用的逆变器最主要的功能是把整流器所转换的直流电变换成户用交流电，直流电要通过逆变器的处理才能对外输出。按照输出交流电能的用途可将逆变器分为并网逆变器和离网逆变器两种。

离网逆变器离开电网照样工作，并不往电网输送能量，也就是相当于建立起一个独立的小电网，等同于一个电压源。离网逆变器一般都需要接蓄电池，因为风力发电不稳定导致负载也不稳定，需要蓄电池来平衡能量。当风力发电大于负载时，多余的能量给蓄电池充电；当风力发电小于负载时，不足的能量由蓄电池提供。离网逆变器一般采用电压型控制模式，可以带阻容性负载及电动机等感性负载，抗干扰能力强，适应性及实用性强。

并网逆变器则一定要连电网，断开电网不能工作，一般采用电流型控制模式，适用于电力系统、通信系统、铁路系统、航运、医院、商场、学校等领域，可以接入市电对蓄电池补充充电。用户供电选择时可以设置成风光电优先市电后备或者市电优先风光电后备。

（2）离网逆变器的选择及应用

离网逆变器一般采用正弦波逆变器。正弦波逆变器输出的交流电压波形为正弦波，输出波形好，失真度低，对通信设备无干扰，噪声也很低。此外，保护功能齐全，对电感性和电容性负载适应性强。缺点是电路复杂、维修技术要求高、价格较贵。早期的正弦波逆变器多采用分立电子元器件或小规模集成电路组成模拟式波形产生电路，采用模拟 50Hz 正弦波为调制波，几 kHz ~ 几十 kHz 的三角波为载波，产生 SPWM 高频脉冲波形，经功率转换电路、升压变压器和 *LC* 正弦化滤波器得到 220V/50Hz 单相正弦交流电压输出。但是这种模拟式正弦波逆变器电路结构复杂、电子元器件数量多、整机工作可靠性低。随着大规模集成微电子技术的发展，专用 SPWM 波形产生芯片（如 HEF4752、SA838 等）和智能 CPU 芯片（如 INTEL 8051、PIC16C73、INTEL80C196 MC 等）逐渐取代小规模分立元器件电路，组成数字式 SPWM 波形逆变器。这使正弦波逆变器的技术性能和工作可靠性得到很大提高，已成为当前中、大型正弦波逆变器的优选方案。

（3）并网逆变器的技术要求

相比离网逆变器，并网逆变器的功能更加强大，所以有更多更完善的技术要求：

1）直接连接风力发电整流器，不需要连接蓄电池。利用最大功率点追踪（MPPT）和功率自动锁定（APL）技术，可自动把风力输出的功率调整到最大输出。只需将整流器输出直接连接到并网逆变器上，无需再连接蓄电池。

2）交流电 0 角相高精度自动检测。交流电的 0 角相经隔离放大后输入到 MCU 微进行高精度检测分析，实现高精度同相调制交流电并合输出功能。

3）同步高频调制。在并网过程中，通常采用同角相并网，即两交流电的相位差等于 0 时，用开关将两交流电并合。可选择先将交流电整流为 100Hz 的半周波交流电，再将产生的高频电流在电路中与 100Hz 的半周波交流电产生并合，实现高频调制。

4）输出正弦波。采用 SPWM 输出纯正正弦波。

5）最大功率点追踪（MPPT）。通过高精度的 MPPT 运算功率，自动而即时地把风能的输出功率调整在最大输出点上，从而实现稳定输出的目的。

6）功率自动锁定（APL）。在不同的电流波动下，当 MPPT 功能调整到最大功率点时，逆变器需利用 APL 功能自动把功率锁定在最大的功率点上，使输出的功率更为稳定。

1. 认识风力发电实验实训平台

在任务实施之前，先对所使用的风力发电实验实训平台进行简单介绍。本项目实施的任务均基于杭州力控科技有限公司生产的 HKFL－1A 型风力发电实验实训平台，平台主要由风力发电装置、控制装置（含控制器、逆变器）、仪表与负载单元、监控系统等组成。设备配置见表 4-1。

表 4-1 HKFL－1A 型风力发电实验实训平台设备配置

序号	名称	配置
1	实验台	用于安装电源控制屏并提供一个宽敞舒适的工作台面
2	电源控制屏	提供单相 220V 交流电源和 380V 交流电源、1 路 0 ~ 30V 直流稳压电源（5A）、铅酸蓄电池（蓄电池组选用 2 节阀控密封式铅酸蓄电池，主要参数：容量 12V、7Ah）、900Ω × 2/0.41A 的双层瓷盘可调电阻、光源控制模块（控制早、中、晚的光源）

（续）

序号	名称	配　　置
3	控制器	功率为300W，采用MCU控制，实现充放电的智能化控制；采用低损耗、长寿命的MOSFET作为控制器的主要开关器件；具有运行状态、故障指示灯指示；具有多种控制模式：光控开光控关模式/光控开时控关模式/无光控时控的自动模式
4	并网逆变器	GTI系列并网逆变器，功率为300W，直流输入电压为10.5～28V，带反极性保护，交流输出电压为180～260V，频率为45～53Hz
5	离网逆变器	功率为300W，直流输入电压为10～15V，带过电压、过热、过载保护，交流输出电压为AC 220V，频率为50Hz/60Hz
6	仪表	含直流仪表（电压表、电流表）、交流仪表模块（电压表、电流表、功率表三合一），具有通信接口
7	负载	直流负载（12V/2W节能灯，12V/3W警示灯），交流负载（220V/15W白炽灯，220V/10W风机），双层900Ω/150W电阻
8	接线端子	魏德米勒2.5
9	触摸屏	昆仑通态TPC7062KX
10	风力发电机	额定电压为12V，最大功率为300W，起动风速为1m/s，有效发电风级为3级风以上，发电机工作形式为永磁发电机模式，输出端接有整流器
11	风速仪	测量范围为0～30m/s，RS-485通信
12	风向仪	测量角度0°～360°，RS-485通信
13	风场系统	模拟风源的鼓风机可以在电动机拖动下绕风力发电机做圆弧运动，运动角度为180°±5°，鼓风机功率为3kW，系统安装地圈
14	变频器	西门子M420，3kW
15	可编程序控制器	CPU 200 Smart sr40

2. 离网逆变器逆变状态测试

本任务所采用的离网逆变器为正弦波离网逆变器，接线端子如图4-24所示。

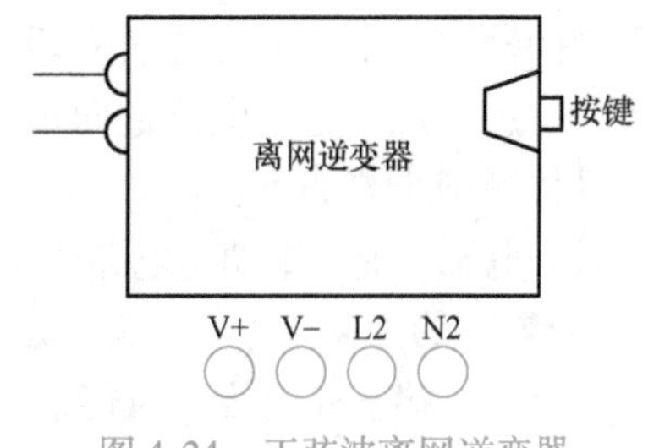

图4-24　正弦波离网逆变器

具体测试步骤如下：

首先打开电源，此时电源主电路输出交流220V电压，直流仪表处于待用阶段。将实训平台上的“风能装置”的“+”“-”端子分别接到直流电压表1“U+”“U-”端子，将直流电流表1“I+”“I-”端子分别接到“风能装置”的“+”端子和风能控制器。

再按照图4-25连接离网逆变器测试电路，直流电压表2采用智能数字直流电压表，直流电流表2采用智能数字直流电流表，交流表为多功能面板交流仪表，交流负载为风扇。

按下变频器的操作面板上的启动按键，调节变频器的输出功率，以此增大鼓风机转速，使风能强度指示灯亮度为“强”。再按下离网逆变器开机按键，使其运行工作，此时，风扇

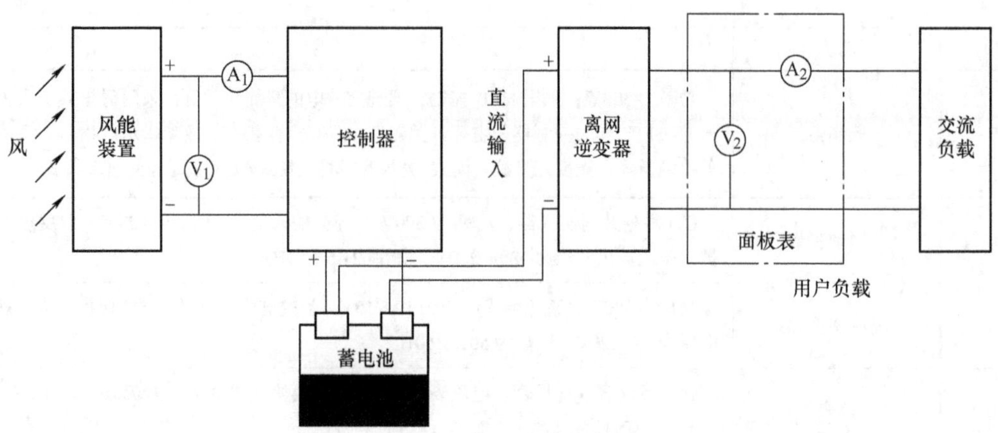

图 4-25 离网逆变器测试的接线图

运行，仪表均通电工作，显示电压和电流值，调节鼓风机的拖动电动机绕风力发电机做圆弧运行，模拟风向改变，将测试数据记录于表 4-2 中。

表 4-2 离网逆变器逆变状态测试数据

编号	直流电压/V	直流电流/mA	交流电压/V	交流电流/mA
1				
2				
3				
4				

测试结束后，按下逆变器的关机按键，切断风源电源，关闭仪表电源，最后关断实验台总电源。拆除连接线。

3. 并网逆变器逆变状态测试

并网逆变器选择工频并网逆变器，内置最大功率点追踪功能，可根据风力强度的变化控制不同的输出功率。电力传输采用逆向交流电力传输技术，同时逆变器输出的电能可优先提供负载使用，用不完的电能逆向传输给电网，电力传输率可达 99% 以上。

具体测试步骤如下：

打开电源，此时电源主电路输出交流 220V 电压，直流仪表处于待用状态。将实训台上的“风能装置”的“+”“-”端子分别接到直流电压表 1“U+”“U-”端子，将直流电流表 1“I+”“I-”端子分别接“风能装置”的“+”端子和风能控制器上。启动变频器，调节其输出频率，使风能强度指示灯亮度为“强”。

按照图 4-26 连接并网逆变器测试电路，交流表为多功能面板功率表，交流负载为风扇。将稳压电源调到 15V，

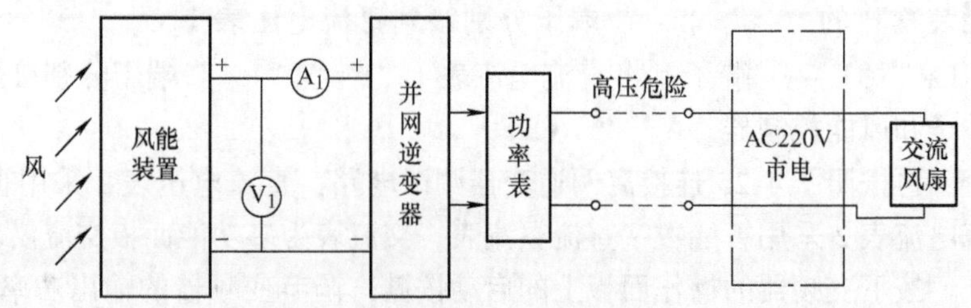

图 4-26 并网逆变器测试的接线图

按下并网逆变器的开机按钮，观察并网逆变器“FAULT”红色指示灯是否亮，灯亮时，闭合继电器开关，如图中虚线所示，使并网逆变器输出与市电对接。

模拟风向改变，记录直流电压、直流电流、交流电压、交流电流于表4-3中。

表4-3　并网逆变器逆变状态测试数据

编号	直流电压/V	直流电流/mA	交流电压/V	交流电流/mA
1				
2				
3				
4				

任务4.3　蓄电池、风能控制器及直流负载测试

学习目标

1）了解蓄电池的选型、风能控制器的充放电保护特性。

2）了解风力发电系统带直流负载的测试过程。

知识引入

1. 蓄电池的选型

（1）蓄电池的主要性能参数

为风力发电系统选择合适的蓄电池需要参考以下主要参数指标：

1）蓄电池的电动势。即输出能量多少的量度。在相同的条件下，电动势高的蓄电池，输出的能量大。

2）蓄电池的开路电压与工作电压。开路状态下的端电压称为开路电压。工作电压是蓄电池连接负载后在放电过程中所显示的电压，也称为负载电压或放电电压。由于蓄电池存在内阻，蓄电池连接负载后的工作电压往往低于开路电压。蓄电池连接负载时处于放电过程，放电电压在放电过程中表现出来的平稳性表征了蓄电池工作电压的精度。

3）蓄电池的容量。一定放电条件下所能给出的电量称为蓄电池的容量，常用单位是安·时（A·h），根据不同的计量条件，蓄电池的容量又分为理论容量、额定容量、实际容量和标称容量。

4）蓄电池的内阻。蓄电池放电时，电流回路通过蓄电池内部要受到活性物质、电解质、隔膜、电极接头等多种阻力，使得蓄电池的电压降低，这些阻力总和称为蓄电池的内阻。蓄电池内阻不是常数，在放电过程中随时间不断变化。一般讲，大容量蓄电池内阻小，低倍率放电时蓄电池内阻较小，高倍率放电时蓄电池内阻增大。

5）蓄电池的能量。蓄电池的能量是指蓄电池在一定的放电条件下，蓄电池所能给出的电能，通常用瓦·时（W·h）表示。

6）蓄电池的输出功率。蓄电池连接外电路时，电池两端电压与输出电流的乘积，即为蓄电池的输出功率。蓄电池在工作过程中，由于内阻的存在有一定的能量消耗，内阻使充电电压增加，放电电压降低，内阻消耗的能量以热的形式释放，导致蓄电池输出功率下降。

（2）蓄电池的基本特性

1）蓄电池的使用寿命。蓄电池的使用寿命包括使用期限和使用周期。使用期限指包含存放时间在内蓄电池可供使用的时间；使用周期指蓄电池可以重复使用的次数。蓄电池每经受一次全充电和全放电的过程称为一个周期或一个循环。

2）蓄电池的自放电。蓄电池的自放电是指蓄电池在存储期间容量逐渐减少的现象。

3）蓄电池的运行方式。同型号的蓄电池可以串联、并联或串并联使用。蓄电池有三种运行方式：循环充放电、连续浮充和定期浮充。连续浮充也称为全浮充，比其他方式更为合理。正常情况下，直流电加在蓄电池电极两端，当蓄电池电压低于该直流电压时，蓄电池被充电；直流电压低于蓄电池电压或为0时，启用蓄电池对负载供电。

4）蓄电池的充电方式。蓄电池的充电方式可以分为恒流充电、恒压充电、恒压限流和快速充电。恒流充电是以恒定不变的电流进行充电；恒压充电是对单体蓄电池以恒定电压充电；恒压限流是在充电器与蓄电池之间串联一个电阻；快速充电是使电流以脉冲形式输出给蓄电池。

5）蓄电池的充电控制方法。蓄电池的充电过程一般分为主充、均充和浮充。主充一般是快速充电，脉冲式充电是常见的主充模式，以慢充作为主充模式是恒流充电。蓄电池组深度放电或长期浮充后，串联中的单体蓄电池的电压和容量出现不平衡现象，为了消除这种不平衡现象而进行的充电称为均衡充电，简称均充。为了保护蓄电池不过充，在蓄电池充电至80% ~90%容量后，一般转为浮充（恒压充电）模式。

（3）蓄电池的选择原则

一般来说，新能源供电系统受外界自然条件影响很大，输出功率极不稳定。因此，这些能量不能直接连续地利用，必须配备储能装置，最常用的是蓄电池。根据此种供电系统的特点，所选用的蓄电池应是循环充放电运行方式，并尽量满足如下要求：

1）在无风可利用时，蓄电池要能单独向负载供电，并能维持较长的供电时间；在有风能可利用时，希望蓄电池容量能尽快得到恢复。所以，要求风力发电系统中的电池必须具有较强的耐过充电和深放电能力。

2）蓄电池容量要想在较短时间内得到恢复，充电电流必然较大，随着氧化还原反应的进行，活性物质得到恢复，同时也放出热量，由此可见，蓄电池散热性能越好，极化电位越低，越有利于充电。所以，要求风力发电系统中的蓄电池应能适合于大电流充电或快速充电，即蓄电池充电接收能力较强，电能/化学能转换效率高。

3）采用风力发电系统供电的风力发电站，蓄电池的储备容量一般按年平均最长连续无风能可用的天数来配置，容量较大。所以，希望蓄电池自放电率要小。

4）蓄电池进行补充充电的目的是使活性物质充分得到恢复，所需时间较长。而采用风力发电系统供电的风力发电站，一般没有市电或市电不可靠，又不配置固定的柴油发电机组，即不具备对蓄电池进行补充充电条件。一般的解决方法是额外配备一些用以补充充电的电池。

5）一般来说，无人值守通信站没有完善的通风、空调和采暖设施，一年四季站内温差较大。所以，希望用于风力发电系统中的蓄电池，对使用环境有较宽松的要求。

6）为了尽量延长蓄电池更换周期，希望其使用寿命比较长。

2. 风能控制器的充放电保护特性

风能控制器的充放电保护特性取决于风力发电系统选用的蓄电池的充放电特性。

蓄电池充放电原理如图 4-27 所示。充电过程中，蓄电池电压比较低时，使用大电流充电，充电回路功率开关器件处于全通状态，使蓄电池电压尽快恢复；当蓄电池电量达到一定程度后，限制充电电流大小，同时以一恒定的电压为蓄电池充电，这时，充电电流会随着蓄电池电量的增加、电压的升高而减小；当蓄电池电压达到充电保护点后，风能控制器将关断 VT_1，停止充电，以确保蓄电池不会电压过高，因为如果蓄电池充电过满，电压过高，则会出现大量气体析出，损害蓄电池的性能，缩短蓄电池的寿命。

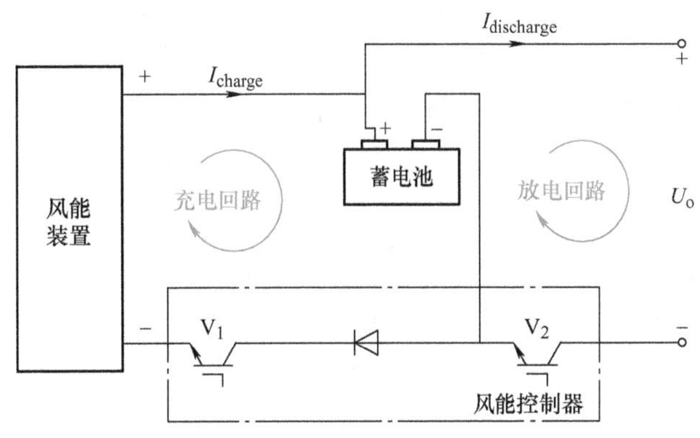

图 4-27　蓄电池充放电原理

蓄电池的放电特性将会严重影响蓄电池的充电特性。蓄电池放电深度越深，放出电量越多，可接受的充电电流越小，充电速度也就越慢；蓄电池放电电流越大，再充电时可接受的充电电流也就越大，有利于提高充电速度，但是蓄电池充电电流流经内阻时，会产生大量热量，导致蓄电池温度上升，所以又必须限制充电电流。

放电过程中，当蓄电池出现欠电压时，为防止其放电过深，风能控制器确认欠电压发生后，将关断放电回路开关管 VT_2；当蓄电池电压因充电恢复到欠电压恢复点以上后，风能控制器将自动导通 VT_2 接通负载，恢复输出供电。

当输出电路出现过载、过电流、电流异常时，为保护蓄电池，将在满足过载能力要求的前提下，关断开关管 VT_2，断开放电回路，实现对蓄电池、控制器和负载的保护；如果出现短路情况，风能控制器将立即关断放电回路。

任务实施

1. 蓄电池的充电特性和放电保护测试

按图 4-28 接线。

（1）蓄电池的充电特性检测

关闭风源，整流器输出电压低于蓄电池电压，无法给蓄电池充电。将万用表拨至电压档，检测风能控制器的风能接口的电压值，其电压值为 0V 左右，该值表示不充电。

打开风源，调高风速，使整流器输出电压达到 36V 左右，蓄电池的电压低于 26.4V。将万用表拨至电压档，检测风能控制器的风能接口的电压值，其电压值为 36V 左右，该值表

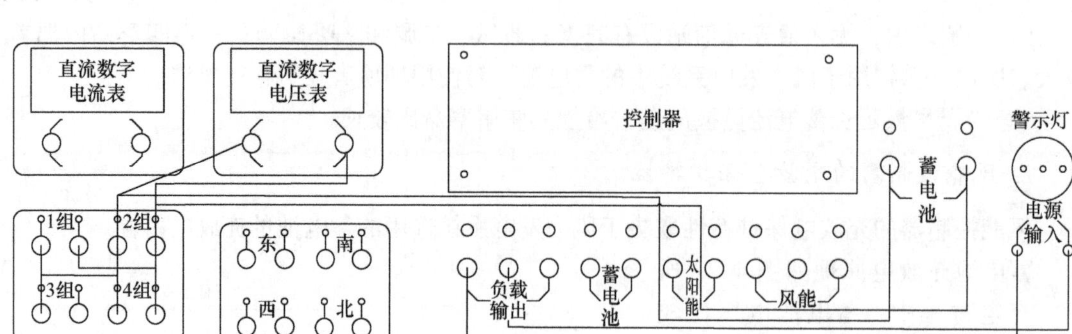

图 4-28　蓄电池的充电特性和放电保护测试的接线图

示充电。

（2）蓄电池的放电保护特性检测

在测试过程中，蓄电池电压放电的变化比较缓慢，不一定能达到蓄电池过放保护的条件。为了了解蓄电池放电保护的过程，可以将控制器的过放保护电压参数设置得略高于蓄电池。

将风能装置的接口单元与控制器接口相连，将控制器与蓄电池接口相连，注意不要让引线短路，避免损坏蓄电池。控制器的负载输出接直流负载（警示灯），灯亮。使用万用表测量蓄电池两端电压，检查蓄电池电压是否为 24V 左右。将控制器的放电保护电压参数设置为 24.6V，再将蓄电池与负载单元断开，从而模拟过放保护的效果。最后将控制器的过放保护电压参数设置成原设置电压，蓄电池恢复对负载的供电。

（3）注意事项

1）在测试过程中，由于蓄电池短时间内能量消耗不明显，充电过程的变化也不明显。为了了解蓄电池的充电过程，本任务采用了模拟充电过程。

2）在测试过程中，蓄电池电压放电的变化比较缓慢，不一定能达到蓄电池过放保护的条件。为了了解蓄电池过放保护的过程，可以用可调直流电源来模拟蓄电池的电压变化，观察蓄电池的放电保护过程。

2. 风能控制器充放电特性测试

打开电源，此时电源主电路输出交流 220V，直流仪表亮。将实训台上的“风能装置”的“+”“-”接直流电压表“U+”“U-”。启动变频器，调节其输出频率，以调大鼓风机转速，蓄电池充电。

充电特性实验完成后，用可调稳压电源模拟蓄电池，将其输出调至 13.6V，按图 4-29 接线，进行控制器放电特性实验。

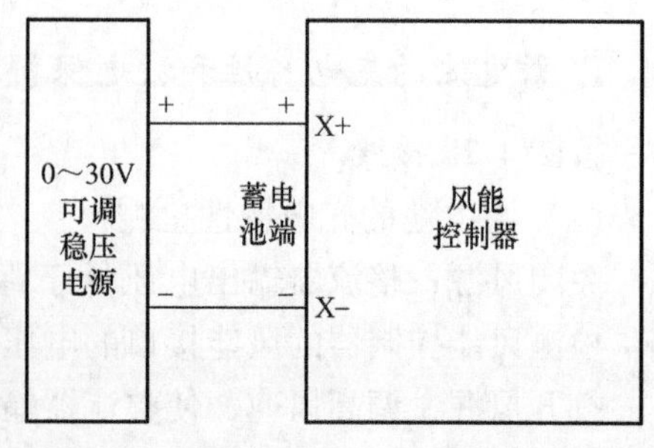

图 4-29　风能控制器过放保护测试电路

电路连接后，“控制器”的蓄电池指示灯为绿灯。调节可调稳压电源的电位器，当电源输出电压逐渐减小到 12V 时，“控制器”蓄电池指示灯为橙灯，此时蓄电池处于欠电压方式。继续将电源逐渐减小到 11V，此时蓄电池处于过放方式，控制器的

负载输出端应关闭，从而保护蓄电池过放电，以免损坏蓄电池。

实验结束后，切断模拟风源电源，关闭仪表电源，最后关断实验台总电源，拆除实验连接线。

3. 直流负载测试

风力发电机接收风能并转换为电能输出，经过整流，再经过风能控制器，储存在蓄电池中。当风速逐渐降低至一定值时，风力发电机开路电压上升到一定值，风能控制器检测到这一电压值后动作，蓄电池对负载放电。蓄电池放电一定时间后，风能控制器动作，蓄电池对负载放电结束。

测试步骤如下：

1）打开电源，此时电源主电路输出交流 220V 电源，直流仪表处于待用状态。将实训台上的“风能装置”的“+”“-”端子分别接直流电压表“U+”“U-”端子，直流电流表“I+”“I-”端子分别接“风能装置”的“+”端子和风能控制器。启动变频器，调节输出频率，以增大鼓风机转速。

2）实验电路连接好后，可以观察到风能控制器面板上的整流器充电指示灯与蓄电池状态指示灯亮，若不亮，则检查电路接线。电路正常工作后，按下风能控制器面板上的轻触式调节按钮，进入 DC 输出模式，直流负载灯亮。

3）调节变频器频率，降低鼓风机转速，观察直流电压表和直流电流表的显示值，观察电压降低到何值时直流负载灯亮。再将“风源控制”的变频器顺时针缓慢调节，观察直流电压表和直流电流表的显示值，观察电压升高到何值时直流负载灯熄灭。

4）实验结束后关断实验台总电源，拆除实验连接线。

任务 4.4　风力发电机组偏航及可变风向和可变风量控制测试

了解偏航控制系统与侧风偏航控制系统的基本功能和工作原理。

1. 偏航控制系统

偏航控制系统一般分为两类：被动迎风偏航系统和主动迎风偏航系统，被动迎风偏航系统多用于小型风力发电机组，当风向改变时，风力发电机通过尾舵进行被动对风。主动迎风偏航系统多用于大型风力发电机组，根据风向标发出的风向信号进行主动对风控制。由于风向经常变化，被动迎风偏航系统和主动迎风偏航系统都是通过不断转动风力发电机组的机舱，让风力机叶片始终正面受风，增大风能的捕获率。

自然界风速的大小和方向在不断变化，因此风力发电机组必须采取措施适应这些变化。小型风力发电机组多采用尾舵达到对风向识别的目的。尾舵的作用是使风轮能随风向的变化而进行相应的转动，以保持风轮始终和风向垂直。尾舵调向结构简单，调向可靠，至今还广泛应用于小型风力发电机组的调向。尾舵由尾舵梁固定，尾舵梁另一端固定在机舱上，尾舵板一直顺着风向，所以使风轮也对准风向。风力发电机组的尾舵如图 4-30 所示。

2. 侧风偏航控制系统

风力发电机组叶片在气流作用下产生力矩驱动风轮转动，通过轮毂将力矩输入到传动系统。当风速超过额定风速时，发电机可能因超负荷而烧毁。对于定桨距风轮，当风速超过额定风速时，如果气流与叶片分离，叶片将处于“失速”状态，输出功率降低，但发电机不会因超负荷而烧毁。对于变桨距风轮，可根据风速的变化调整气流对叶片的攻角，当风速超过额定风速后，输出功率可稳定地保持在额定功率上。特别是在大风情况下，风力机处于顺桨状态，使叶片和整机的受力状况大为改善。

小型风力发电机组多采用定桨距风轮，本任务的风力发电系统安装了侧风偏航控制机构，如图 4-31 所示。当测速仪检测到风场的风量超过安全值时，侧风偏航控制机构动作，使尾舵侧风，叶片将处于“失速”状态，风轮转速变慢，确保风力发电机组输出稳定的功率。当风场的风量过大时，尾舵侧风 90°，风轮转速极低，风力发电机组处于制动状态，以保证发电机安全运行。

图 4-30　风力发电机组的尾舵

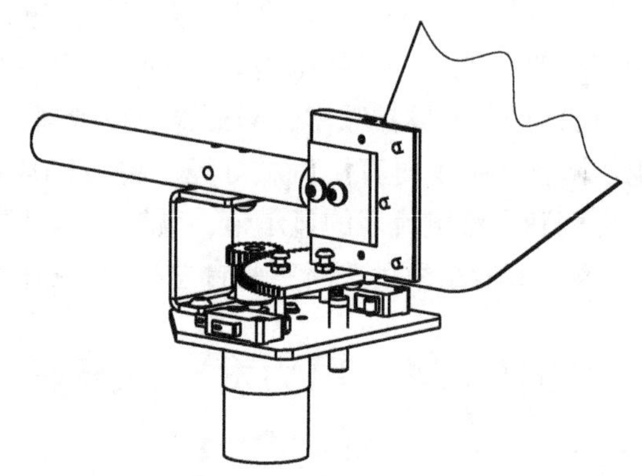

图 4-31　侧风偏航控制机构

3. 风力发电控制系统

风力发电机组的控制系统由各种传感器、控制器以及各种执行机构等组成。传感器包括风速传感器、风向传感器、转速传感器、位置传感器、各种电量变送器、温度传感器、振动传感器、限位开关、压力传感器等。这些传感器信号将传送至控制器进行运算处理。

主控制器一般以 PLC 为核心，包括其硬件系统和软件系统。上述传感器信号表征了风力发电机组目前的运行状态。当机组的运行状态与设定状态不一致时，经过 PLC 的适当运算和处理后，由控制器发出控制指令，将系统调整到设定运行状态，从而完成各种控制功能。这些控制功能主要有机组的起动和停机、变速恒频控制、变桨距控制、偏航控制等。执行机构可以采用电动执行机构，也可采用液压执行。

可变风量通过变频器控制轴流风机实现。手动操作变频器操作面板上的有关按键，使变频器的输出频率在 0～20Hz 之间变化，轴流风机转速随之在零至额定转速范围内变化，实现可变风量输出。

任务实施

1. 可变风向和可变风量控制测试

风力供电控制单元的选择开关有两个状态：选择开关拨向左边时，PLC 处于手动控制状态，可以进行可变风向操作；选择开关拨向右边时，PLC 处于自动控制状态，按下启动按钮，PLC 执行可变风向自动控制程序。

PLC 处于手动控制状态时，按下顺时按钮，PLC 的 Q0.1 输出 +24V 电平，顺时按钮的指示灯亮；PLC 的 Q0.3 输出 +24V 电平，继电器 KA1 线圈通电，继电器的常开触点闭合，AC 220V 电源通过继电器 KA1 提供给风向控制单相交流电动机工作，风向控制单相交流电动机驱动风场运动机构进行顺时针圆周运动。

如果按下逆时按钮，PLC 的 Q0.2 输出 +24V 电平，逆时按钮的指示灯亮；PLC 的 Q0.4 输出 +24V 电平，继电器 KA2 线圈通电，继电器的常开触点闭合，AC 220V 电源通过继电器 KA2 提供给风向控制单相交流电动机工作，风向控制单相交流电动机驱动风场运动机构进行逆时针圆周运动。顺时按钮和逆时按钮在程序上互锁。

在手动控制状态下，按下侧风偏航按钮，PLC 的 Q0.5 输出 +24V 电平，继电器 KA1 线圈通电，继电器的常开触点闭合，DC 12V 电源通过继电器 KA3 提供给侧风偏航直流电动机工作，侧风偏航直流电动机驱动齿轮传动，带动风力发电机的尾翼偏离初始位置（偏航位置）做偏转运动，当偏转到 45°或 90°时（由程序决定）侧风偏航直流电动机停止转动，尾翼停止偏转。

在手动控制状态下，按下恢复按钮，PLC 的 Q0.6 输出 +24V 电平，继电器 KA4 线圈通电，继电器的常开触点闭合，DC 12V 电源极性改变，通过继电器 KA4 提供给侧风偏航直流电动机工作，侧风偏航直流电动机驱动齿轮传动，带动风力发电机的尾翼向初始位置方向偏转，当偏转到初始位置时，侧风偏航直流电动机停止转动，尾翼停止偏转并处在初始位置。

PLC 处于自动控制状态时，按下启动按钮时，PLC 执行自动控制程序。

测试选用 S7 - 200 CPU224，继电器输出。PLC 输入点与输出点见表 4-4。

表 4-4　PLC 输入点与输出点

PLC 输入点		PLC 输出点	
手动/自动按钮	I0.0	顺时指示	Q0.1
启动按钮	I0.1	逆时指示	Q0.2
急停按钮	I0.2	风场顺时	Q0.3
顺时按钮	I0.3	风场逆时	Q0.4
逆时按钮	I0.4	偏航顺时	Q0.5
侧风偏航按钮	I0.5	偏航逆时	Q0.6
恢复按钮	I0.6	—	—
停止按钮	I0.7	—	—
风场顺时限位	I1.0	—	—
风场逆时限位	I1.1	—	—

（续）

PLC 输入点		PLC 输出点	
尾舵偏置信号 0°	I1.2	—	—
尾舵偏置信号 45°	I1.3	—	—
尾舵偏置信号 90°	I1.4	—	—
尾舵偏置信号 135°	I1.5	—	—
尾舵偏置信号 180°	I1.6	—	—

测试具体步骤如下：

1）根据图 4-32，利用万用表检查相关电路的接线，检查 PLC 输入输出的相关接线。

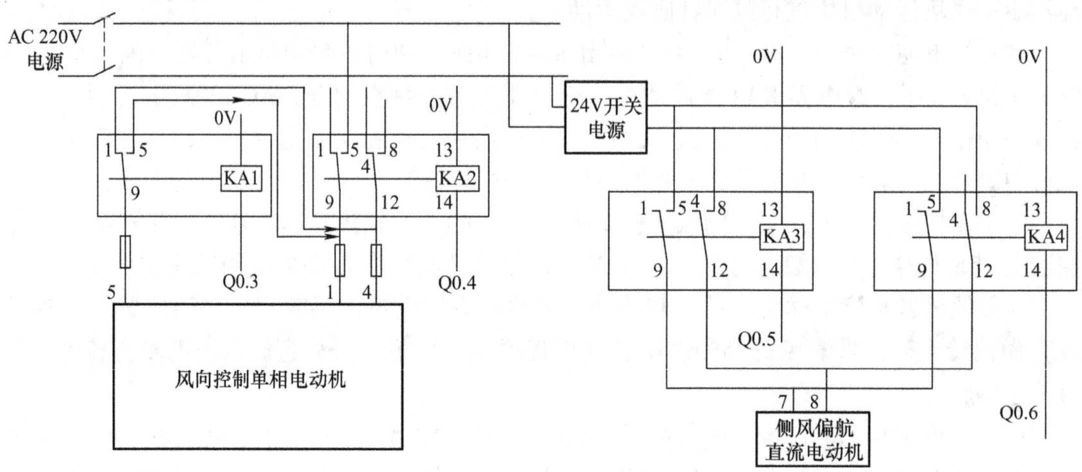

图 4-32　风电电源控制单元的接线

2）启动变频器，分别按下可调节风向的顺时或逆时按钮，观察风场运动机构的运动方向，如果风场运动机构运动状态不正常，检查接线和程序后再重复调试。

3）设置变频器的相应参数。

变频器的控制要求如下：

① 正确设置变频器输出的额定频率、额定电压、额定电流、额定功率及额定转速。

② 通过外部端子控制电动机起动/停止。

③ 通过调节电位器改变输入电压来控制变频器的频率。

变频器的参数功能见表 4-5。

表 4-5　变频器的参数功能

序号	变频器参数	出厂值	设定值	功能说明
1	P0010	1	30	开始快速调试
2	P0970	0	1	工厂复位
3	P0003	1	3	设用户访问级为标准级
4	P0010	0	1	快速调试
5	P0100	0	0	设置使用地区，0 = 欧洲，功率以 kW 表示，频率为 50Hz

（续）

序号	变频器参数	出厂值	设定值	功能说明
6	P0304	380	380	电动机的额定电压（380V）
7	P0305	3.25	6.3	电动机的额定电流（6.3A）
8	P0307	0.75	3	电动机的额定功率（3kW）
9	P0310	50.00	50.00	电动机的额定频率（50Hz）
10	P0311	0	1390	电动机的额定转速（1390r/min）
11	P1000	2	2	模拟输入
12	P0700	2	1	选择命令源（面板控制）
13	P1080	0	0	电动机的最小频率
14	P1082	50	25	电动机的最大频率
15	P3900	0	1	结束快速调试

变频器外部接线图如图 4-33 所示。在变频器的操作面板上选择启动按键进行启动操作，单击触摸屏上的加速与减速按钮，使变频器的输出频率在 0～20Hz 之间变化，观察转速变化；如果转速变化不正常，则检查变频器的参数设置并修改，重新调试；如果变频器出现报警号，则查阅变频器使用手册报警号的注释，检查电路和变频器的参数，重新调试。

注意：变频器是应用广泛的电力电子设备，在实训之前应熟悉变频器的使用手册。

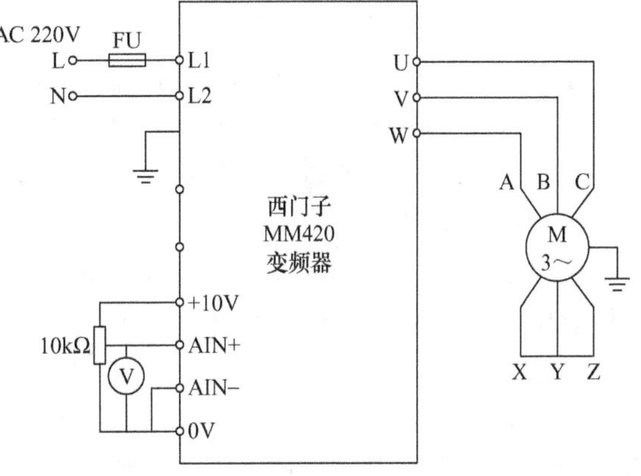

图 4-33 变频器外部接线图

2. 风力发电机组偏航控制方式测试

具体调试步骤如下：

1）利用万用表检查相关电路的接线，设置变频器参数。

2）在手动控制状态下，按下侧风偏航按钮，观察尾舵动作，如果尾舵不动作，检查接线和程序，重新调试。

3）风力发电机做侧风偏航运动时，按下停止按钮，侧风偏航运动应停止。如果状态不正常，则检查接线和程序，重新调试。

4）风力发电机在侧风偏航运动后，按下恢复按钮，尾舵向初始位置偏转，尾舵到达初始位置时，尾舵应停止运动。如果状态不正常，则检查接线和程序，重新调试。

5）在尾舵向初始位置偏转的过程中，按下停止按钮时，尾舵应停止运动。如果状态不正常，则检查接线和程序，重新调试。

注意：

1）本测试利用侧风偏航保护风力发电机组，还可以通过侧风偏航控制风力发电机组保持恒定功率输出。

2）对于变桨距风轮，是根据风速的变化调整气流对叶片的攻角，从而保护风力发电机组。

3）对于一些大型非变桨距风力发电机组，偏航机构和侧风偏航控制机构是安装在风力发电机内部，通过风向仪检测风向信号和风速仪检测风量信号进行偏航和侧风偏航控制。

拓展应用

电压型逆变电路的输出电压是矩形波，而电流型逆变电路的输出电流是矩形波，矩形波均含有较多谐波。多重逆变电路可以实现把几个矩形波组合起来，使输出波形接近正弦波，降低波形畸变率。多电平逆变电路输出较多电平，也可以使输出波形接近正弦波。

1. 多重逆变电路

电压型、电流型逆变电路都可以进行多重化。多重化的形式分为串联多重和并联多重。串联多重即是把几个逆变电路的输出串联起来，多用于电压型逆变电路。并联多重即是把几个逆变电路的输出并联起来，多用于电流型逆变电路。

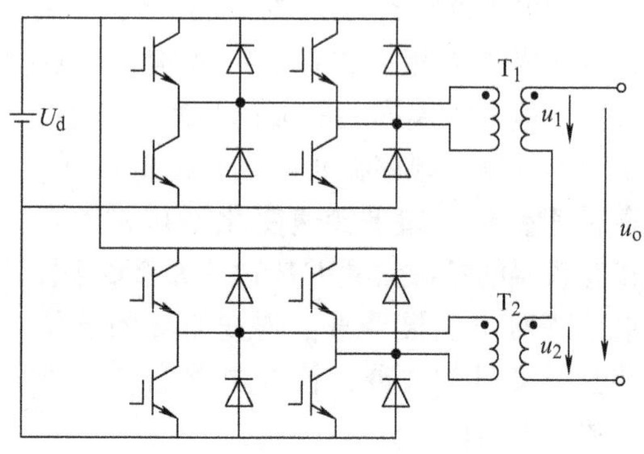

图 4-34　单相电压型二重逆变电路的原理图

图 4-34 给出了单相电压型二重逆变电路的原理图，它由两个单相全桥逆变电路组成，输出通过变压器 T_1 和 T_2 串联起来。该电路的两个单相的输出 u_1 和 u_2 是 180°矩形波。因为变压器串联合成后，3 次谐波互相抵消，所以总输出电压中不含 3 次谐波。

三相电压型二重逆变电路由两个三相桥式逆变电路构成，原理图如图 4-35 所示。逆变桥Ⅱ的相位逆变桥Ⅰ滞后 30°。两个逆变电路均为 180°导通方式。输出通过变压器串联合成，T_1 为 Δ/Y 联结，T_2 一次侧为 Δ 联结，二次侧两绕组采用曲折星形联结，这样，u_{U2}和 u_{U1} 的基波相位相同。由图 4-36 可看出 u_{UN} 比 u_{U1} 接近正弦波。

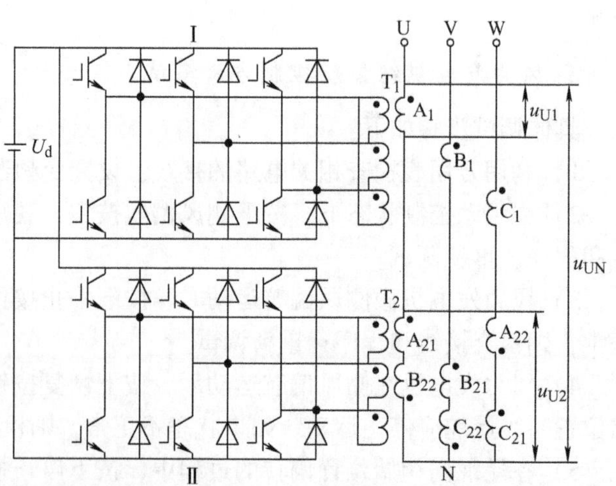

图 4-35　三相电压型二重逆变电路的原理图

2. 多电平逆变电路

三相电压型桥式逆变电路是以 N′为参考点，输出相电压有 $U_d/2$ 和 $-U_d/2$ 两种电平，称为两电平逆变电路。三电平逆变电路也称中点钳位型（Neutral Point Clamped）逆变电路，每个桥臂由两个全控器件串联构成，两者中点通过钳位二极管和直流侧中性点 O′相连，如图 4-37 所示。

两电平逆变电路的输出线电压有 $\pm U_d$ 和 0 三种电平。三电平逆变电路的输出线电压有 $\pm U_d$、$\pm U_d/2$ 和 0 五种电平。三电平逆变电路输出电压谐波大大少于两电平逆变电路，同时每个主开关器件承受电压为直流侧电压的一半。

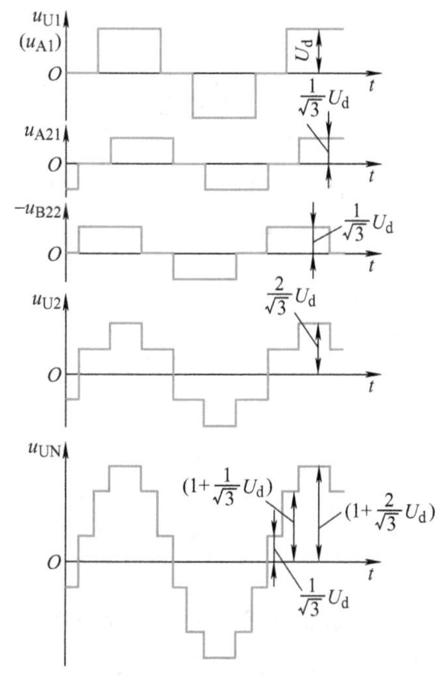

图 4-36　三相电压型二重逆变电路波形图

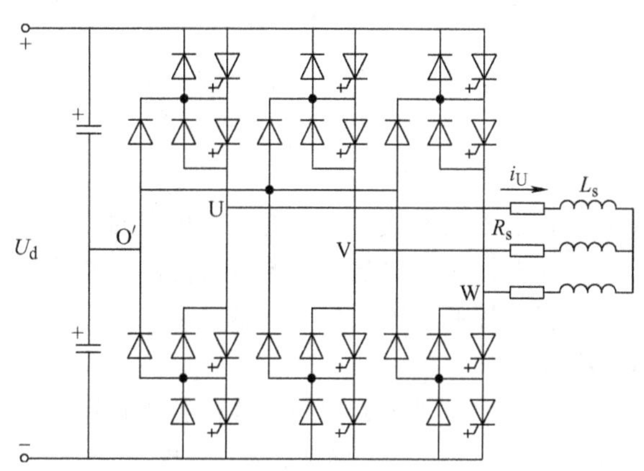

图 4-37　三电平逆变电路

4-1　选择题

1. 无源逆变是将（　　）转变为负载所需要的不同频率和电压值的（　　）。

A. 直流电，交流电　　B. 交流电，直流电

C. 交流电，交流电　　D. 直流电，直流电

2. 逆变电路的工作原理是改变两组开关的切换（　　），即可改变输出交流电的(　　)。

A. 频率，周期　　B. 周期，频率　　C. 周期，周期　　D. 频率，频率

3. 电压型逆变器的输入端并接有（　　），输入直流电源为恒压源。

A. 大电容　　B. 大电感　　C. 大电阻　　D. 阻感负载

4. 风力发电系统主要由风力发电机组、整流器、（　　）、并网逆变器、控制器及双向智能电表构成。

A. 风车　　B. 变压器　　C. 电压互感器　　D. 离网逆变器

5. 三相电压型逆变电路 6 个管子控制导通的顺序为（　　），控制间隔为（　　）。

A. $V_1 \sim V_6$，90°　　B. $V_1 \sim V_6$，60°　　C. $V_6 \sim V_1$，90°　　D. $V_6 \sim V_1$，60°

6. 三相电压型逆变电路输出电压为（ ），输出电流因负载阻抗不同而（ ）。

A. 矩形波，相同 B. 正弦波，不同 C. 矩形波，不同 D. 正弦波，相同

7. 蓄电池的充电过程一般分为主充、（ ）和浮充。

A. 平充 B. 分充 C. 均充

4-2 填空题

1. 风力发电机组由___________、___________、___________、___________组成。机头的转子是___________，定子绕组切割磁力线产生电能。

2. 双向智能电能表是能够同时计量___________和___________的电能表，可实现电能的___________、___________向分开计量、分开存储、分开显示。

3. 为了保证风力发电系统正常运行，逆变器的选型是非常重要的，选择逆变器时要求对___________、___________、___________、___________等进行了解，要与整个发电系统匹配。

4. 电流型逆变电路输出电流波形为___________，与电路负载性质无关，输出电压波形由___________决定。主电路开关管采用自关断器件时，如果其反向不能承受高电压，则需在各开关器件支路串入___________。

5. 蓄电池的能量是指蓄电池在一定的___________条件下蓄电池所能给出的电能。

6. 蓄电池的自放电是指蓄电池在存储期间容量逐渐___________的现象。

7. 偏航控制系统一般分为两类：___________系统和___________系统。小型风力发电机组多采用___________。

8. 风力发电机组的控制系统由各种传感器、控制器以及执行机构等组成。各种传感器包括___________、风向传感器、___________、位置传感器以及各种操作开关和按钮等。

4-3 简答题

4-1 绘出三相半波和三相桥式变流电路在有源逆变状态下的输出波形。总结有源逆变的实现条件。

4-2 以单相桥式逆变电路为例说明无源逆变电路的工作原理，总结输出波形特点，说明逆变的本质作用。

4-3 总结电压型逆变电路与电流型逆变电路的相同点和不同点。

4-4 画出单相电压型半桥逆变电路，并绘出一个周期四个时间段的等效电路。

4-5 画出单相电压型半桥逆变电路的输出波形，标出可控器件的触发脉冲信号，标出一个周期四个时间段内工作的器件。

4-6 画出单相电压型全桥逆变电路，说出 8 个管子构成了哪些开关组合以及二极管的作用是什么。

4-7 画出三相电压型桥式逆变电路，说明器件的控制顺序和导通组合顺序以及每个组合各导通多少度。

4-8 简述电流型逆变电路的原理，绘出相应的电流输出波形。

4-9 简述选用离网风力发电系统用的逆变器的注意事项。

4-10 比较离网逆变器与并网逆变器的不同。

4-11 总结并网逆变器选择时所需要考虑的技术要求。

项目5

变频器的认识与操作

【项目描述】

变频器（Frequency Converter）是应用变频技术与微电子技术，靠内部IGBT的开断来调整输出电源的电压和频率的装置，其作用是根据电动机的实际需要来提供其所需要的电源电压。

变频器具备调速、节能和软起动的功能。普通的三相异步电动机，加装变频器后可以实现调速功能，使用变频器调速比传统的电磁调速可以节电25%～80%。同时由于变频器内部滤波电容的作用，减少了无功损耗，增加了电网的有功功率。电动机硬起动会对电网造成严重的冲击，而且还会对电网容量有过高要求，起动时产生的大电流和振动对挡板和阀门的损害极大，对设备、管路的使用寿命也极为不利。而使用变频节能装置可以解决以上问题。随着工业自动化程度的不断提高，变频器得到了非常广泛的应用。

变频器实物图如图5-1所示。

图5-1 变频器的实物图

西门子变频器以其稳定的性能、丰富的组合功能、高性能的矢量控制技术、低速高转矩输出、良好的动态特性、超强的过载能力、创新的BiCo（内部功能互联）功能以及无可比拟的灵活性，在变频器市场占据着重要的地位。现在西门子变频器在中国市场上的主要机型有MM420、MM440.6SE70系列等。

任务5.1 认识变频器的基本工作原理与内部结构

1）掌握交-交变频电路与交-直-交变频电路的工作原理。

2）认识变频器的内部结构及其各部分的功能。

3）掌握变频器的选型原则。

1. 变频器的分类

（1）根据变流环节不同分类

1）交–交变频器。又称直接变频装置，可把频率固定和电压固定的交流电变换成频率和电压连续可调的交流电，主要用于容量较大的低速拖动系统。

2）交–直–交变频器。先把工频交流电整流成直流电，再把直流电逆变成连续可调的交流电，是使用最多的变频器类型。

（2）根据直流电路的滤波方式不同分类

1）电流型变频器。直流中间环节采用的储能元件是大容量电感器，输出直流电流波形比较平直，适用于频繁可逆运转场合。

2）电压型变频器。直流中间环节采用的储能元件是电解电容，输出直流电压波形比较平坦。现在使用的变频器大多为电压型变频器。

（3）根据输出电压调制方式不同分类

1）脉幅调制（PAM）变频器。输出电压的大小是通过改变电压的幅值来进行调制的。中小容量变频器中已很少使用了。

2）脉宽调制（PWM）变频器。输出电压的大小是通过改变输出脉冲的占空比来进行调制的。目前普遍应用的是占空比按正弦波规律变化的正弦波脉宽调制（SPWM）方式。

2. 交–交变频电路

交–交变频电路也称周波变流器，属于直接变频电路，主要用于500kW或1000kW以上的大功率、低转速的交流调速电路中，目前已在轧机主传动装置、鼓风机、矿石破碎机、球磨机、卷扬机等场合应用，既可用于驱动异步电动机，也可用于驱动同步电动机。实际使用的主要是三相交–交变频电路。

（1）单相交–交变频电路

单相交–交变频电路由P组和N组反并联的晶闸管变流电路构成，如图5-2所示，和直流电动机可逆调速用的四象限变流电路完全相同。P组和N组都是相控变流电路。

该电路的工作特点是：P组工作时，负载电流 i_o 为正。N组工作时，i_o 为负。P组和N组不能同时工作，一组工作，一组阻断。

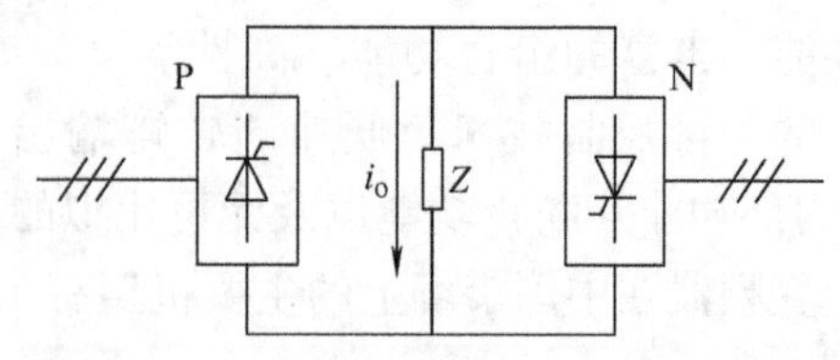

图5-2　单相交–交变频电路原理图

若固定P组和N组变流电路的触发延迟角 α 为30°，该单相交–交变频电路的输出电压如图5-3a所示。若两组变流器按一定的频率交替工作，负载就得到该频率的交流方波。

为使 u_o 波形接近正弦波，可按正弦规律对 α 角进行调制。在半个周期内让P组 α 角按正弦规律从90°减到0°或某个值，再增加到90°，每个控制间隔内的平均输出电压就按正弦

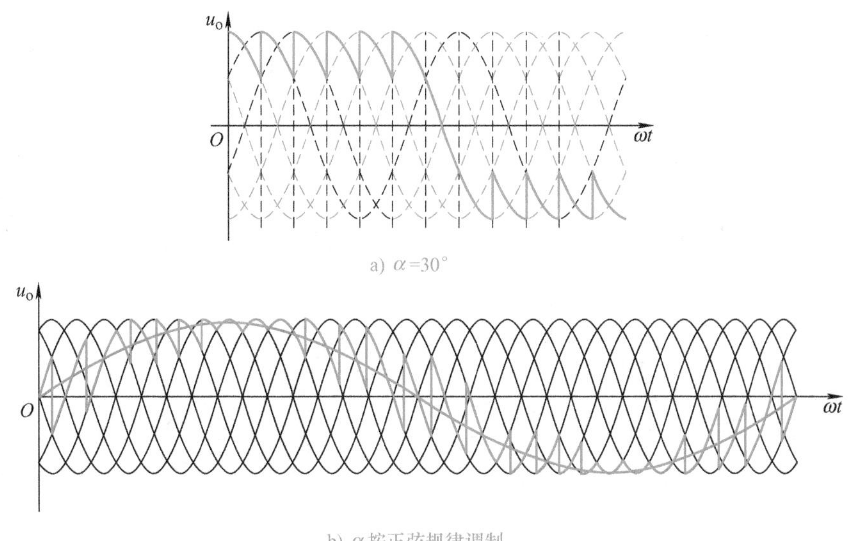

图 5-3　单相交–交变频电路的输出电压波形

规律从零增至最高，再减到零。另外半个周期可对 N 组进行同样的控制。这样便可以通过改变变流电路的触发延迟角 α 来改变交流输出电压的幅值，此时的输出电压波形如图 5-3b 所示。

由波形可知，u_o 由若干段电源电压拼接而成，在 u_o 的一个周期内，包含的电源电压段数越多，其波形就越接近正弦波。

（2）三相交–交变频电路

三相交–交变频电路由三组输出电压相位各差 120°的单相交–交变频电路组成，按照电路接线方式可以分为公共交流母线进线方式和输出星形联结方式两种形式。

公共交流母线进线方式由三组彼此独立的、输出电压相位相互错开 120°的单相交–交变频电路构成。电源进线通过进线电抗器接在公共的交流母线上。因为电源进线端公用，所以三组的输出端必须隔离。为此，交流电动机的三个绕组必须拆开。该进线方式主要用于中等容量的交流调速系统。其结构简图如图 5-4 所示。

输出星形联结方式的三组输出端采用星形联结，电动机的三个绕组也是星形联结。电动机中性点不和变频器中性点接在一起，电动机只引出三根线即可。因为三组的输出端连接在一起，其电源进线必须隔离，因此分别用三个变压器供电。由于输出端中性点不和负载中性点相连接，所以在构成三相变频电路的六组桥式电路中，至少要有不同输出相的两组桥臂中的四个晶闸管同时导通才能构成回路，形成电流。这种联结方式和整流电路一样，同一组桥臂内的两个晶闸管靠双触发脉冲保证同时导通。两组桥之间则是靠各自的触发脉冲有足够的宽度，以保证同时导通。结构简图如图 5-5 所示。

输出电压波形和输入电流波形如图 5-6 所示。由波形可知，总输入电流由三组单相交–交变频电路的同一相输入电流合成而得到。有些谐波相互抵消，谐波种类有所减少，总的谐波幅值也有所降低。

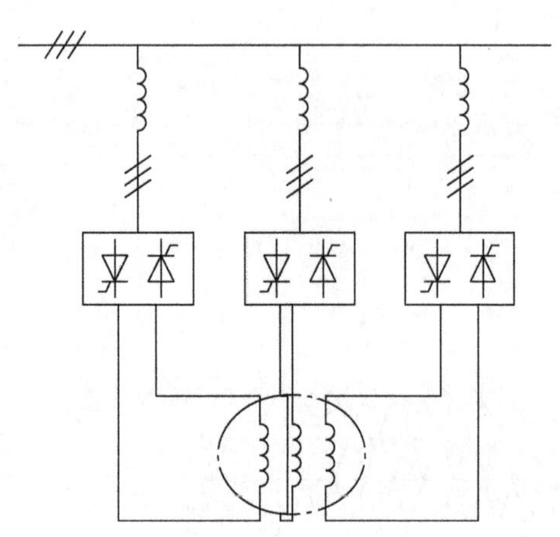

图 5-4　公共交流母线进线三相交-交变频电路

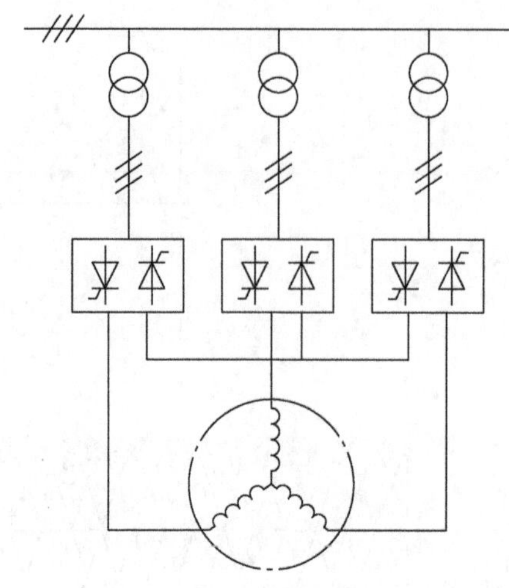

图 5-5　输出星形联结方式三相交-交变频电路

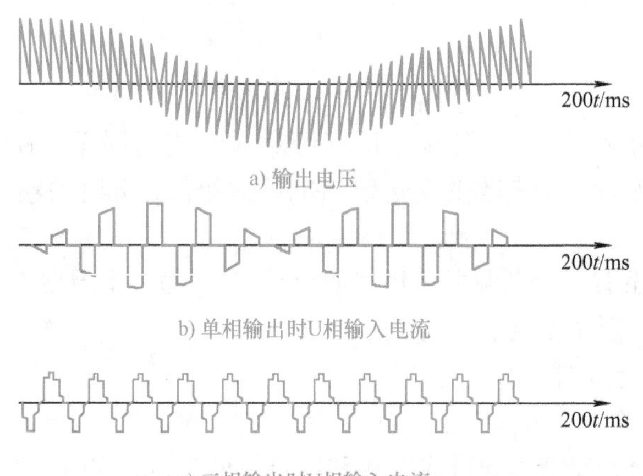

a) 输出电压

b) 单相输出时U相输入电流

c) 三相输出时U相输入电流

图 5-6　三相交-交变频电路的输出电压波形和输入电流波形

通过对单相与三相交-交变频电路的分析，可以发现交-交变频电路由于只有一次变流，所以转换效率较高，同时可通过 P 组、N 组的灵活切换方便地实现电动机的四象限工作，在低频状态下的输出波形特别接近正弦波。但交-交变频电路也有一些缺点：

1）接线复杂，采用三相桥式电路的三相交-交变频电路至少要用 36 只晶闸管。

2）受电网频率和变流电路脉波数的限制，输出频率较低。

3）输入功率因数较低。

4）输入电流谐波含量大，频谱复杂。

3. 交-直-交变频电路

相较于交-交变频电路，交-直-交变频电路属于间接交流变流电路，它先将交流电整流为直流电，再将直流电逆变为交流电，是先整流后逆变的组合，结构框图如图 5-7 所示，根据储能环节不

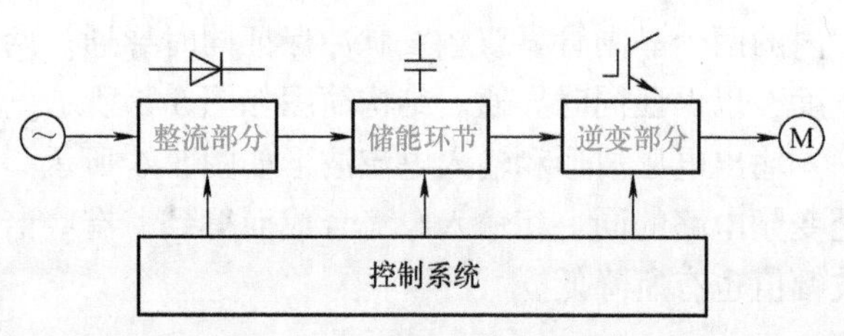

图 5-7　交-直-交变频电路结构框图

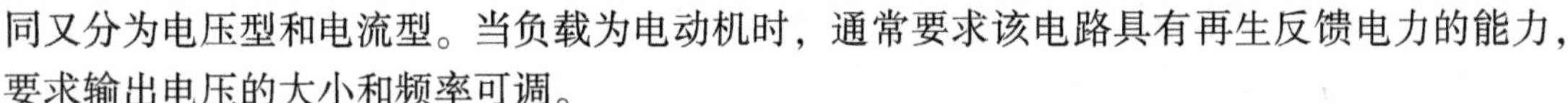

同又分为电压型和电流型。当负载为电动机时，通常要求该电路具有再生反馈电力的能力，要求输出电压的大小和频率可调。

(1) 电压型交–直–交变频电路

不能再生反馈的电压型交–直–交变频电路如图5-8所示，整流部分采用的是不可控整流，它只能由电源向直流电路输送功率，而不能反馈电力。图5-8中，逆变电路的能量是可以双向流动的，若负载能量反馈到中间直流电路，将导致电容电压升高，称为泵升电压。若想使电路具备再生反馈电力的能力，可以利用可控变流器。当负载回馈能量时，可控变流器工作于有源逆变状态，将电能反馈回电网。也可以采用整流和逆变均为PWM控制的电压型交–直–交变频电路，如图5-9所示。整流和逆变均为PWM控制的电压型交–直–交变频电路中，整流和逆变电路的构成完全相同，均采用PWM控制，能量可双向流动。输入输出电流均为正弦波，输入功率因数高，且可实现电动机四象限运行。

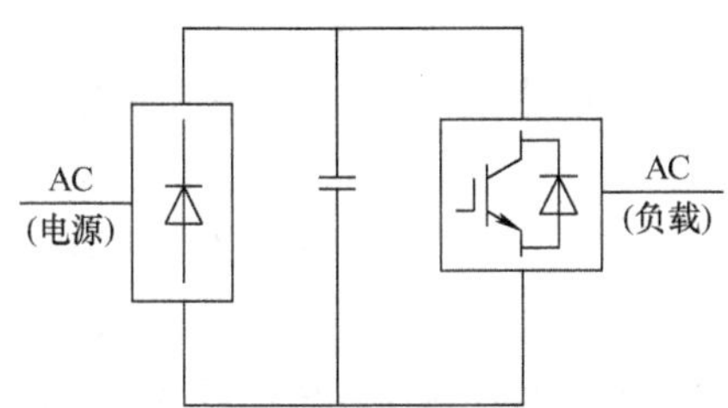

图5-8 不能再生反馈的电压型交–直–交变频电路

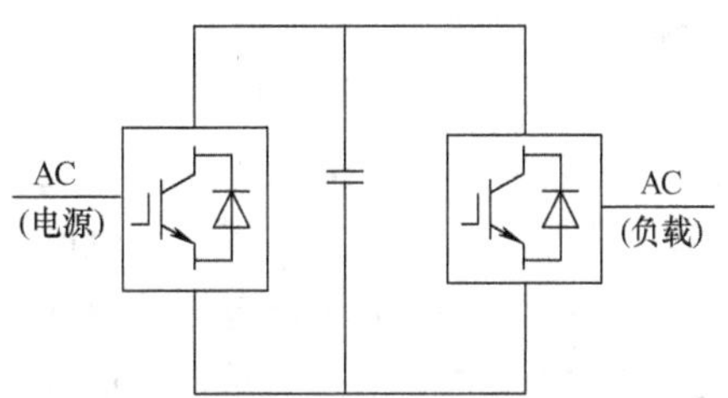

图5-9 整流和逆变均为PWM控制的电压型交–直–交变频电路

(2) 电流型交–直–交变频电路

不能再生反馈电力的电流型交–直–交变频电路的整流部分采用不可控的二极管，如图5-10所示，电路不能将负载侧的能量反馈到电源侧。为使电路具备再生反馈电力的能力，与电压型类似，整流部分可采用晶闸管可控整流电路，如图5-11所示。负载回馈能量时，可控变流器工作于有源逆变状态，使中间直流电压反极性，如虚线箭头所示。

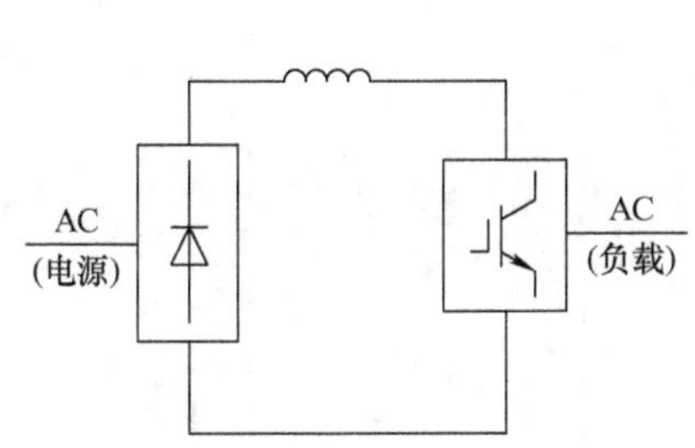

图5-10 不能再生反馈电力的电流型交–直–交变频电路

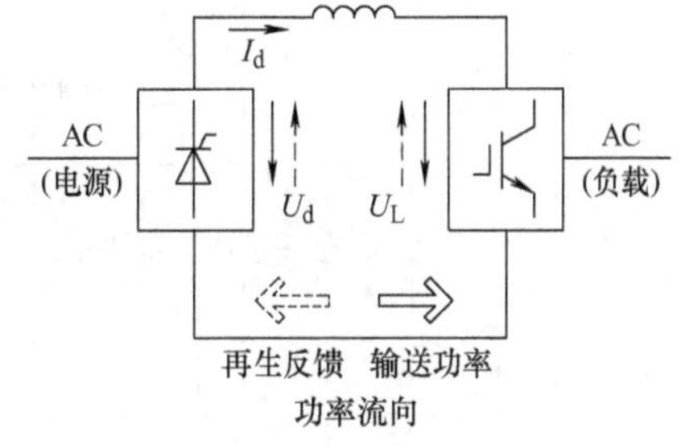

图5-11 整流和逆变均为PWM控制的电流型交–直–交变频电路

(3) 交–直–交变频电路常见的控制方式

相较于晶闸管直流调速系统的一些固有缺点，如受使用环境条件制约、需要定期维护、最高速度和容量受限制等，交流调速系统除了克服这些缺点外还具有电动机结构简单、可靠性高、节能、精度高、快速响应等优点。交流调速系统的应用范围远远大于直流调速系统，变频调速是交流调速传动应用最多的一种方式，因为无论电动机转速高低，转差功率的消耗基本不变，系统效率是各种交流调速方式中最高的，具有显著的节能效果。交-直-交变频电路常见的控制方式有以下几种。

1）恒压频比（U/f）控制。为避免电动机因频率变化导致磁饱和而造成励磁电流增大，引起功率因数和效率降低，需对变频器的电压和频率的比值进行控制，使该比值保持恒定，即采用恒压频比控制，以维持气隙磁通为额定值。恒压频比控制是比较简单、被广泛采用的控制方式。该方式常被用于转速开环的交流调速系统，适用于生产机械对调速系统的静、动态性能要求不高的场合。

2）转差频率控制。在稳态情况下，当稳态气隙磁通恒定时，异步电动机电磁转矩近似与转差角频率成正比。因此，控制转差角频率 ω_s 就相当于控制电磁转矩。采用转速闭环的转差频率控制，使定子频率随实际转速增加或减小，得到平滑而稳定的调速，保证了较高的调速范围。转差频率控制方式可达到较好的静态性能，但这种方法是基于稳态模型的，得不到理想的动态性能。

3）矢量控制。基于异步电动机的按转子磁链定向的动态模型，通过测量和控制异步电动机定子电流矢量，根据磁场定向原理分别对励磁电流和转矩电流进行控制，从而达到控制异步电动机转矩的目的，类似于直流调速系统中的双闭环控制方式。控制系统较为复杂，但可获得与直流电动机调速相当的控制性能。

4）直接转矩控制。直接转矩控制同样是基于动态模型的，其控制闭环中的内环直接采用了转矩反馈，并采用砰-砰控制，可以得到转矩的快速动态响应，并且控制过程相对要简单许多。

1. 认识变频器主电路与控制电路

目前，通用型变频器绝大多数是交-直-交变频器，通常以电压型变频器为主。变频器主电路内部结构如图 5-12 所示。

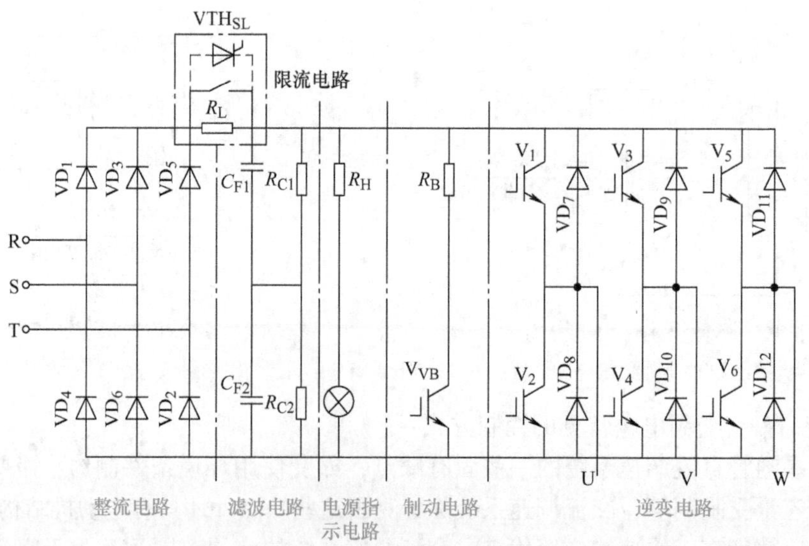

图 5-12　变频器主电路内部结构

（1）整流电路

VD_1 ~ VD_6 组成三相整流桥，将交流变换为直流。

（2）滤波电路

滤波电容器 C_{F1} 与 C_{F2} 用于滤除全波整流后的电压纹波，当负载变化时使直流电压保持平衡。由于两个电容特性不可能完全相同，在每个电容上并联一个阻值相等的分压电阻 R_{C1} 和 R_{C2}。

（3）限流电路

变频器刚通电时瞬间冲击电流比较大，限流电路的作用是在通电后的一段时间内，电流流经限流电阻 R_L，限制冲击电流，将电容 C_{F1}、C_{F2} 的充电电流限制在一定范围内。而当 C_{F1}、C_{F2} 充电到一定电压时，VTH_{SL} 闭合，将 R_L 短路。

（4）电源指示电路

除了作为变频器通电指示外，还作为变频器断电后变频器是否有电的指示。

（5）制动电路

1）制动电阻 R_B。变频器在频率下降的过程中，将处于再生制动状态，回馈的电能将存储在电容 C_{F1}、C_{F2} 中，使直流电压不断上升，甚至达到十分危险的程度。R_B 的作用就是将这部分回馈能量消耗掉。一些变频器此电阻是外接的，有相应的外接端子。

2）制动单元 V_{VB}。由 GTR 或 IGBT 及其驱动电路构成。其作用是为放电电流 I_B 流经 R_B 提供通路。

（6）逆变电路

逆变电路将直流电变换成交流电，是变频器的主要部分。逆变管 V_1 ~ V_6 组成三相逆变桥，把 VD_1 ~ VD_6 整流的直流电逆变为交流电。VD_7 ~ VD_{12} 组成的续流电路不仅为无功电流返回直流电源提供“通道”，还可以在频率下降、电动机处于再生制动状态时，将再生电流整流后返回给直流电路。

（7）变频器控制电路

控制电路由运算电路、检测电路、控制信号的输入/输出电路和驱动电路等构成，其主要任务是完成对逆变器的开关控制、对整流器的电压控制以及各种保护功能等，同时也对各保护信号和各接口信号进行处理，可采用模拟控制或数字控制。

（8）辅助单元

1）键盘：设置参数、监视各参数值（如电流、电压、频率、温度、转速等）。

2）电源板：提供各部分电路的工作电压，保证各电路正常工作。

3）熔断器：保护逆变模块和整流桥。

变频器控制电路的结构框图如图 5-13 所示，具体介绍如下：

（1）运算电路

运算电路将外部的速度、转矩等指令与检测电路的电流、电压信号进行比较运算，决定逆变器的输出电压、频率。

（2）电压、电流检测电路

检测电压、电流等，与主电路电气隔离。

（3）驱动电路

驱动主电路器件，控制其导通、关断。

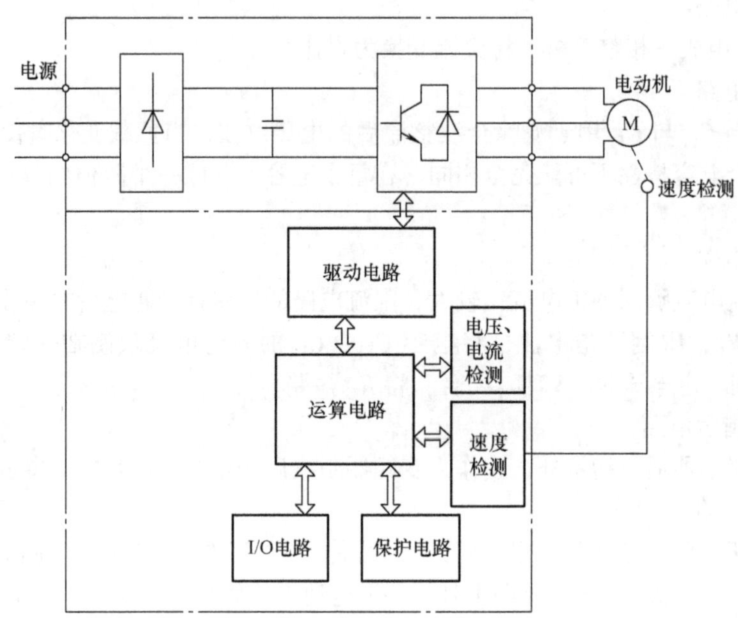

图 5-13　变频器控制电路结构

（4）速度检测电路

以装在电动机轴上的速度检测器的输出信号为速度检测信号，送入运算电路，可使电动机按指令速度运转。

（5）保护电路

检测主电路的电压、电流等，当发生过载或过电压等异常时，为了防止逆变器和电动机损坏，抑制电压、电流值或使逆变器停止工作。

2. 了解变频器的选型原则

选用变频器时，应按照生产机械的类型、调速范围、静态速度精度、起动转矩的要求，决定选用哪种控制方式的变频器最合适。所谓“合适”，是既要好用，又要经济，以满足工艺和生产的基本条件和要求。

（1）电动机及变频器自身要求

1）电动机的极数。一般电动机极数以不多于 4 极为宜，否则变频器容量就要适当加大。

2）转矩特性、临界转矩、加速转矩。在同等电动机功率情况下，相对于高过载转矩模式，变频器规格可以降额选取。

3）电磁兼容性。为减少主电源干扰，使用时可在中间电路或变频器输入电路中增加电抗器，或安装前置隔离变压器。一般当电动机与变频器距离超过 50m 时，应在它们中间串入电抗器、滤波器或采用屏蔽防护电缆。

（2）变频器功率的选用

系统效率等于变频器效率与电动机效率的乘积，只有两者都处在较高的效率时，系统效率才较高。从效率角度出发，在选用变频器功率时，要注意以下几点：

1）变频器功率值与电动机功率值相当时最合适，以利于变频器在高效率值下运转。

2）在变频器的功率分级与电动机功率分级不相同时，变频器的功率要尽可能接近电动

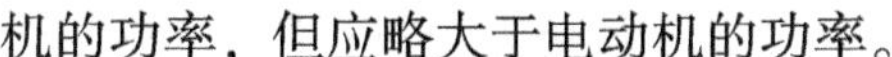

机的功率，但应略大于电动机的功率。

3）当电动机处于频繁起制动工作或处于重载起动且较频繁工作时，可选取大一级的变频器，以利于变频器长期、安全地运行。

4）经测试电动机实际功率确实有富余，可以考虑选用功率小于电动机功率的变频器，但要注意瞬时峰值电流是否会造成过电流保护动作。

5）当变频器与电动机功率不同时，必须相应调整节能程序的设置，以利于达到较好的节能效果。

（3）变频器箱体结构的选用

变频器的箱体结构要与环境条件相适应，即必须考虑温度、湿度、粉尘、酸碱度、腐蚀性气体等因素。

（4）变频器容量的确定

变频器容量选择可分三步：

1）了解负载性质和变化规律，计算出负载电流的大小或作出负载电流曲线 $I=f(t)$。

2）预选变频器容量。

3）校验预选变频器，必要时进行过载能力和起动能力的校验。若都通过，则预选的变频器容量便选定，否则从2）开始重新进行，直到通过为止。

变频器的容量有三种表示方法：额定电流、适配电动机的额定功率、额定视在功率。三种表示方法的本质都是对其额定电流的选择，所以应结合实际情况根据变频器供给电动机的电流情况来合理决定变频器的容量。通常变频器的过载能力有两种：1.2 倍额定电流（可持续 1min）和 1.8 倍额定电流（可持续 0.5min）。这就意味着无论任何时候变频器向电动机提供在 1min 以上的电流都必须在特定范围内。

（5）主电源的选择

1）主电源电压波动。应特别注意与变频器低电压保护整定值相适应，因为在实际使用中，电网电压偏低的可能性较大。

2）主电源频率波动和谐波干扰。这方面的干扰会增加变频器系统的热损耗，导致噪声增加，输出降低。

3）变频器和电动机在工作时，自身的功率消耗。在进行系统主电源供电设计时，两者的功率消耗因素都应考虑进去。

任务 5.2　正弦波脉宽调制（SPWM）逆变电路的调试

学习目标

1）掌握 PWM 控制的基本原理。

2）熟练掌握 PWM 逆变电路结构及其控制方式。

3）能够熟练进行 SPWM 逆变电路的调试。

知识引入

PWM 控制的思想源于通信技术，全控型器件的发展使得实现 PWM 控制变得十分容易。

交-直-交变频电路有可控功率环节多、响应缓慢等缺点，PWM 变频电路可以克服上述缺点，使电力电子装置的性能大大提高。PWM 控制技术正是有赖于在逆变器中的成功应用，才奠定了它在电力电子技术中的重要地位。

PWM（Pulse Width Modulation）控制就是脉宽调制控制，即通过调节输出脉冲宽度（控制逆变器开关器件导通和关断的时间比），来实现输出交流电压的大小和频率（理想的交流电压波形）的控制。

1. 单相桥式 PWM 逆变电路的几种输出波形

单相桥式 PWM 逆变电路如图 5-14 所示，由此可知：

1）V_1 和 V_4 导通时，u_o 为 U_d。

2）V_1 和 V_3 导通时，u_o 为0。

3）V_2 和 V_3 导通时，u_o 为 $-U_d$。

4）V_2 和 V_4 导通时，u_o 为0。

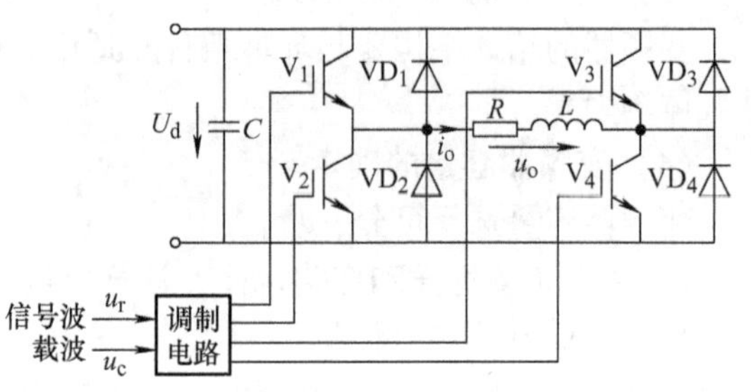

图 5-14　单相桥式 PWM 逆变电路

若想使单相桥式 PWM 逆变电路输出图 5-15a 所示波形，需要在前半周期控制 V_1、V_4 导通，后半周期控制 V_2、V_3 导通。若想使电路输出图 5-15b 所示波形，需要在前半周期控制 V_1 持续导通，控制 V_4、V_3 交替通断，在后半周期控制 V_2 持续导通，控制 V_3、V_4 交替通断。若想使电路输出图 5-15c 所示波形，需要在前半周期控制 V_1 持续导通，控制 V_4、V_3 多次交替通断，在后半周期控制 V_2 持续导通，控制 V_3、V_4 多次交替通断。

2. PWM 控制的基本原理

为了使逆变电路输出一个正弦波，即进行正弦波脉宽调制（SPWM），需要补充一个重要理论基础，即面积等效原理。

面积等效原理，即冲量相等而形状不同的窄脉冲加在具有惯性的环节上时，其效果基本相同。这里的冲量指的是窄脉冲的面积，效果基本相同指的是环节的输出响应波形基本相同。图 5-16 给出了形状不同而冲量相同的各种窄脉冲，也就是说这些窄脉冲加在同一惯性环节上，输出相应波形一致。

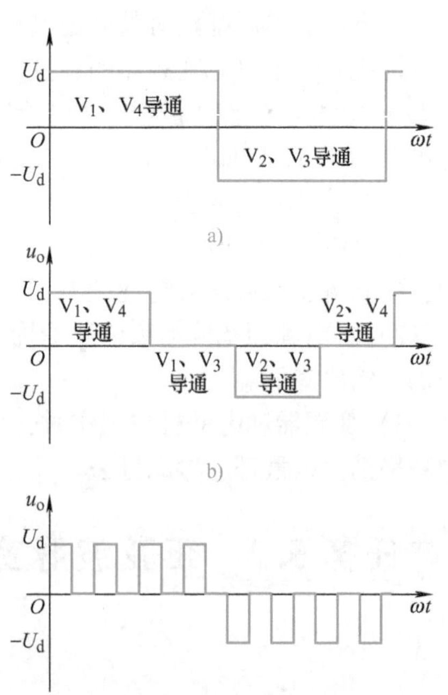

图 5-15　单相桥式 PWM 逆变电路的几种输出波形

用一系列等幅不等宽的脉冲来代替一个正弦半波，具体过程如图 5-17 所示。将正弦半波按照横轴平均分为几块，根据面积等效原理，获得一系列等幅不等宽的脉冲，上面的块与下面的块面积相等。若要改变等效输出正弦波幅值，按同一比例改变各脉冲宽度即可。

通过图 5-15 和图 5-17 的对比可知，若想输出等效正弦波的一系列等幅不等宽的脉冲，

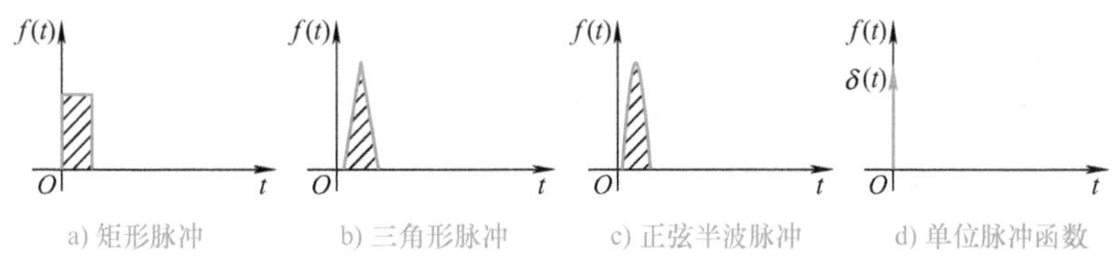

图 5-16　形状不同而冲量相同的各种窄脉冲

只需要适时地通断 V_1、V_2、V_3、V_4 开关器件，使输出各脉冲与正弦波满足"面积等效"，这也是 PWM 控制技术的本质。

改变正半周期内 V_3、V_4 导通关断的时间比，即脉冲的宽度，就可以实现对输出电压幅值的调节。可以通过改变 V_1、V_2 交替导通的时间来实现对输出电压频率的调节。对于正弦波的负半周，采取同样的方法，得到 PWM 波形，正弦波一个完整周期的等效 PWM 波如图 5-18a 所示。

根据面积等效原理，正弦波还可等效为图 5-18b 中的 PWM 波，而且这种方式在实际应用中更为广泛。图 5-18a、b 的波形为等幅 PWM 波，电路的输入电源是恒定直流，直流斩波电路、PWM 逆变电路、PWM 整流电路均采用这种波形。对于矩阵式变频电路和后续会有介绍的斩控式交流调压电路均采用图 5-18c 所示的不等幅 PWM 波，电路的输入电源是交流或不是恒定的直流。

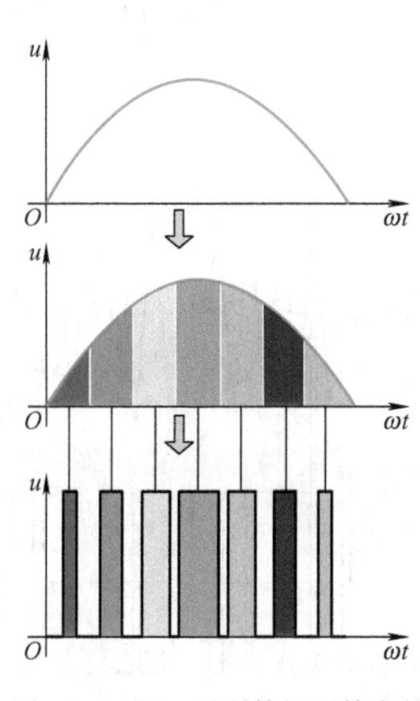

图 5-17　用一系列等幅不等宽的脉冲来代替一个正弦半波的过程

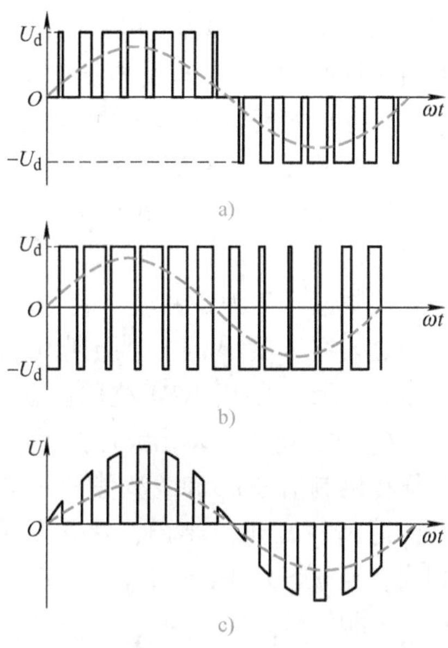

图 5-18　不同的 PWM 波形

3. PWM 控制方式

PWM 逆变电路的控制，是控制开关器件何时通断。较为落后的方法有计算法，即根据想要正弦波的频率、幅值和半周期脉冲数，准确计算各脉冲宽度和间隔，根据计算值来控制逆变电路开关器件的通断。这种方法的缺点显而易见，当输出正弦波的频率、幅值或相位变化时，计算结果都要变化，计算量大。实际中，调制法是更为广泛的应用。

结合 IGBT 单相桥式电压型逆变电路对调制法进行说明。

(1) 单极性 PWM 控制方式

设希望输出的信号（调制信号）为 u_r，一系列等腰三角波（载波信号）为 u_c，如图 5-19a 所示。当 u_r 与 u_c 波形相交时，如在交点时刻对开关器件通断进行控制，可得到一组等幅（直流信号幅值）而脉冲宽度正比于 u_r 上交点值的矩形脉冲。

单极性 PWM 控制方式下，u_r 为正弦波，u_c 在 u_r 的正半周为正极性的三角波序列，在负半周为负极性的三角波序列，输出波形如图 5-19b 所示。

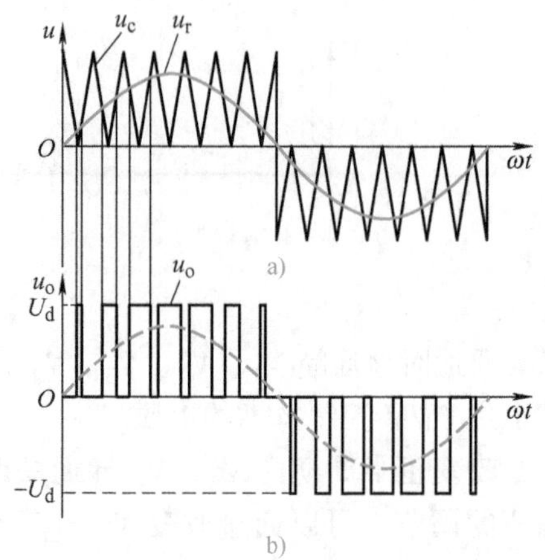

图 5-19　单极性 PWM 控制方式波形

在 u_r 和 u_c 的交点时刻控制开关器件的通断。在 u_r 正半周，V_1 保持通，V_2 保持断，当 $u_r > u_c$ 时使 V_4 通，V_3 断，$u_o = U_d$；当 $u_r < u_c$ 时使 V_4 断，V_3 通，$u_o = 0$。在 u_r 负半周，V_2 保持通，V_1 保持断，当 $u_r > u_c$ 时使 V_3 断，V_4 通，$u_o = 0$；当 $u_r < u_c$ 时使 V_3 通，V_4 断，$u_o = -U_d$。像这种在 u_r 的半个周期内三角波只在一个方向变化，所得到的 PWM 波形也只在一个方向变化的控制方式称为单极性 PWM 控制方式。

调节调制信号 u_r 的幅值可以使输出调制脉冲宽度相应变化，这能改变电路输出电压的基波幅值，从而可实现对输出电压的平滑调节。改变调制信号 u_r 的频率则可以改变输出电压的频率，即可实现电压、频率的同时调节。

(2) 双极性 PWM 控制方式

与单极性 PWM 控制方式对应，另外一种 PWM 控制方式为双极性 PWM 控制方式。其载波信号仍为三角波，调制信号仍为正弦波，它与单极性 PWM 控制的不同之处在于在 u_r 的半个周期内，u_c 有正有负，如图 5-20a 所示。所得 PWM 波形也有正有负，其幅值只有 $\pm U_d$ 两种电平，输出波形如图 5-20b 所示。

同样在调制信号 u_r 和载波信号 u_c 的交点时刻控制器件的通断。u_r 正负半周，对各开关器件的控制规律相同。当 $u_r > u_c$ 时，给 V_1 和 V_4 导通信号，给 V_2 和 V_3 关断信号。如 $i_o > 0$，V_1 和 V_4 通，$u_o = U_d$；如 $i_o < 0$，VD_1 和 VD_4 通。当 $u_r < u_c$ 时，给 V_2 和 V_3 导通信号，给 V_1 和 V_4 关断信号。如 $i_o < 0$，V_2 和 V_3 通，$u_o = -U_d$；如 $i_o > 0$，VD_2 和 VD_3 通。

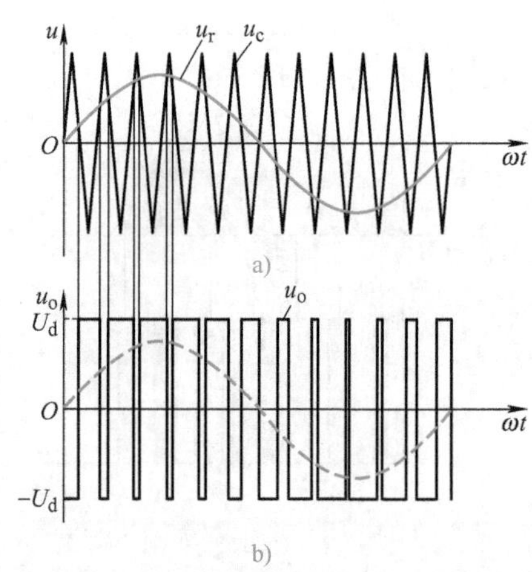

图 5-20　双极性 PWM 控制方式波形

对照图 5-19 与图 5-20 可以看出，单相桥式逆变电路既可采取单极性调制，也可采用双极性调制，由于对开关器件通断控制的规律不同，它们的输出波形也有较大的差别。在双极性控制方式中，在 u_r 的半个周期内，载波信号有正有负，所得到的 PWM 波形也有正有负，在 u_r 的一个周期内，PWM 输出只有 $\pm U_d$ 两种电平，电路同一相上、下两臂的驱动信号是互补的。在实际应用时，为了防止上、下两个桥臂同时导通而造成短路，在给一个臂的开关器件加关断信号时，必须延迟 Δt 时间，再给另一个臂的开关器件施加导通信号，即有一段四个开关器件都关断的时间。延迟时间 Δt 的长短取决于功率开关器件的关断时间。需要指出的是，这个延迟时间将会给输出的 PWM 波形带来不利影响，使输出偏离正弦波。

针对图 5-21 所示的三相桥式 PWM 逆变电路，双极性 PWM 控制方式具有以下特点：

1）三相共用三角波载波信号 u_c。

2）三相的调制信号 u_{rU}、u_{rV} 和 u_{rW} 依次相差 120°。

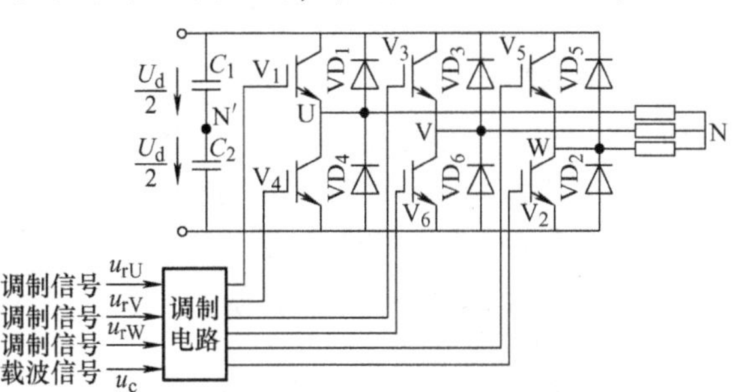

图 5-21　三相桥式 PWM 逆变电路

具体控制规律如下：

1）U 相：当 $u_{rU} > u_c$ 时，给 V_1 导通信号，给 V_4 关断信号（上桥臂导通、下桥臂关断）；当 $u_{rU} < u_c$ 时，给 V_4 导通信号，给 V_1 关断信号（下桥臂导通、上桥臂关断）。

2）V 相：当 $u_{rV} > u_c$ 时，给 V_3 导通信号，给 V_6 关断信号；当 $u_{rV} < u_c$ 时，给 V_6 导通信号，给 V_3 关断信号。

3）W 相：当 $u_{rW} > u_c$ 时，给 V_5 导通信号，给 V_2 关断信号；当 $u_{rW} < u_c$ 时，给 V_2 导通信号，给 V_5 关断信号。

$u_{UN'}$、$u_{VN'}$ 和 $u_{WN'}$ 的 PWM 波形如图 5-22 所示，可以发现它们只有 $\pm U_d/2$ 两种电平。

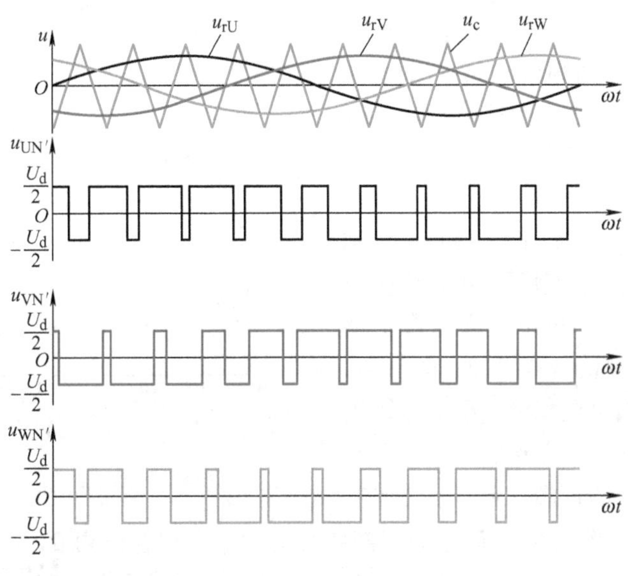

图 5-22　三相桥式 PWM 逆变电路波形

（3）异步调制与同步调制

在 PWM 逆变电路中，载波信号频率 f_c 与调制信号频率 f_r 之比（$N = f_c/f_r$）称为载波比。根据载波信号和调制信号是否同步及载波比的变化情况，PWM 调制方式分为异步调制和同步调制。

1）异步调制。异步调制为载波信号和调制信号不同步的调制方式。异步调制中，通常保持f_c固定不变，当f_r变化时，载波比N是变化的。在调制信号的半周期内，PWM 波形的脉冲个数不固定，正负半周期的脉冲不对称。异步调制具有以下特点：

① 当f_r较低时，N较大，一周期内脉冲数较多，脉冲不对称产生的不利影响较小，输出波形接近正弦波。

② 当f_r增高时，N减小，一周期内的脉冲数减少，PWM 脉冲不对称的影响就变大，还会出现脉冲的跳动。

所以对于 PWM 逆变电路来说，在调制信号频率较低时，输出波形更理想。如果在调制信号频率较高时仍能保持较高的载波比，在一定程度上可以改善输出特性。

2）同步调制。同步调制是载波信号和调制信号保持同步的调制方式，当变频时使载波信号与调制信号保持同步，即N等于常数，即调制信号一周期内输出脉冲数固定。同步调制具有以下特点：

① 在三相 PWM 逆变电路中，共用一个三角波载波，且取N为 3 的整数倍，使三相输出对称。为使一相的 PWM 波正负半周镜像对称，N应取奇数。

② f_r很低时，f_c也很低。此时用较少的脉冲去等效较长周期的正弦波，效果不够理想，由调制带来的谐波不易滤除。

③ f_r很高时，f_c会过高。此时用较多的脉冲去等效较短周期的正弦波，由于u_c与u_r的交点更多，开关器件难以承受。

通过对异步调制和同步调制特点的分析，理想的调制方式应该保证：f_r很低时，f_c不要过低；f_r很高时，f_c不要过高。

3）分段同步调制。分段同步调制是异步调制和同步调制的综合应用。把逆变电路的输出频率f_r范围划分成若干个频段，每个频段内保持N恒定，不同频段的N不同。在f_r高的频段采用较低的N，使载波频率不致过高；在f_r低的频段采用较高的N，使载波频率不致过低。

图 5-23 给出了分段同步调制的一个例子。横轴f_r被分为几个频段，每个频段内拥有统一的N（斜率）。可以发现随着f_r增大，N的值由 201 变为 147、99、69、45、33，逐渐减小。在整个过程中，f_c的范围始终控制在 1.4～2kHz。无论是f_c还是f_r都较为合理，是较为理想的控制方式。

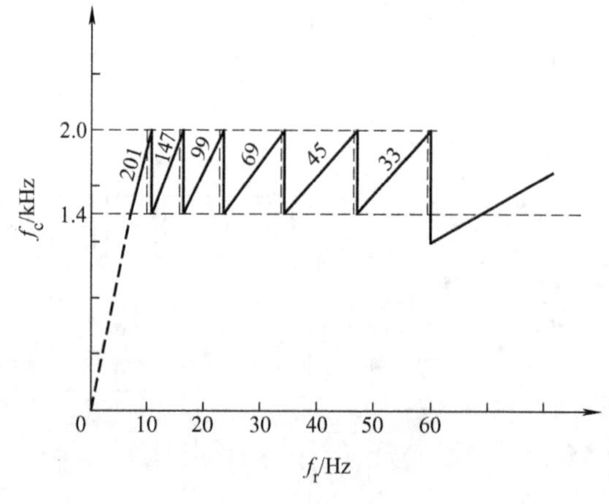

图 5-23　分段同步调制方式举例

同步调制比异步调制复杂，但用微机控制时容易实现。可在低频输出时采用异步调制方式，高频输出时切换到同步调制方式，这样把两者的优点结合起来，和分段同步调制效果接近。

任务实施

（1）任务实施所需模块

根据任务实施需要，在 HKDD－1－V 型电力电子技术实训台上选择 HKDT12 变压器实验挂箱、HKDT03 晶闸管桥式电路挂箱、HKDT11 单相调压与可调负载挂箱、HKDT14

单相交-直-交变频原理挂箱等挂箱的相应模块。

1）电源控制屏：包含“三相电源输出”等模块。

2）给定及实验器件：含“二极管”等模块。

3）晶闸管主电路：包含“电感”等模块。

4）单相交-直-交变频电路。

5）双踪示波器。

6）万用表。

（2）测试电路

测试电路由三部分组成，即主电路、驱动电路和控制电路，具体电路如图 5-24 所示。采用 PWM 正弦波脉宽调制，通过改变调制频率可实现交直交变频的目的。

1）主电路。如图 5-24 所示，整流部分（AC－DC）为不可控整流电路；逆变部分（DC－AC）由四只 IGBT 组成单相桥式逆变电路（采用双极性调制方式）。输出经 *LC* 低通滤波器，滤除高次谐波，得到频率可调的正弦波交流输出。本测试设计的负载为电阻性负载或阻感性负载。

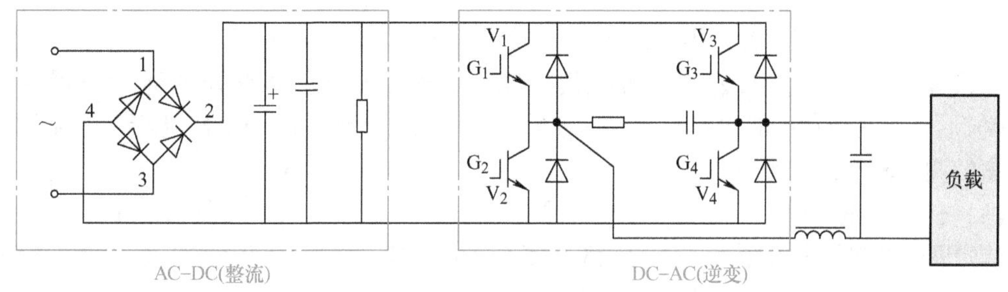

图 5-24　主电路结构原理图

2）驱动电路。以其中一路为例，如图 5-25 所示，采用 IGBT 专用隔离驱动芯片 TLP250，其输入端接控制电路产生的 SPWM 信号，其输出可用以直接驱动 IGBT，采用稳压管 VS_1 稳压产生 E 极参考电位，使得 G、E 极间可输出正电压控制 IGBT 导通，负电压控制 IGBT 关断。

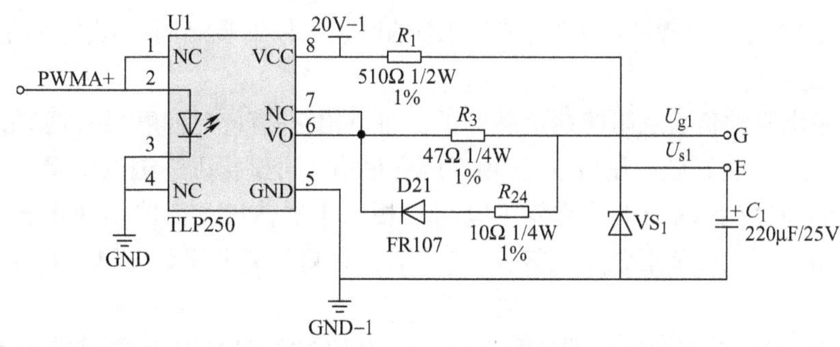

图 5-25　TLP250 的 IGBT 驱动电路

3）控制电路。控制电路结构框图如图 5-26 所示，由两片集成函数信号发生器 XR2206 为核心组成，其中一片 XR2206 产生正弦调制波 u_r，另一片用以产生三角载波 u_c，将此两路信号经比较器 LM311 异步调制后，产生一系列等幅不等宽的矩形波 u_m，即 SPWM 波。u_m 生成两路相位相差 180°的 SPWM＋、SPWM－波，再经电路处理，得到带一定死区范围的两

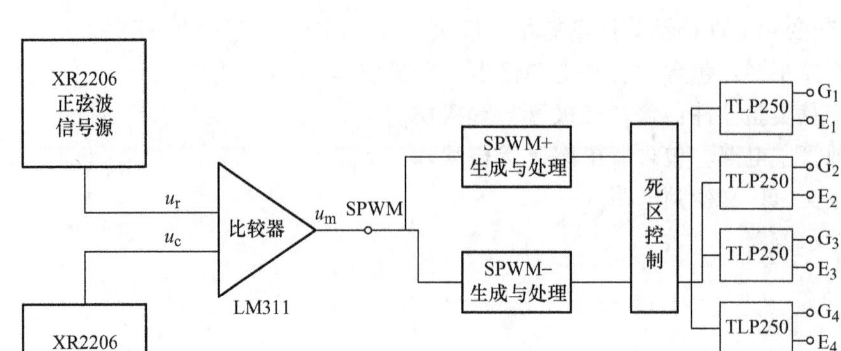

图 5-26 控制电路结构框图

路 SPWM 波，作为主电路中 IGBT 的控制信号。

各波形可通过示波器进行观测。在“测试”状态下，三角载波 u_c 的频率为 1kHz 左右，此时可较清楚地观察到异步调制的 SPWM 波，通过示波器可比较清晰地观测 SPWM 波，但在此状态下不能带负载运行，因载波比 N 太低，不利于设备正常运行。在“运行”状态下，三角载波 u_c 频率为 10kHz 左右，因波形的宽窄快速变化致使无法用普通示波器观察到 SPWM波形，通过带存储的数字示波器的存储功能可较清晰地观测 SPWM 波形。正弦调制波 u_r 频率的调节范围设定为 30 ~ 50Hz。

（3）任务实施步骤

首先进行控制信号的观测。在主电路不接直流电源时，打开控制电源开关，并将单相交-直-交变频电路试验箱左侧的开关拨到“测试”位置，进行以下测试步骤：

1）观察正弦调制波 u_r 的波形，测试其频率可调范围。

2）观察三角载波 u_c 的波形，测试其频率可调范围。

3）改变正弦调制波 u_r 的频率，再测量三角载波 u_c 的频率，判断是同步调制还是异步调制。

4）比较 SPWM +、SPWM −、G_3、G_4 波形的区别，仔细观测同一相上下两管驱动信号之间的死区延迟时间。

然后进行带电阻性负载及阻感性负载测试。将单相交-直-交变频电路试验箱左侧的开关拨到“运行”位置，将正弦调制波 u_r 的频率调到最小，再进行以下测试步骤：

1）将输出接灯泡负载，然后调节主电路三相调压器输出，待输出线电压为 150V 后，接入主电路，由小到大调节正弦调制波 u_r 的频率，观测负载电压的波形，记录其波形参数（幅值、频率）。

2）接入 HKDT06 给定及实验器件和 HKDT03 上的 100mH 电感串联组成的阻感性负载，由小到大调节正弦调制波 u_r 的频率观测负载电压的波形，记录其波形参数（幅值、频率）。

（4）注意事项

1）双踪示波器有两个探头，可同时测量两路信号，但这两个探头的地线都与示波器的外壳相连，所以两个探头的地线不能同时接在同一电路的不同电位的两个点上，否则这两点会通过示波器外壳发生电气短路。为此，为了保证测量顺利进行，可将其中一根探头的地线取下或外包绝缘，只使用其中一路的地线，这样从根本上解决了这个问题。当需要同时观察两个信号时，必须在被测电路上找到这两个信号的公共点，将探头的地线接于此处，探头各接至被测信号，只有这样才能在示波器上同时观察到两个信号，而不发生意外。

2）在“测试”状态下，请勿带负载运行。

3）“过电流保护”指示灯亮，表明过电流保护动作，此时应检查负载是否短路，若要继续实验，应先关机后再重新开机。

任务 5.3　认识西门子 MM420 变频器

1）熟练掌握变频器面板的操作方法。

2）熟练掌握基本操作面板（BOP）改变变频器参数的步骤。

3）能够熟练操作变频器快速调试及恢复出厂默认值等。

MM4 系列变频器是广泛应用于工业场合的多功能标准变频器，它采用高性能的矢量控制技术，提供低速高转矩输出和良好的动态特性，同时具备超强的过载能力，以满足广泛的应用场合。常见的型号有 MM420、MM430、MM440 等，本任务以基本型 MM420 为例做介绍。

1. MM420 变频器的操作面板

MM420 变频器通常装有状态显示板（SDP），对于很多用户来说，利用 SDP 和制造厂的默认设置值，就可以使变频器成功投入运行。有时也可以利用基本操作面板（BOP）或高级操作面板（AOP）修改参数，使工厂的默认设置值与所用设备参数匹配起来。MM420 变频器的操作面板如图 5-27 所示。

利用基本操作面板（BOP）可以改变变频器的各参数。为了利用 BOP 设定参数，必须先拆下 SDP，再装上 BOP。BOP 具有 7 段显示的五位数字，可以显示参数的序号和数值、报

a) 状态显示板(SDP)

b) 基本操作面板(BOP)

c) 高级操作面板(AOP)

图 5-27　MM420 变频器的操作面板

警和故障信息以及设定值和实际值。参数的信息不能用 BOP 存储。基本操作面板（BOP）功能说明见表 5-1。

表 5-1 基本操作面板（BOP）功能说明

显示/按钮	功 能	功能说明
r0000	状态显示	LCD 显示变频器当前的设定值
I	起动变频器	按此键起动变频器。默认值运行时此键是被封锁的。为了使此键的操作有效，应设定 P0700 = 1
0	停止电动机	1）OFF1：按此键，电动机将按选定的斜坡下降速率减速停止。默认值运行时此键被封锁；为了允许此键操作，应设定 P0700 = 1 2）OFF2：按此键两次（或一次，但时间较长），电动机将在惯性作用下自由停止。此功能总是“使能”的
	改变电动机的转动方向	按此键可以改变电动机的转动方向。电动机的反向用负号（ - ）表示或用闪烁的小数点表示。默认值运行时此键是被封锁的，为了使此键的操作有效，应设定 P0700 = 1
jog	电动机点动	在变频器无输出的情况下按此键，将使电动机起动，并按预设定的点动频率运行。释放此键时，电动机停止。如果电动机正在运行，按此键将不起作用
Fn	功能	1）此键用于浏览辅助信息。变频器运行过程中，在显示任何一个参数时按下此键并保持 2s，将显示以下参数值： ① 直流回路电压（用 d 表示，单位：V） ② 输出电流（A） ③ 输出频率（Hz） ④ 输出电压（用 o 表示，单位：V） ⑤ 由 P0005 选定的数值（如果 P0005 选择显示上述参数中的任何一个，这里将不再显示） 连续多次按下此键，将轮流显示以上参数 2）跳转功能。在显示任何一个参数（r××××或 P××××）时短时间按下此键，将立即跳转到 r0000，如果需要的话，用户可以接着修改其他参数。跳转到 r0000 后，按此键将返回原来的显示点 3）故障确认。在出现故障或报警的情况下，按下此键可以对故障或报警进行确认
P	访问参数	按此键即可访问参数
	增加数值	按此键即可增加面板上显示的参数数值
	减少数值	按此键即可减少面板上显示的参数数值

2. 基本操作面板修改设置参数

MM420 在默认设置时，用 BOP 控制电动机的功能是被禁止的。如果要用 BOP 进行控制，参数 P0700 应设置为 1，参数 P1000 也应设置为 1。用基本操作面板（BOP）可以修改任何一个参数。修改参数的数值时，BOP 有时会显示“busy”，表明变频器正忙于处理优先级更高的任务。下面以设置 P1000＝1 的过程为例，介绍通过基本操作面板（BOP）修改设置参数的流程。

表 5-2　基本操作面板（BOP）修改设置参数流程

操作步骤		BOP 显示结果
1	按Ⓟ键，访问参数	r0000
2	按▲键，直到显示 P1000	P1000
3	按Ⓟ键，直到显示 in000，即 P1000 的第 0 组值	in000
4	按Ⓟ键，显示当前值 2	2
5	按▼键，达到所要求的值 1	1
6	按Ⓟ键，存储当前设置	P1000
7	按Fn键，显示 r0000	r0000
8	按Ⓟ键，显示频率	50.00

3. 改变参数数值的一个数

为了快速修改参数的数值，可以逐个单独修改显示的数字，操作步骤如下：

1）按Fn（功能键），最右边的一个数字闪烁。

2）按▲/▼，修改本位数字的数值。

3）再按Fn（功能键），相邻的下一位数字闪烁。

4）重复执行 2）~3）步，直到显示出所要求的数值。

5）按Ⓟ，退出参数数值的访问级。

4. 快速调试

P0010 的参数过滤功能和 P0003 选择用户访问级别的功能在快速调试时是十分重要的。由此可以选定一组允许进行快速调试的参数。电动机的设定参数和斜坡函数的设定参数都包括在内。在快速调试的各步骤都完成以后，应选定 P3900，如果将其置为 1，将执行必要的电动机计算，并使其他所有的参数（P0010＝1 不包括在内）恢复为默认设置值。只有在快速调试方式下才能进行这一操作。快速调试具体流程如图 5-28 所示。

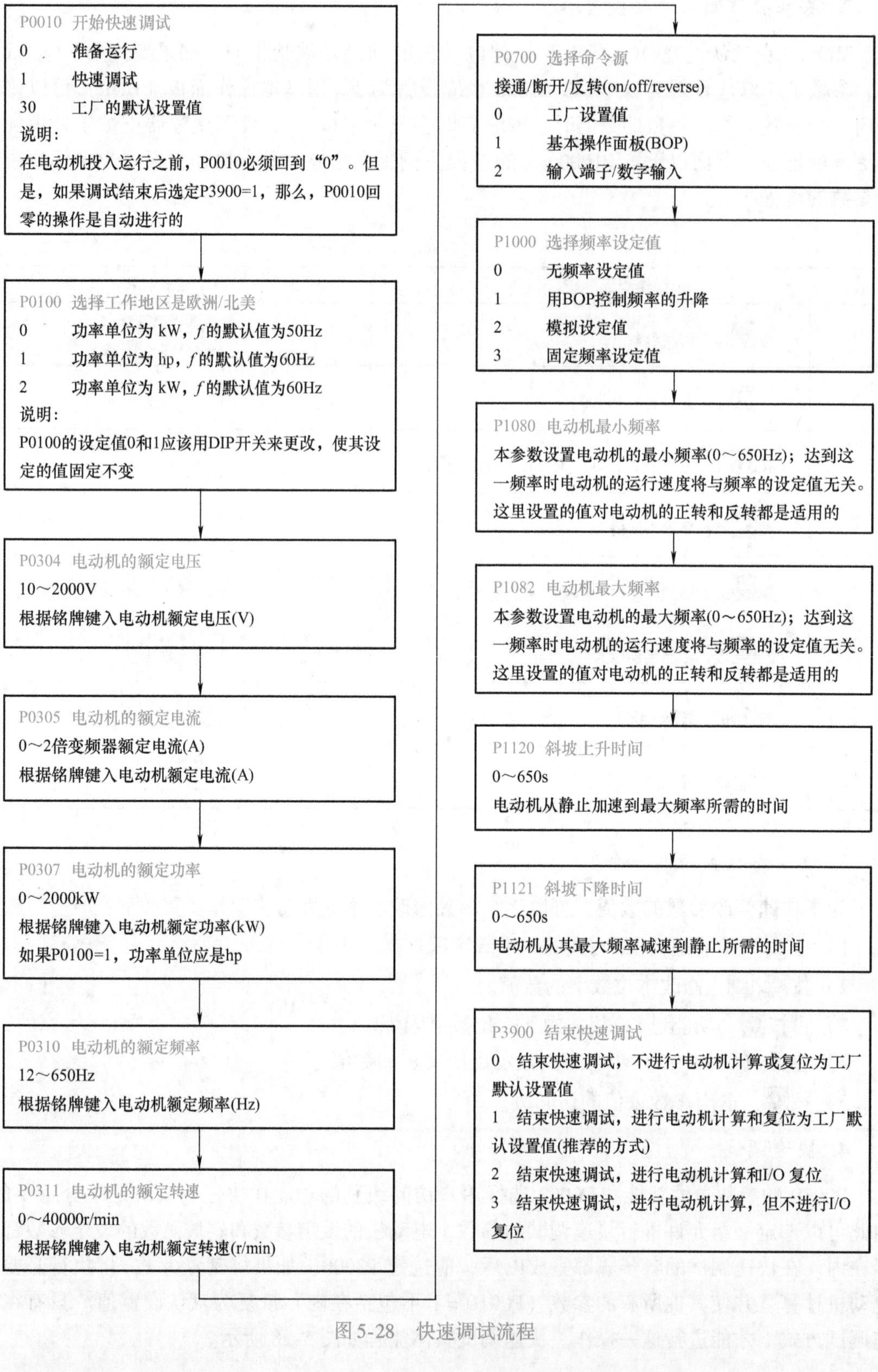

P0010 开始快速调试
0 准备运行
1 快速调试
30 工厂的默认设置值
说明：
在电动机投入运行之前，P0010必须回到“0”。但是，如果调试结束后选定P3900=1，那么，P0010回零的操作是自动进行的

↓

P0100 选择工作地区是欧洲/北美
0 功率单位为 kW，f的默认值为50Hz
1 功率单位为 hp，f的默认值为60Hz
2 功率单位为 kW，f的默认值为60Hz
说明：
P0100的设定值0和1应该用DIP开关来更改，使其设定的值固定不变

↓

P0304 电动机的额定电压
10～2000V
根据铭牌键入电动机额定电压(V)

↓

P0305 电动机的额定电流
0～2倍变频器额定电流(A)
根据铭牌键入电动机额定电流(A)

↓

P0307 电动机的额定功率
0～2000kW
根据铭牌键入电动机额定功率(kW)
如果P0100=1，功率单位应是hp

↓

P0310 电动机的额定频率
12～650Hz
根据铭牌键入电动机额定频率(Hz)

↓

P0311 电动机的额定转速
0～40000r/min
根据铭牌键入电动机额定转速(r/min)

↓

P0700 选择命令源
接通/断开/反转(on/off/reverse)
0 工厂设置值
1 基本操作面板(BOP)
2 输入端子/数字输入

↓

P1000 选择频率设定值
0 无频率设定值
1 用BOP控制频率的升降
2 模拟设定值
3 固定频率设定值

↓

P1080 电动机最小频率
本参数设置电动机的最小频率(0～650Hz)；达到这一频率时电动机的运行速度将与频率的设定值无关。这里设置的值对电动机的正转和反转都是适用的

↓

P1082 电动机最大频率
本参数设置电动机的最大频率(0～650Hz)；达到这一频率时电动机的运行速度将与频率的设定值无关。这里设置的值对电动机的正转和反转都是适用的

↓

P1120 斜坡上升时间
0～650s
电动机从静止加速到最大频率所需的时间

↓

P1121 斜坡下降时间
0～650s
电动机从其最大频率减速到静止所需的时间

↓

P3900 结束快速调试
0 结束快速调试，不进行电动机计算或复位为工厂默认设置值
1 结束快速调试，进行电动机计算和复位为工厂默认设置值(推荐的方式)
2 结束快速调试，进行电动机计算和I/O 复位
3 结束快速调试，进行电动机计算，但不进行I/O复位

图5-28 快速调试流程

5. MM420 变频器接线

（1）主电路接线

MM420 变频器主电路由整流部分、储能环节和逆变部分构成。变频器的输入端即是整流部分的输入端 R、S、T，接入单相或三相恒压恒频的正弦交流电压。变频器的输出端是逆变部分的输出端 U、V、W，接入三相交流电动机。接线后，零碎线头必须清除干净。零碎线头可能造成异常、失灵和故障，因此必须始终保持变频器清洁。

电动机与变频器连接示意图如图 5-29 所示。

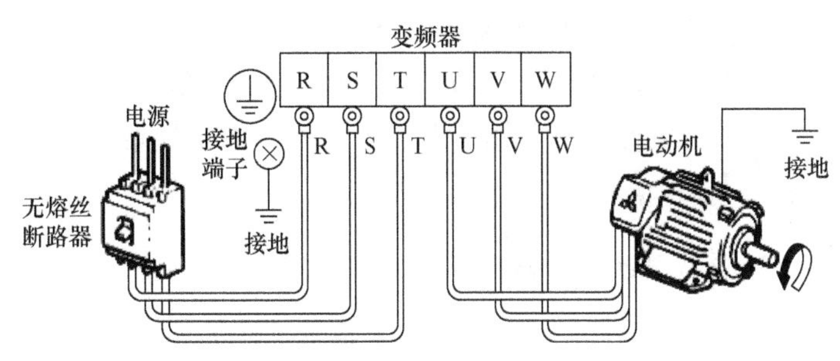

图 5-29　电动机与变频器连接示意图

1）三相交流电源绝对不能直接接到变频器输出端子，否则将导致变频器内部器件损坏。R、S、T 通过线路保护用断路器或带剩余电流保护的断路器连接到三相交流电源，无需考虑连接相序。

2）U、V、W 与三相电动机连接，当电动机旋转方向与设定不一致时，可以对调 U、V、W 三相中的任意两相。输出端不能接电容器或浪涌吸收器。

3）变频器与电动机连接导线的选择，原则上与电源导线相同，长度尽量不要超过 50m。

4）为使电压下降在 2% 以内，应使用适当型号的导线接线。变频器和电动机间的接线距离较长时，特别是低频率输出情况下，会由于主电路电缆的电压下降而导致电动机的转矩下降。

5）运行后，改变接线的操作，必须在电源切断 10min 以上后，用万用表检查电压后进行。断电后一段时间内，电容上仍然有危险的高压电。

（2）控制电路接线

控制电路有数个外接端子：

1）端子 1、2：接高精度的 10V 直流稳压电源。

2）端子 3、4：模拟输入端 AIN +、AIN -，作为频率给定信号。

3）端子 5、6、7：3 个完全可编程的数字输入端 DIN1、DIN2、DIN3。

4）端子 8、9：为控制电路提供 24V 直流电源。

5）端子 10、11：输出继电器的一对触点。

6）端子 12、13：一对模拟输出端 AOUT +、AOUT -。

7）端子 14、15：RS -485（USS 协议）端。

控制电路接线应注意以下几点：

① 变频器的故障信号和多功能触点输出信号等有可能与高压交流继电器相连，所以应该将其连线与控制电路的其他端子分开。

② 为了避免因干扰信号造成的误动作，变频器控制线应采用屏蔽线或双绞线且与主电路电缆或其他电力电缆分开铺设，且尽量远离主电路 100mm 以上；尽量不和主电路电缆平行铺设，不和主电路交叉，必须交叉时，应采取垂直交叉的方法。

③ 变频器开关量控制线有较强的抗干扰能力，允许不使用屏蔽线。不用屏蔽线时，应

将同一控制信号的两根线互相绞在一起，绞合线的绞合间距应尽可能小。

（3）接地线

由于变频器主电路中的半导体开关器件在工作过程中将进行高速的开闭动作，变频器主电路和变频器单元外壳以及控制柜之间的漏电电流也相对变大。因此，为了防止操作人员触电，必须保证变频器的接地端可靠接地。在进行接地线的布线时，注意事项如下：

1）应该按照规定的施工要求进行布线，接地线不作为传送信号的电路使用。

2）变频器接地电缆应与强电设备的接地电缆分开。

3）尽可能缩短接地电缆的长度。

4）当变频器和其他设备或两台及以上变频器一起接地时，每台设备必须分别和地线连接。不允许一台设备的接地端和另一台设备的接地端相连后再接地。

6. 变频器控制电动机调速

交流异步电动机的转速公式为

$$n = 60\frac{f}{p}(1 - s)$$

式中，n 为异步电动机的转速（r/min）；f 为频率（Hz）；p 为电动机磁极对数；s 为转差率（0～3%或0～6%）。

由转速公式可见，转速 n 和频率 f 成正比，只要设法改变三相交流电动机的供电频率 f，就可改变电动机的转速 n。

需要注意的是，变频器控制一般的交流异步电动机运行时，变频器不能调至1Hz，因为1Hz时已经接近直流，电动机将会发热严重，很有可能烧毁。如果超过50Hz运行会增大电动机的铁损，对电动机也是不利的，一般最好不要超过60Hz（短时间内超过是允许的），否则也会影响电动机的使用寿命。另外，由于变频器和交流伺服电动机在性能和功能上的不同，应用上也不大相同，交流伺服电动机不可以用变频器控制。

任务实施

（1）任务实施所需模块

1）可编程序控制器实训装置。

2）MM420 变频器实训模块。

3）三相异步电动机。

4）安全连接导线若干。

（2）任务实施步骤

1）起动：在变频器的操作面板上按运行键 I ，变频器将驱动电动机升速，运行在由P1040 所设定的20Hz 频率对应的560r/min 转速上。

2）正反转及加减速运行：电动机的转速（运行频率）及旋转方向可直接通过操作面板上的按键（▲/▼）来改变。

3）停车：在变频器的操作面板上按停止键 O ，变频器将驱动电动机降速至零。

4）点动运行：按下变频器操作面板上的点动键 Jog ，变频器驱动电动机升速，并运行在由 P1058 所设置的正向点动 10Hz 频率值上。当松开变频器操作面板上的点动键，则变频器将驱动电动机降速至零。这时，如果按下变频器操作面板上的换向键，再重复上述的点动运行操作，电动机可在变频器的驱动下反向点动运行。

任务 5.4　变频器操作面板实现电动机点动运行、正反转及调速

1）理解变频器操作面板点动可逆运转及调速控制方式。

2）掌握变频器操作面板点动可逆运转及调速控制方式的接线和参数设置方法。

（1）接线图

操作面板控制电动机点动运行、正反转及调速接线图如图 5-30 所示。

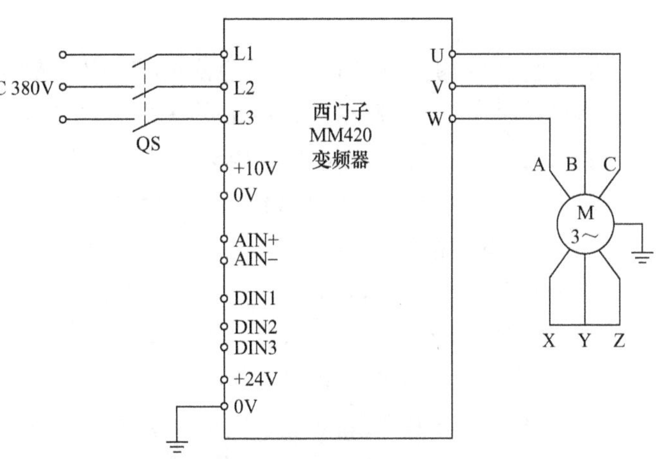

图 5-30　操作面板控制电动机点动运行、正反转及调速接线图

（2）参数设置

1）参数复位：P0010 = 30，P0970 = 1。

2）设置基本参数。为了使电动机和变频器相匹配，需要设置电动机的参数与选用电动机型号一致，参数设置明细见表5-3。参数设置完成后，设 P0010 = 0，变频器处于准备状态，可正常运行。

表 5-3　变频器参数设置明细

序号	变频器参数	设定值	功能说明
1	P0304	根据电动机的铭牌设置	电动机额定电压（V）
2	P0305	根据电动机的铭牌设置	电动机额定电流（A）
3	P0307	根据电动机的铭牌设置	电动机额定功率（kW）
4	P0310	根据电动机的铭牌设置	电动机额定频率（Hz）
5	P0311	根据电动机的铭牌设置	电动机额定转速（r/min）
6	P0003	1	设用户访问级为标准级
7	P0700	1	选择命令源为 BOP
8	P1000	1	由 BOP 控制频率升降
9	P1080	2	电动机运行的最低频率（2Hz）
10	P1082	80	电动机运行的最高频率（80Hz）

任务实施

1. 任务实施所需模块

1）可编程序控制器实训装置。

2）MM420 变频器实训模块。

3）三相异步电动机。

4）安全连接导线若干。

2. 任务实施步骤

（1）默认频率条件下点动运行、正反转及调速

1）点动。按住键电动机运转，松开该键电动机停转（电源频率为 5Hz）。

2）起动。按键电动机起动（电源频率为 5Hz），按键电动机升速，最高转速为 P1082 所设置的 80Hz 对应的转速；按键电动机降速，最低转速为 P1080 所设置的 2Hz 对应的转速。

3）改变电动机旋转方向。电动机起动后，不论转速对应在哪个频率上，只要按键电动机将停转后自动反向起动，运转在原频率对应的转速上。

4）停转。按键电动机停止旋转。

（2）设定频率条件下点动运行、正反转及调速

1）补充设置参数如下；

① P1040 = 40；设定键盘控制的频率（Hz）

② P1058 = 10；正向点动频率（Hz）

③ P1059 = 10；反向点动频率（Hz）

2）正向点动。按住键电动机正向运转（10Hz），松开该键电动机停转。

3）反向点动。按键后，按住键，电动机反向运转（10Hz），松开电动机停转。

4）起动。按键，电动机起动，转速为 P1040 所设置的 40Hz 对应的转速，按键电动机升速，最高转速为 P1082 所设置的 80Hz 对应的转速；按键电动机降速，最低转速为 P1080 所设置的 2Hz 对应的转速。

5）改变电动机旋转方向。电动机起动后，不论转速对应在哪个频率上，只要按键电动机将停转后自动反向起动，运转在原频率对应的转速上。

6）停转。按键电动机停止旋转。

3. 修改相关参数

修改参数 P1080 = 5、P1082 = 80、P1058 = 15、P1059 = 20 中任一个或几个，观察电动机运行状态。

任务 5.5　外接端子实现电动机点动运行及正反转

1）理解变频器外接端子实现电动机点动运行及正反转控制方式。

2）掌握变频器外接端子实现电动机点动运行及正反转控制方式的接线和参数设置方法。

3）能够熟练操作变频器及进行参数设置。

（1）接线图

变频器外接端子实现电动机点动运行及正反转接线图如图 5-31 所示。

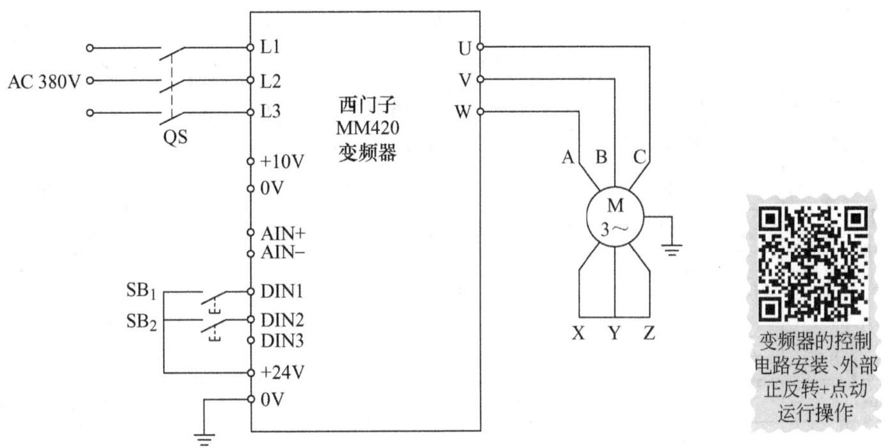

变频器的控制电路安装、外部正反转+点动运行操作

图 5-31　变频器外接端子实现电动机点动运行及正反转接线图

（2）参数设置

1）参数复位：P0010 = 30，P0970 = 1。

2）设置基本参数。为了使电动机和变频器相匹配，需要设置电动机的参数与选用电动机型号一致。点动运行时参数设置明细见表 5-4，正反转时参数设置明细见表 5-5。参数设置完成后，设 P0010 = 0，变频器处于准备状态，可正常运行。

表 5-4　点动运行时变频器参数设置明细

序号	变频器参数	设定值	功能说明
1	P0304	根据电动机的铭牌设置	电动机额定电压（V）
2	P0305	根据电动机的铭牌设置	电动机额定电流（A）
3	P0307	根据电动机的铭牌设置	电动机额定功率（kW）
4	P0310	根据电动机的铭牌设置	电动机额定频率（Hz）
5	P0311	根据电动机的铭牌设置	电动机额定转速（r/min）

（续）

序号	变频器参数	设定值	功能说明
6	P1000	1	由 BOP 控制频率升降
7	P1080	0	电动机的最低频率（0Hz）
8	P1082	50	电动机的最高频率（50Hz）
9	P0700	2	选择命令源为输入端子/数字输入
10	P0701	1	正向点动
11	P0702	2	反向点动
12	P1058	30	正向点动频率（30Hz）
13	P1059	20	反向点动频率（20Hz）
14	P1060	10	点动斜坡上升时间（10s）
15	P1061	5	点动斜坡下降时间（5s）

表 5-5　正反转时变频器参数设置明细

序号	变频器参数	设定值	功能说明
1	P0304	根据电动机的铭牌设置	电动机额定电压（V）
2	P0305	根据电动机的铭牌设置	电动机额定电流（A）
3	P0307	根据电动机的铭牌设置	电动机额定功率（kW）
4	P0310	根据电动机的铭牌设置	电动机额定频率（Hz）
5	P0311	根据电动机的铭牌设置	电动机额定转速（r/min）
6	P0003	3	设用户访问级为专家级
7	P0004	0	参数过滤显示全部参数
8	P1000	1	由 BOP 控制频率升降
9	P1080	0	电动机的最低频率（0Hz）
10	P1082	50	电动机的最高频率（50Hz）
11	P1120	5	斜坡上升时间（5s）
12	P1121	5	斜坡下降时间（5s）
13	P0700	2	选择命令源为输入端子/数字输入
14	P0701	1	ON 接通正转，OFF 停止
15	P0702	2	ON 接通反转，OFF 停止
16	P1040	40	BOP 控制的频率（40Hz）

任务实施

（1）任务实施所需模块

1）可编程序控制器实训装置。

2）MM420 变频器实训模块。

3）三相异步电动机。

4）安全连接导线若干。

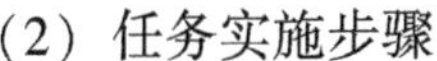

（2）任务实施步骤

1）外接端子实现电动机点动运行。

① 正向点动：按下按钮 SB_1（5-8 接通），电动机按 P1060 所设置的 10s 点动斜坡上升时间正向起动，经 10s 后稳定运行在 P1058 所设置的 30Hz 频率对应的转速上。

② 正向停转：松开按钮 SB_1，电动机按 P1061 所设置的 5s 点动斜坡下降时间停转。

③ 反向点动：待电动机停止运行后，按下按钮 SB_2（6-8 接通），电动机按 P1060 所设置的 10s 点动斜坡上升时间反向起动，经 10s 后稳定运行在 P1059 所设置的 20Hz 频率相对应的转速上。

④ 反向停转：松开按钮 SB_2，电动机按 P1061 所设置的 5s 点动斜坡下降时间停转。

2）外接端子实现电动机正反转

① 正向起动：按下按钮 SB_1，电动机按 P1120 所设置的 5s 斜坡上升时间正向起动，经 5s 后稳定运行在 P1040 所设置的 40Hz 频率相对应的转速上。

② 正向停转：松开按钮 SB_1，电动机按 P1121 所设置的 5s 斜坡下降时间停转。

③ 反向起动：按下按钮 SB_2，电动机仍按 5s 斜坡上升时间后稳定运行在 40Hz 频率相对应的转速上。

④ 反向停转：松开按钮 SB_2，电动机按 P1121 所设置的 5s 斜坡下降时间停转。

任务 5.6　外接端子实现电动机正反转及电位器调速

学习目标

1）理解变频器外接端子实现电动机正反转及电位器调速控制方式。

2）掌握变频器外接端子实现电动机正反转及电位器调速控制方式的接线和参数设置方法。

3）能够熟练操作变频器及参数设置等。

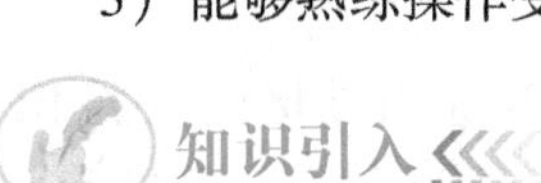

知识引入

（1）接线图

变频器外接端子控制电动机正反转及电位器调速接线图如图 5-32 所示。

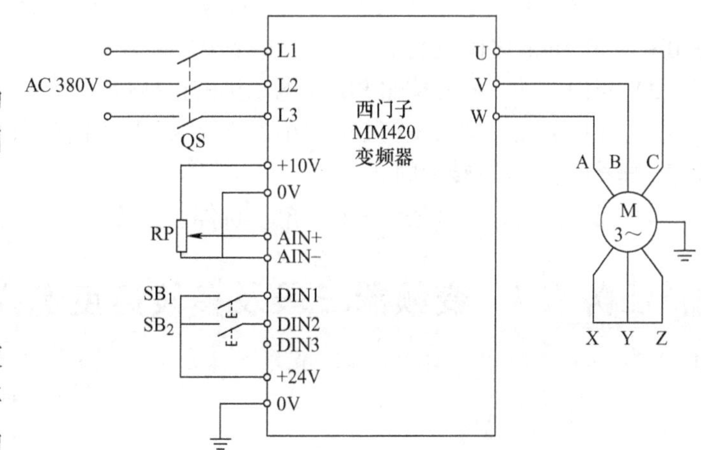

图 5-32　外接端子控制电动机正反转及电位器调速接线图

（2）参数设置

1）参数复位：P0010 = 30，P0970 = 1。

2）设置基本参数。为了使电动机和变频器相匹配，需要设置电动机的参数与选用电动机型号一致，参数设置明细见

155

表5-6。参数设置完成后，设 P0010 = 0，变频器处于准备状态，可正常运行。

表 5-6　外接端子控制电动机正反转及电位器调速的参数设置明细

序号	变频器参数	设定值	功能说明
1	P0304	根据电动机的铭牌设置	电动机额定电压（V）
2	P0305	根据电动机的铭牌设置	电动机额定电流（A）
3	P0307	根据电动机的铭牌设置	电动机额定功率（kW）
4	P0310	根据电动机的铭牌设置	电动机额定频率（Hz）
5	P0311	根据电动机的铭牌设置	电动机额定转速（r/min）
6	P0003	3	设用户访问级为专家级
7	P0004	0	参数过滤显示全部参数
8	P1000	2	频率设定值选择为“模拟输入”
9	P1080	0	电动机的最低频率（0Hz）
10	P1082	50	电动机的最高频率（50Hz）
11	P0700	2	选择命令源为输入端子/数字输入
12	P0701	1	ON 接通正转，OFF 停止
13	P0702	2	ON 接通反转，OFF 停止

任务实施

（1）任务实施所需模块

1）可编程序控制器实训装置。

2）MM420 变频器实训模块。

3）三相异步电动机。

4）安全连接导线若干。

（2）任务实施步骤

1）正向起动。按下按钮 SB_1（5-8 接通），电动机正向起动。转速由外接电位器 RP 调节，模拟信号在 0～10V 之间变化，对应变频器频率在 0～50Hz 之间变化，电动机转速在 0～1440r/min 之间变化。

2）正向停转。松开按钮 SB_1，电动机停止旋转。

3）反向起动。按下按钮 SB_2（6-8 接通），电动机反向起动。转速仍由外接电位器 RP 调节，运行状态与正转相同。

4）反向停转。松开按钮 SB_2，电动机停止旋转。

任务 5.7　变频器三段及多段速度选择控制

学习目标

1）理解变频器的三段及多段速度选择控制方式。

2）掌握变频器的三段及多段速度选择控制方式的接线和参数设置方法。

3）能够熟练操作变频器及参数设置等。

变频器的多段速运行操作(一)

知识引入

（1）接线图

变频器三段及多段速度选择控制接线图如图5-33所示。

（2）参数设置

1）参数复位：P0010 = 30，P0970 = 1。

2）设置基本参数。为了使电动机和变频器相匹配，需要设置电动机的参数与选用电机型号一致，三段速度选择控制的参数设置明细见表5-7，多段速度选择控制的参数设置明细见表5-8。参数设置完成后，设P0010 = 0，变频器处于准备状态，可正常运行。

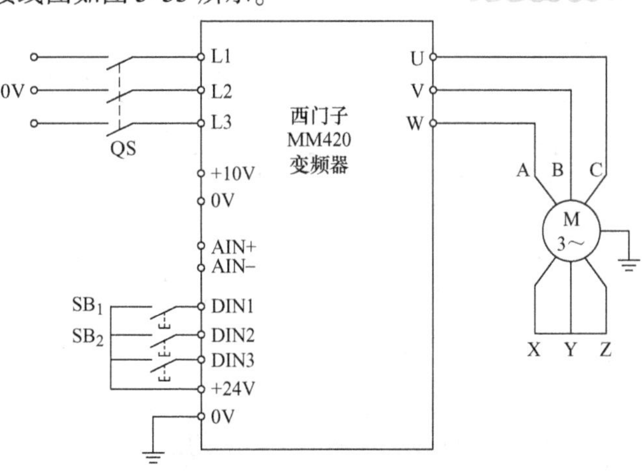

图5-33　三段及多段速度选择控制接线图

表5-7　三段速度选择控制的参数设置明细

序号	变频器参数	设定值	功能说明
1	P0304	根据电动机的铭牌设置	电动机额定电压（V）
2	P0305	根据电动机的铭牌设置	电动机额定电流（A）
3	P0307	根据电动机的铭牌设置	电动机额定功率（kW）
4	P0310	根据电动机的铭牌设置	电动机额定频率（Hz）
5	P0311	根据电动机的铭牌设置	电动机额定转速（r/min）
6	P0003	3	设用户访问级为专家级
7	P0004	0	参数过滤显示全部参数
8	P1000	3	选择固定频率设定值
9	P1080	0	电动机的最低频率（0Hz）
10	P1082	50	电动机的最高频率（50Hz）
11	P1120	5	斜坡上升时间（5s）
12	P1121	5	斜坡下降时间（5s）
13	P0700	2	选择命令源为输入端子/数字输入
14	P0701	17	选择固定频率（二进制编码选择 + ON 命令）
15	P0702	17	选择固定频率（二进制编码选择 + ON 命令）
16	P1001	25	设置固定频率1（25Hz）
17	P1002	35	设置固定频率2（35Hz）
18	P1003	55	设置固定频率3（55Hz）

表 5-8　多段速度选择控制的参数设置明细

序号	变频器参数	设定值	功能说明
1	P0304	根据电动机的铭牌设置	电动机额定电压（V）
2	P0305	根据电动机的铭牌设置	电动机额定电流（A）
3	P0307	根据电动机的铭牌设置	电动机额定功率（kW）
4	P0310	根据电动机的铭牌设置	电动机额定频率（Hz）
5	P0311	根据电动机的铭牌设置	电动机额定转速（r/min）
6	P1000	3	选择固定频率设定值
7	P1080	0	电动机的最低频率（0Hz）
8	P1082	50	电动机的最高频率（50Hz）
9	P1120	5	斜坡上升时间（5s）
10	P1121	5	斜坡下降时间（5s）
11	P0700	2	选择命令源为输入端子/数字输入
12	P0701	17	固定频率设值（二进制编码选择 + ON 命令）
13	P0702	17	固定频率设值（二进制编码选择 + ON 命令）
14	P0703	17	固定频率设值（二进制编码选择 + ON 命令）
15	P1001	5	设置固定频率 1（5Hz）
16	P1002	10	设置固定频率 2（10Hz）
17	P1003	20	设置固定频率 3（20Hz）
18	P1004	25	设置固定频率 4（25Hz）
19	P1005	30	设置固定频率 5（30Hz）
20	P1006	40	设置固定频率 6（40Hz）
21	P1007	50	设置固定频率 7（50Hz）

任务实施

（1）任务实施所需模块

1）可编程序控制器实训装置。

2）MM420 变频器实训模块。

3）三相异步电动机。

4）安全连接导线若干。

（2）任务实施步骤

1）三段速度选择控制。三段速度选择控制状态下，各固定频率的数值根据表 5-9 选择。

表 5-9　三段速度选择控制状态表

SB_1	SB_2	SB_3	输出频率/Hz
0	0	0	0
1	0	1	25
0	1	1	35
1	1	1	55

具体操作步骤如下：

① 按下按钮 SB_3（7-8 接通），允许电动机运行。

② 第 1 段速控制：当按钮 SB_1 接通、SB_2 断开时，变频器工作在由 P1001 所设定的 25Hz 第 1 频率段上。

③ 第 2 段速控制：当按钮 SB_1 断开、SB_2 接通时，变频器工作在由 P1002 所设定的 35Hz 第 2 频率段上。

④ 第 3 段速控制：当按钮 SB_1、SB_2 都接通时，变频器工作在由 P1003 所设定的 55Hz 第 3 频率段上。

⑤ 电动机停止运行：当按钮 SB_1、SB_2 都断开时，电动机停止运行。或在电动机正常运行在任一频段时，将 SB_3 断开，电动机也能停止运行。

2）多段速度选择控制。多段速度选择控制状态下，各固定频率的数值根据表 5-10 选择。

表 5-10　多段速度选择控制状态表

SB_1	SB_2	SB_3	输出频率/Hz
0	0	0	0
1	0	0	5
0	1	0	10
1	1	0	20
0	0	1	25
1	0	1	30
0	1	1	40
1	1	1	50

具体操作步骤如下：

变频器的多段速运行操作（二）

① 第 1 段速控制：当按钮 SB_1 接通，SB_2、SB_3 断开时，变频器工作在由 P1001 所设定的 5Hz 第 1 频率段上。

② 第 2 段速控制：当按钮 SB_2 接通，SB_1、SB_3 断开时，变频器工作在由 P1002 所设定的 10Hz 第 2 频率段上。

③ 第 3 段速控制：当按钮 SB_1、SB_2 接通，SB_3 断开时，变频器工作在由 P1003 所设定的 20Hz 第 3 频率段上。

④ 第 4 段速控制：当按钮 SB_3 接通，SB_1、SB_2 断开时，变频器工作在由 P1004 所设定的 25Hz 第 4 频率段上。

⑤ 第5段速控制：当按钮 SB_1、SB_3 接通，SB_2 断开时，变频器工作在由P1005所设定的30Hz第5频率段上。

⑥ 第6段速控制：当按钮 SB_2、SB_3 接通，SB_1 断开时，变频器工作在由P1006所设定的40Hz第6频率段上。

⑦ 第7段速控制：当按钮 SB_1、SB_2、SB_3 都接通时，变频器工作在由P1007所设定的50Hz第7频率段上。

⑧ 电动机停止运行：当按钮 SB_1、SB_2、SB_3 都断开时，电动机停止运行。

拓展应用

1. 中频感应加热电源

中频感应加热技术是利用电磁感应原理及涡流效应对工件进行加热，加热速度快、物料内部发热效率高、加热均匀，同时具有选择性、几乎无环境污染、可控性好及易于实现生产自动化等一系列优点。

中频感应加热电源是一种静止变频装置，将三相工频电源变换成单相电源，对各种负载适应性好、适用范围广，主要应用于各种金属的熔炼、保温、烧结、焊接、淬火、回火、透热、金属液净化、热处理、弯管以及晶体生长等场合。中频感应加热电源的标准输出功率一般为30～4000kW，标准配置熔炼炉一般为5～5000kg，标准振荡频率一般为400Hz～10kHz。

图5-34给出了中频感应加热电源主电路原理图，主电路主要包括晶闸管整流器、逆变器以及连接整流器与逆变器的直流电抗器，还有相应的控制回路和保护回路。

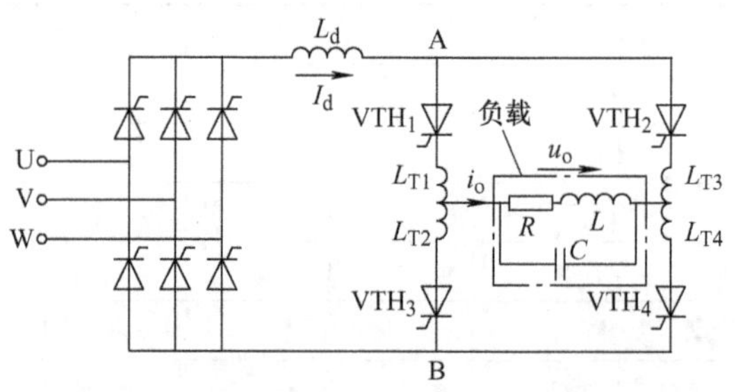

图5-34　中频感应加热电源主电路原理图

中频感应加热电源的工作原理为：采用三相桥式全控整流电路将交流电整流为直流电，经电抗器平波后成为直流电源，再经单相电流型逆变桥，把直流电流逆变成一定频率（一般为1000～8000Hz）的单相中频电流。负载由感应线圈和补偿电容器组成，连接成并联谐振电路。这种交流变直流再变交流的间接交流变交流的电路结构与变频电路的结构很类似。

2. 恒压恒频（CVCF）电源

CVCF电源主要用作不间断电源（Uninterrupted Power Supply，UPS），UPS是指当工频交流输入电源（习惯称为市电）发生异常或断电时，还能继续向负载供电，并能保证供电质量，使负载供电不受影响的装置。UPS主要用于给单台计算机、计算机网络系统或其他电力电子设备（如电磁阀、压力变送器等）提供稳定、不间断的电力供应。

UPS的基本工作原理是：当市电输入正常时，UPS将市电稳压后供应给负载使用，此时的UPS就是一台交流稳压器，同时它还向机内电池充电；当市电中断（事故停电）时，

UPS立即将电池的直流电能，通过逆变器切换转换的方法转换为220V交流电并向负载继续供应，使负载维持正常工作，保护负载软、硬件不受损坏。UPS设备通常对过电压或欠电压都能提供保护。其基本结构原理图如图5-35所示。

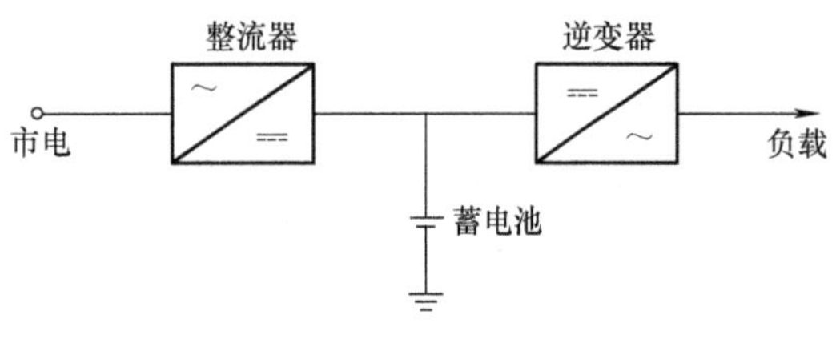

图5-35　UPS基本结构原理图

UPS具备稳压与净化电能的功能。稳压功能通常是由整流器完成的，整流器件采用晶闸管或高频开关整流器，具有可根据外电的变化控制输出幅值的功能，当外电发生变化时可以输出幅值基本不变的整流电压。净化功能则由储能电池来完成。由于整流器对瞬时脉冲干扰不能消除，整流后的电压仍存在干扰脉冲，而储能电容两端的电压是不能突变的，因此利用电容器对脉冲的平滑特性可消除脉冲干扰，也起到了对干扰的屏蔽作用。

小容量与大容量UPS主电路分别如图5-36与图5-37所示。小容量的UPS整流部分使用二极管整流器和直流斩波器（PFC），可获得较高的交流输入功率因数。逆变部分使用IGBT并采用PWM控制，可获得良好的控制性能。大容量UPS主电路的逆变器多采用PWM控制，开关频率较低，通过多重化连接降低输出电压中的谐波分量。

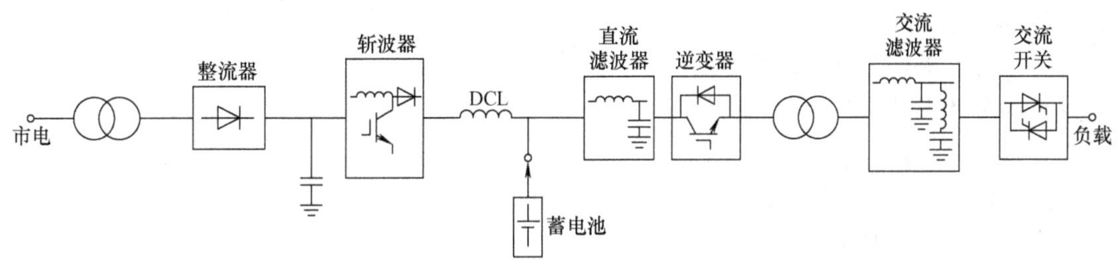

图5-36　小容量UPS主电路

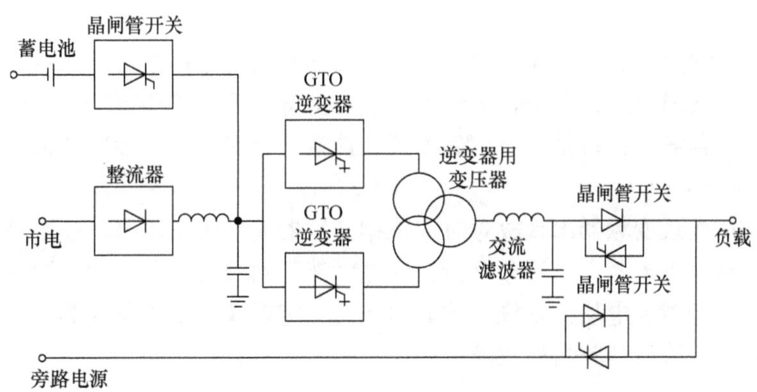

图5-37　大容量UPS主电路

UPS使用需要注意以下方面：

1）UPS的使用环境应注意通风良好，利于散热，并保持环境清洁。

2）切勿带感性负载，如点钞机、荧光灯、空调等，以免造成损坏。

3）UPS的输出负载控制在60%左右为最佳，可靠性最高。

4）UPS带负载过轻（如1000VA的UPS带100VA负载）有可能造成电池的深度放电，会降低电池的使用寿命，应尽量避免。

5）适当的放电有助于电池的激活，如长期不停市电，每隔三个月应人为断掉市电，用UPS带负载放电一次，这样可以延长电池的使用寿命。

6）对于多数小型家用UPS，应上班时开UPS，开机时要避免带负载起动，下班时应关闭UPS；对于网络机房的UPS，由于多数网络是24h工作的，所以UPS也必须全天候运行。

7）UPS放电后应及时充电，避免电池因过度自放电而损坏。

3. 变频器的安装与维修

安装变频器时要考虑变频器的散热问题，要考虑如何把变频器运行时产生的热量充分地散发出去。所以变频器应该垂直安装，便于散热、接线、操作，也便于检查维修。

变频器修理过程中，经常需测量一些参数，如输入/输出电压、电流、主电路直流电压、各电路相关点的电压、驱动信号的电压与波形等，根据参数和波形情况来分析、判断故障所在。最基本的测量仪器有：指针式万用表、数字式万用表、示波器、频率计、信号发生器、直流电压源、电动机等。

变频器需要进行日常维护与检查。日常检查时，可不取下变频器外盖，目测检查变频器的运行。检查内容如下：

1）运行性能是否符合标准规范。

2）周围环境是否符合标准规范。

3）键盘面板显示是否正常。

4）有没有异常的噪声、振动和异味。

5）有没有过热或变色等异常情况。

变频器定期检查时，须在停止运行、切断电源、打开机壳后进行。一般变频器的定期检查应一年进行一次，绝缘电阻检查可以三年进行一次，性能降低、劣化的部件必须及时更换。

在进行不上电测试时，对整流电路及逆变电路的开关管逐一进行导通测试，确认整流电路和逆变电路没有故障以后，再进行上电测试。在上电前后必须注意以下事项：确认输入电压是否有误；变频器各插接口是否已正确连接，连接是否有松动；参数是否有异常；尽量是满负载测试。

在实际工作中发现变频器出现故障时，依据变频器的使用说明书及应用经验，结合一定的电气知识，经过仔细查找、对比和分析，问题就能得到解决。在日常维护时，应注意检查电网电压，改善变频器、电动机及线路的周边环境，定期清除变频器内部灰尘，通过加强设备管理来最大限度地降低变频器的故障率。

4. 变频技术的其他应用

（1）输送泵类应用

取代故障率较高的滑差电动机调速系统以及控制精度较差的各类阀门控制方式，可节能20%～40%，降低设备磨损，减少备品备件的投资，提高控制精度，延长设备使用寿命。

（2）风机类的应用

取代能源浪费较为严重的挡风板调节风量方式，减少风机振动，消除大电动机起动的电流冲击，避免机械振荡，降低设备故障率，减轻设备维修工作量，易于实现微机或风量压闭环自动调节。

（3）反应釜搅拌应用

利用变频器的软起动特性，实现反应搅拌平滑、缓慢均匀，生产不同产品时搅拌速度不同，从而提高设备利用率。

（4）粉状体送料传输驱动应用

取代难以适应复杂环境的滑差电动机调速系统，较方便地实现微机自动控制方式，节省电能和原材料，同时保护拖动电动机。

（5）工业锅炉应用

保持锅炉长期稳定工作，节电 30% ~50%，节煤 5% ~15%，减少粉尘污染，降低噪声，易于实现微机控制，降低故障率，减少设备维修工作量。

（6）空气压缩机及空调系统应用

省电 30% ~40%，降低噪声，减少振动，保证设备长期稳定运行，延长设备使用寿命，方便实现闭环自动调节。

（7）水位/水压控制类应用

用于循环水系统、污水处理、高层建筑供水等水位/水压控制系统中，实现闭环控制，无需值班人员操作，长期稳定可靠，缓解污染及水源浪费，节能 30% ~50%，节省基建投资 70% 以上。

（8）轻纺设备上的应用

提高生产率，降低设备损坏率，实现工艺要求的平滑无级调速，降低噪声，实现集中控制。

（9）在机床上的应用

减少变速传动齿轮的对数，降低噪声，提高主轴精度，有较强的适应各类产品及各种材质加工时所需主轴速度配给的特性，可方便实现数控，且其成本大大低于同类由直流调速组成的数控系统。

（10）在卷烟机中的应用

避免原老式卷烟机分档调速造成的高故障率现象，提高了设备利用率，延长设备寿命，节电约 20%。

5-1　选择题

1. 交–直–交变频器输出频率通常（　　）电网频率。

A. 高于　　B. 低于　　C. 无关于

2. 下列不属于交–交变频器特点的是（　　）。

A. 一次换能，效率较高　　B. 通过电网电压换相

C. 调频范围比较窄　　D. 功率因数比较高

3. 下列调速方法中既能平滑调速又节能的是（　　）。

A. 改变电源频率　　　　　　　　　C. 改变转差率

B. 改变电动机磁极对数　　　　　　D. 以上都不对

4. 正弦波脉宽调制（SPWM）通常采用（　　）相比较的策略来产生等效正弦波的脉冲信号序列。

A. 直流信号与三角波　　　　　　　B. 正弦波与锯齿波

C. 正弦波与三角波　　　　　　　　D. 直流信号与锯齿波

5. SPWM 变频器的变压变频，通常是通过改变（　　）来实现的。

A. 正弦波的幅值和频率　　　　　　B. 三角波的幅值和频率

C. 参考信号和载波信号两者的幅值和频率

5-2　填空题

1. 交-直-交变频器的基本电路包括将工频交流电流变为直流电的__________电路和将直流电变为交流电的__________电路。

2. 交-直-交变频器按照直流环节电源性质不同可分为__________和__________，其中__________不能处于再生制动运行状态。

3. 交流电动机的调速方法有__________、__________和__________。

4. SPWM 技术即是以所期望的__________作为调制波，以__________作为载波，使用比较器确定三角波载波和正弦波的交点，在交点时刻对功率开关器件的__________进行控制，使输出端得到__________脉冲列来等效正弦波。

5. 交-交变频器的工作特点是：P 组和 N 组一个__________，一个__________。

6. 三相交-交变频电路由三组输出电压相位各差__________的单相交-交变频电路组成。按照电路接线方式可以分为__________方式和__________方式两种形式。

7. 三相桥式 PWM 逆变电路的双极性 PWM 控制规律具有共用__________以及调制信号依次相差__________的特点。

8. 载波比即是__________频率 f_c 与__________频率 f_r 之比。

9. 对于 PWM 逆变电路来说，__________调制方式在调制信号频率较低时输出波形更理想。

10. 同步调制是载波信号和调制信号保持__________的调制方式，即 N 等于__________，调制信号一周期内输出脉冲数__________。

11. 通过对异步调制和同步调制特点的分析，理想的调制方式应该保证 f_r 很__________时，f_c 不要过低；f_r 很高时，f_c 不要过__________。

12. 分段同步调制是__________和__________的综合应用。把逆变电路的输出频率 f_r 范围划分成若干个频段，每个频段内保持 N 恒定，不同频段的 N 不同。

13. 为__________变频器按钮，为了使此键的操作有效，应设定__________ = 1。

14. 为电动机__________按钮，如果电动机正在运行，按此键将__________；可以改变电动机的__________。

15. 在快速调试的步骤中，P0010 = 1 表示__________；P0100 = __________表示功率单位为 kW，f 的默认值为 50Hz；P0304 定义电动机的__________，P0305 定义电动机的__________，P0307 定义电动机的__________，P0310 定义电动机的__________；

P0700 用于选择___________；P1000 用于选择___________。

16. 在快速调试的各步骤都完成以后，应选定___________，如果它置为 1，将执行必要的___________，并使其他所有的参数恢复为___________值。

17. 三相交流电源绝对不能直接接到变频器___________端子，否则将导致变频器内部器件损坏。R、S、T 的线路保护可以用___________连接到三相交流电源，无需考虑连接___________。

18. 变频器进行布线时，应该按照规定的施工要求进行布线，___________不作为传送信号的电路使用。

19. 变频器控制一般的交流异步电机运行时，变频器不能调至___________，如果超过___________运行会增大电动机的铁损，对电动机是不利的。

5-3　简答题

1. 观察日常生活中使用变频器的场合，举例并简述其原理。
2. 简述交−交变频器的工作特点。如何使用交−交变频器产生交流方波和正弦波？
3. 交−交变频器如何实现变压与变频？
4. 简述直流电动机如何实现调速与发电制动，交流电动机如何实现调速。
5. 画出电压型交−直−交变频器的结构框图，指出电压型与电流型有何异同。
6. 结合电路图说明中频感应加热电源具体由哪几部分组成。
7. 结合结构框图说明 UPS 的工作原理。
8. 简述 MM420 变频器操作面板各按键的作用
9. 简述 MM420 变频器的快速调试流程。
10. MM420 变频器有关电动机的参数如何设定？
11. MM420 变频器的给定频率、基准频率、上下限频率、点动频率、多段转速频率通过哪些参数设定？
12. 如何对变频器进行复位？
13. 如何将变频器的命令源设为键盘输入，上、下限频率设为 0Hz、50Hz？
14. 如何实现变频器外接端子控制电动机正反转及电位器调速？给出接线图、参数设置与具体操作流程。
15. 如何实现变频器数字端子控制电动机正反转？给出接线图、参数设置与具体操作流程。
16. 如何实现变频器 25Hz、30Hz、55Hz 三段速选择控制？给出接线图、参数设置与具体操作流程。
17. 简述变频器主电路接线和控制电路接线的注意事项。
18. 变频器不上电测试的本质是在检测什么？
19. PWM 是以交−直−交变频器中的哪个部分为核心进行调节控制？它的目的是什么？手段是什么？
20. 以单相桥式变频电路为例说明如何通过控制将输出方波变为正弦波，利用了什么原理。
21. 面积等效原理是什么？我们可以通过面积等效原理将正弦波变为什么？
22. PWM 控制的本质是什么？

23. 以单相桥式变频电路为例说明 PWM 的控制策略。

24. 简述调制法的原理。

25. 简述单极性 PWM 与双极性 PWM 调制方式的异同。

26. 简述单极性 PWM 控制输出波形的绘制步骤。

27. 简述双极性 PWM 控制输出波形的绘制步骤。

28. 简述三相 PWM 变频电路的控制规律。

29. 载波比是什么？异步调制与同步调制的载波比有何不同？

30. 异步调制适合调制信号高频还是低频的情况？

31. 同步调制在载波信号频率较高和较低时会出现什么问题？我们所希望的情况是怎样的？

项目6

光控灯开关电路的设计与调试

【项目描述】

光控灯在白天光线较强时，不通电开灯；当傍晚环境光线变暗后，自动进入待机状态。采用光控开关，能延长灯泡寿命，节约电能，既可避免无光行动不便，又可杜绝楼道灯有人开、没人关的现象。采用光控开关不仅可控制一般白炽灯（即钨丝灯泡），还可控制高压钠灯、普通荧光灯（即直管型荧光灯）、节能灯（又叫紧凑型荧光灯）、LED 照明灯等，使其具备光控功能。

光控开关具有体积小、成本低、无触点、抗干扰、低功率、寿命长等优点，有普遍推广价值。实物图如图 6-1 所示。光控开关适合用来控制园区路灯、单位走廊灯、公用厕所灯、广告灯和节日彩灯等，可实现白天电灯自动熄灭、晚上电灯自动点亮功能，具有较好的节电和延长电灯使用寿命的效果。

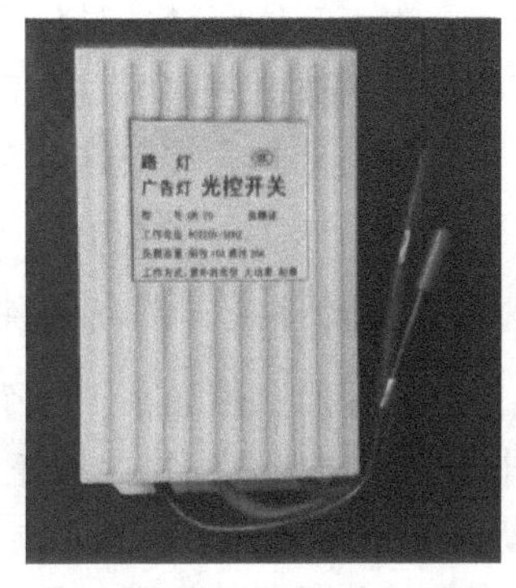

图 6-1　光控开关的实物图

任务 6.1　认识双向晶闸管

学习目标

1）掌握双向晶闸管导通和关断的条件，认识其结构、外形及电气符号。

2）能用万用表测试双向晶闸管的好坏，判断器件管脚的极性。

知识引入

双向晶闸管是普通晶闸管派生出来的一种新型大功率半导体器件。它与普通晶闸管不同的是能采用正的或负的门极信号，可以正、反两个方向导通。虽然双向晶闸管的封装形式和配用的散热器与同等规格的普通晶闸管相似，在结构和原理上也有共通之处，但是，就其本质而言二者却存在着很大的差异。

1. 双向晶闸管的外形与电气符号

双向晶闸管是由 N－P－N－P－N 五层半导体材料制成的，对外引出三个电极，相当于两个单向晶闸管的反向并联，但只有一个门极。其实物图、等效电路和电气符号如图 6-2 所示。双向晶闸管从外观上看，和普通晶闸管一样，有小功率塑封型、大功率螺栓型和特大功率平板型等封装形式。一般调光台灯、吊扇无级调速多采用塑封型。

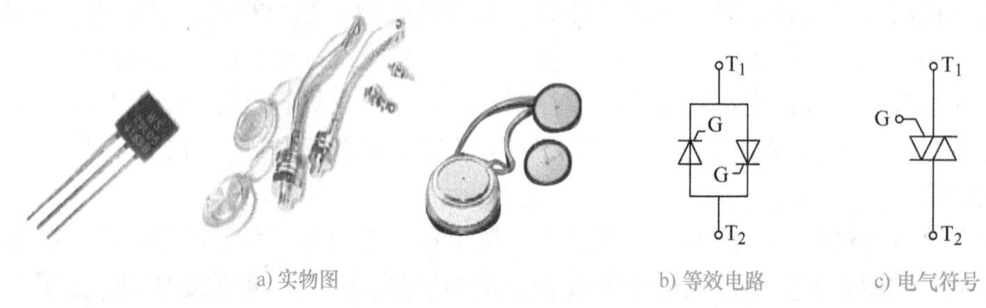

a) 实物图 b) 等效电路 c) 电气符号

图 6-2 双向晶闸管的实物图、等效电路和电气符号

双向晶闸管与普通晶闸管一样，也具有触发控制特性。无论在它的阳极和阴极间接入何种极性的电压，也不管这个脉冲是什么极性的，都可以使双向晶闸管导通。由于在阳极和阴极间接任何极性的工作电压都可以实现双向晶闸管的触发控制，因此双向晶闸管的主电极也就没有阳极、阴极之分。通常把这两个主电极称为电极 T_1 和电极 T_2，将接在 P 型半导体材料上的主电极称为电极 T_1，将接在 N 型半导体材料上的电极称为电极 T_2。

2. 双向晶闸管的导通与关断条件及伏安特性

双向晶闸管的导通条件如下，两个条件必须同时满足，缺一不可。

1）主电极与主电极之间加足够正向或反向电压。

2）门极与主电极之间加足够正向或反向电压。

双向晶闸管的关断条件如下，两个条件满足其一即可。

1）导通电流小于维持电流。

2）主电极与主电极之间电压降到零。

双向晶闸管的伏安特性曲线如图 6-3 所示，具有对称性。

由图 6-3 可见，双向晶闸管的伏安特性曲线是由Ⅰ、Ⅲ两个象限内的曲线组合成的。第Ⅰ象限的曲线说明当加到主电极间的电压为正（$u_{T_1T_2}>0$），且当这个电压逐渐增加到转折电压 U_{BO}时，双向晶闸管触发导通，这时的电流方向是从 T_1 流向 T_2。触发电流越大，转折电压就越低，这种情形和普通晶闸管的触发导通规律是一致的。当加到主电极间的电压为负（$u_{T_1T_2}<0$），且当这个电压达到转折电压值时，双向晶闸管也可触发导通，这时的电流方向

是从 T_2 到 T_1。这时双向晶闸管的伏安特性曲线如图 6-3 中第Ⅲ象限所示。

在上述两种情况中，除了加到主电极间的电压和通态电流的方向相反外，它们的触发导通规律是相同的。如果两个并联连接的管子特性完全相同的话，Ⅰ、Ⅲ象限的特性曲线应该是对称的。

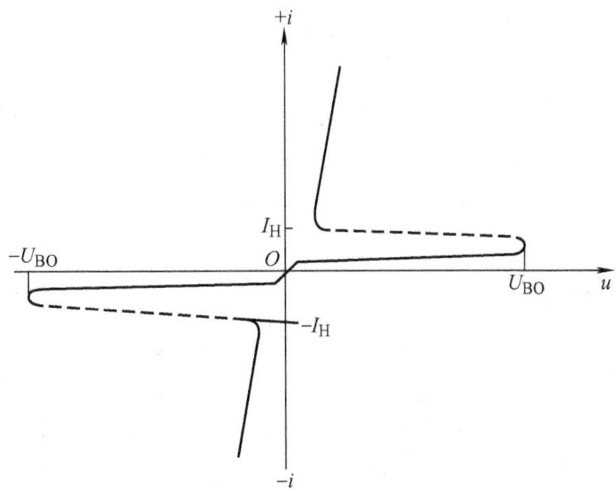

图 6-3　双向晶闸管的伏安特性曲线

双向晶闸管的型号为 KS□-□，例如 KS100－8 表示双向晶闸管，额定通态电流（有效值）为 100A，断态重复峰值电压为 8 级（800V）。双向晶闸管额定通态电流 $I_{T(RMS)}$ 的系列值为 1A、10A、20A、50A、100A、200A、400A、500A。断态重复峰值电压的分级同普通晶闸管。

3. 双向晶闸管的触发方式

双向晶闸管正反两个方向都能导通，门极加正负电压都能触发。主电压和触发电压相互配合，可以得到四种触发方式，如图 6-4 所示。

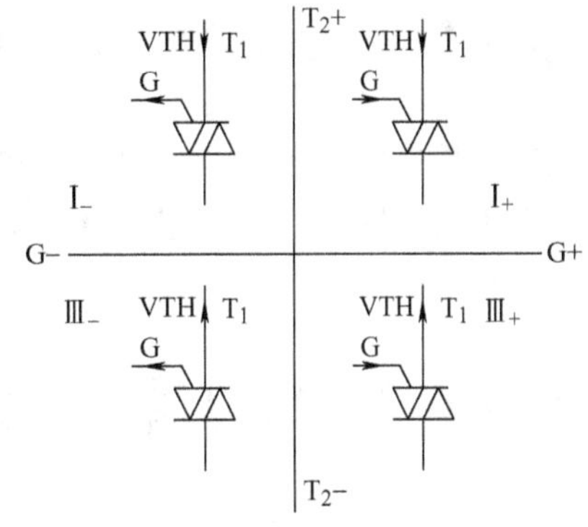

图 6-4　双向晶闸管的四种触发方式

1）Ⅰ$_+$触发方式：主电压是 T_1 为正，T_2 为负；触发电压是 G 为正，特性曲线在第Ⅰ$_+$象限，为正触发。

2）Ⅰ$_-$触发方式：主电压是 T_1 为正，T_2 为负；触发电压是 G 为负，特性曲线在第Ⅰ$_-$象限，为负触发。

3）Ⅲ$_+$触发方式：主电压是 T_1 为负，T_2 为正；触发电压是 G 为正，特性曲线在第Ⅲ$_+$象限，为正触发。

4）Ⅲ$_-$触发方式：主电压是 T_1 为负，T_2 为正；触发电压是 G 为负，特性曲线在第Ⅲ$_-$象限，为负触发。

四种触发方式中，Ⅲ$_+$触发方式的触发灵敏度最低，因此实际应用中只采用（Ⅰ$_+$、Ⅲ$_-$）与（Ⅰ$_-$、Ⅲ$_-$）两组触发方式。

1. 双向晶闸管的极性判别

（1）判定 T_2 极

G—T_1 之间的正、反向电阻都很小，因此用万用表 $R\times1$ 档测任意两脚之间的电阻，正、反向均呈现低电阻的即为 G—T_1。如果测出某脚和其他两脚阻值无穷大，可确定是 T_2 极。

(2) 区分G极和T_1极

步骤一:

将万用表拨至$R\times1k$档，红表笔接T_2极，黑表笔接另外某一极，假定该极为T_1极，则测得电阻为无穷大。再用红表笔尖把T_2与G短路，相当于给G极加上一个负触发信号，如果发现电阻较小，说明器件$T_1\rightarrow T_2$方向已经导通。将红表笔与G极脱开，电阻保持不变，说明器件维持导通。

步骤二:

黑表笔接T_2极，红表笔接T_1极。使T_2与G短路，相当于给G极加上一个正触发信号，如果发现电阻值较小，与G极脱开后电阻值不变依然很小，则说明器件经触发后在$T_2\rightarrow T_1$方向上也能维持导通状态，因此具有双向触发性质。

如果上述步骤进行的时候都得到相应的测试结果，证明上述假设正确。否则是假定与实际不符，需要重新假定，重复以上测量。

2. 双向晶闸管的质量判别

在已知各电极极性的条件下，将万用表置于$R\times1$档，黑表笔接G，红表笔接T_1，测得阻值为几十欧，红表笔改接T_2，阻值为无穷大；然后再将黑表笔接T_1，红表笔接G，测得结果为几十欧，再将黑表笔改接T_2，阻值也为无穷大；用两只表笔测T_1、T_2两极之间的电阻，再调换表笔测一次，两次测得的阻值均为无穷大。测量结果若满足上述要求，一般可以判定该器件是好的。如果G与T_1之间的电阻等于零，或G与T_2、T_1与T_2之间的电阻都很小，就表明器件内部已击穿或短路；如果G与T_1之间的电阻为无穷大，则表明器件内部断路。

任务6.2　双向晶闸管调光电路的设计与调试

1）认识双向晶闸管触发电路的两种用途，掌握相关应用电路的结构及工作原理。
2）掌握双向晶闸管调光电路的设计与调试。

双向晶闸管的触发电路，在实际应用中根据用途不同大体上可分成两类：一类是过零触发，适用于调功电路及无触点开关电路；另一类是移相触发作为交流开关使用，与普通晶闸管一样，即通过控制触发脉冲的相位来达到调压的目的。两类触发电路有所不同。下面对双向晶闸管常用的几种触发应用电路进行介绍。

1. 单相交流调光台灯电路

单相交流调光台灯的电路原理图如图6-5所示，采用过零触发，当开关S拨至“1”，双向晶闸管VTH门极G无触发信号，无法导通。当开关S拨至“2”，双向晶闸管VTH只在I_+触发方式下触发，负载R_L上仅得到正半周电压。当开关S拨至“3”，双向晶闸管VTH

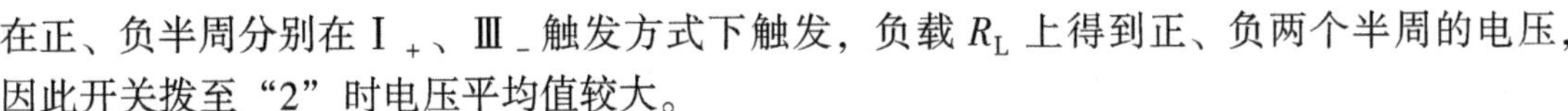

在正、负半周分别在 I_+、III_- 触发方式下触发，负载 R_L 上得到正、负两个半周的电压，因此开关拨至“2”时电压平均值较大。

2. 电风扇无级调速电路

电风扇无级调速电路如图 6-6 所示，双向晶闸管 VTH 采用移相触发。接通电源后，电容 C_1 充电，当电容 C_1 两端电压达到氖管的阻断电压时，HL 亮，双向晶闸管 VTH 被触发导通，电风扇转动。改变电位器 R_P 的大小，即改变了 C_1 的充电时间常数，使 VTH 的导通角发生变化，也就改变了电动机两端的电压，因此电扇的转速改变。由于 R_P 是无级变化的，因此电风扇的转速也是无级变化的。

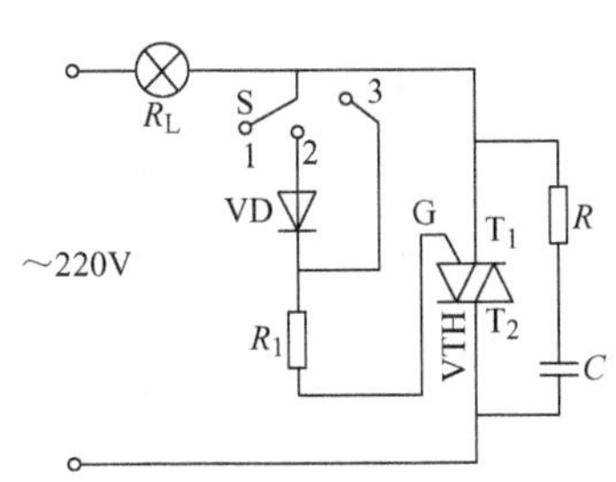

图 6-5　单相交流调光台灯的电路原理图

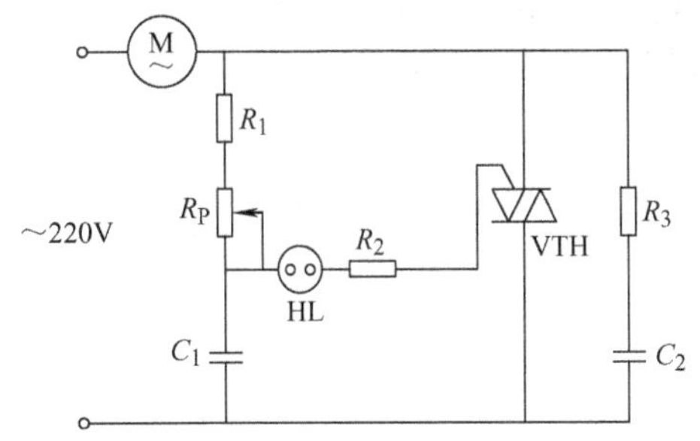

图 6-6　电风扇无级调速电路

3. 触发电路

（1）单结晶体管触发电路

单结晶体管触发电路类似普通晶闸管触发电路，单结晶体管 VU 采用移相触发。通过调节电位器 R_P 的大小可以改变 C_1 的充电时间常数，从而改变触发脉冲出现的时刻，达到改变双向晶闸管导通角的目的。图 6-7 中，脉冲变压器 T 的同名端相反，表示变压器二次侧得到的脉冲电压与一次电压极性相反。串接在触发回路中的单结晶体管 VU 使得反向脉冲加到控制极 G 和主电极 T_1 之间，从而实现了反向触发。

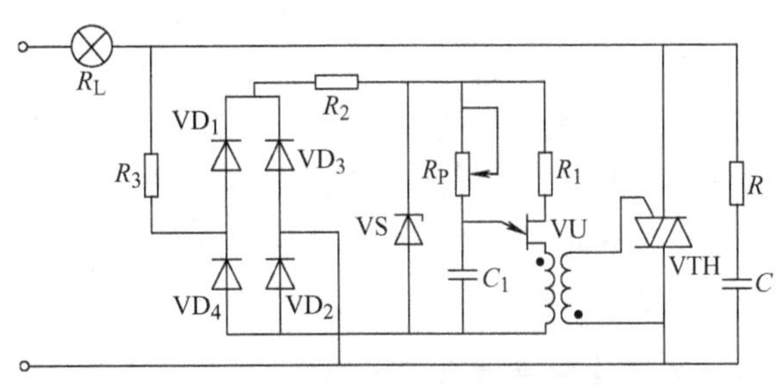

图 6-7　单结晶体管触发电路

（2）双向二极管触发电路

以上单结晶体管触发电路中的单结晶体管均可用双向二极管代替。双向二极管是一种小功率五层二端器件，它的正反向伏安特性曲线和双向晶闸管一样，但它没有门极，当两个极之间所加的电压达到转折电压时，双向二极管便导通。

图 6-8 就是利用双向二极管组成的触发电路。当电源电压处于正半周时，电源电压通过 R_P 向 C_1 充电，电容 C_1 上的电压极性是上正下负。当这个电压增高达到双向二极管的转折电压时，双向二极管突然转折导通，使双向晶闸管的控制极 G 和主电极 T_1 之间得到一个正向触发脉冲，器件导通。这时就相当于 I_+ 触发方式。在电源电压过零的瞬间，双向晶闸管自动阻断。当电源电压处于负半周时，电源电压对电容 C_1 反向充电，C_1 上电压的极性为下

正上负，当这个电压值上升到双向二极管的转折电压时，双向二极管突然反向导通，使双向晶闸管得到一个反向触发信号，于是双向晶闸管导通。这时相当于Ⅲ₋触发方式。

在这个电路中，调节 R_P 的阻值可以改变 C_1 的充电时间常数，从而改变了触发脉冲出现的时刻，也就是改变了双向晶闸管的导通角，达到了调节灯光的目的。

若 R_P 阻值较大，使 C_1 充电缓慢，到器件触发时刻电源电压已经过峰值并降得过低，则 C_1 上充电电压过小不足以击穿双向触发二极管 VD 使其导通，则 VTH 也不会导通。所以在图 6-8 电路的基础上增设了 R_1、R_2、C_2，如图 6-9 所示，该电路工作过程基本与之前的电路类似，也属于移相触发。其优势在于，当工作于双向晶闸管的 α 较大的情况时，在 C_2 上可获得滞后的电压，这相当于给电容 C_1 增加一个充电电路，保证此时 VTH 可靠触发导通。

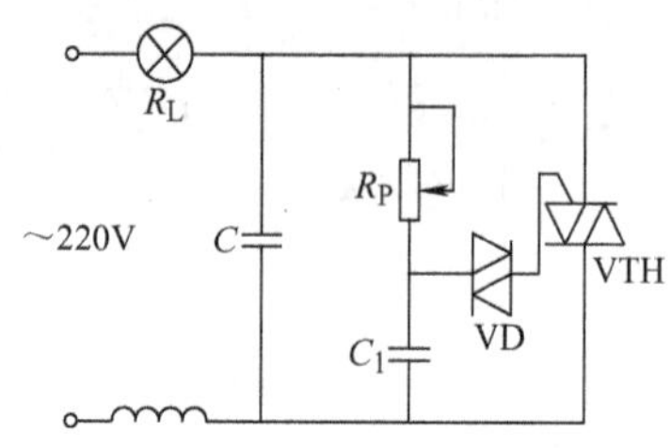

图 6-8　双向二极管触发电路

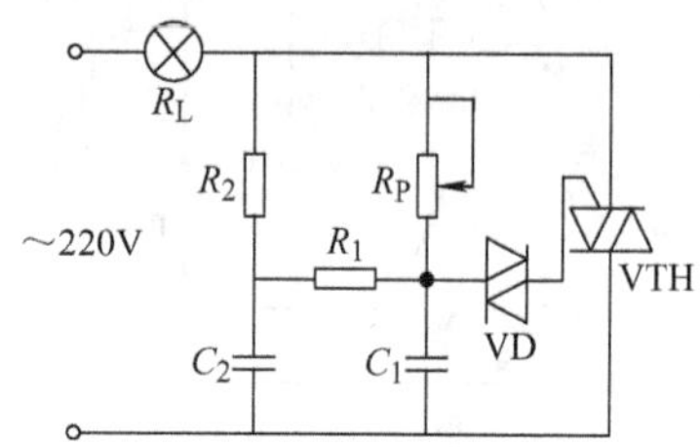

图 6-9　改进的双向二极管触发电路

（3）集成触发电路

KC06 组成的双向晶闸管移相交流调压电路如图 6-10 所示。R_{P1} 用于调节触发电路锯齿波斜率，R_4、C_3 用于调节脉冲宽度，R_{P2} 为移相控制电位器，用于调节输出电压的大小。该电路主要适用于交流直接供电的双向晶闸管或反并联普通晶闸管的交流移相控制。

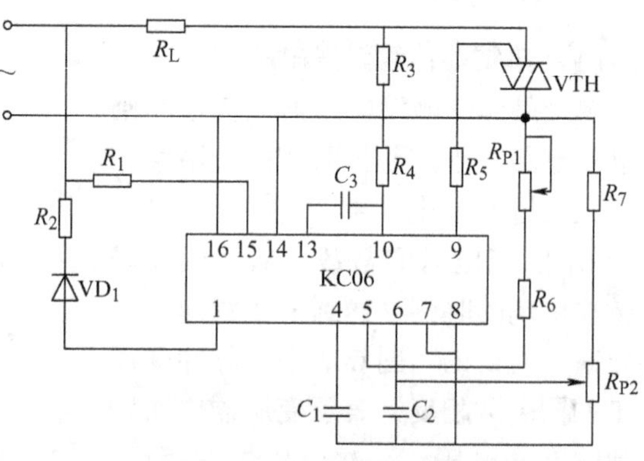

图 6-10　集成触发电路

4. 交流无触点开关

双向晶闸管的另一类用途是作交流无触点开关使用。这是因为只控制其导通和关断，不要求改变输出电压的大小，所以不需要复杂的触发电路，一般只需用一个开关和一个限流电阻就可以达到目的。图 6-11 就是利用开关 S 和限流电阻 R 组成的最简单的触发电路。当交流电压处于正半周时，T_2 为正，T_1 为负，这时只要将开关 S 闭合一下，门极 G 为反向触发电压，于是双向晶闸管被触发导通。这时相当于Ⅲ₋触发方式。当电源电压过零时，双向晶闸管就自动阻断。当电源电压为负半周时，T_2 为负，T_1 为正，只要将开关 S 闭合一下，门极为正向触发电压，也能使双向晶闸管触发导通。这时相当于Ⅰ₊触发方式。当电源电压重新过零时，双向晶闸管就重新自动阻断。如此周而复始，双向晶闸管就起到一个交流无触点双向开关的作用。

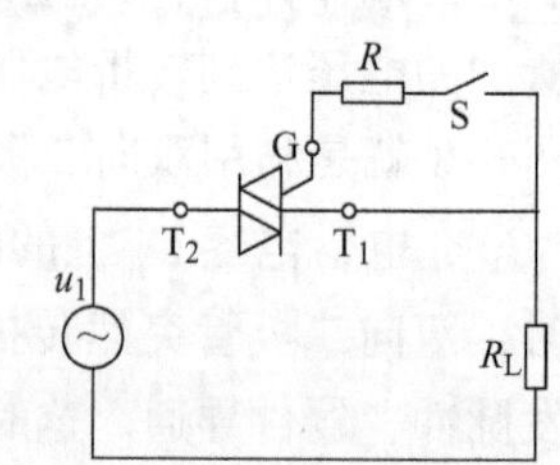

图 6-11　交流无触点开关触发电路

这里的开关S可以是继电器触点，也可以是微动开关、行程开关或晶体管开关电路。例如自动生产线中的行车在运行过程中，每到一个工位要发出一个信息。这时可以在每个工位上安装一个挡块，而在行车上安装一个行程开关。每当行车到达工位时，挡块便碰撞行程开关使触点S闭合一次，双向晶闸管就被触发导通，由数控系统发出指令控制生产机械按预先编好的程序自动运行，实现了生产自动化。

(1) 任务实施所需要的元器件

任务实施所需元器件明细见表6-1。

表6-1　双向晶闸管调光电路所需元器件明细

序号	参数	设定值	功能说明
1	S	开关	
2	R	电阻	47kΩ/0.5W
3	R_P	可变电阻器	470kΩ/1W
4	C	电容	0.047μF
5	VD	双向二极管	SMDB3
6	VTH	双向晶闸管	MAC 97A6

(2) 电路图

测试原理图如图6-12所示。

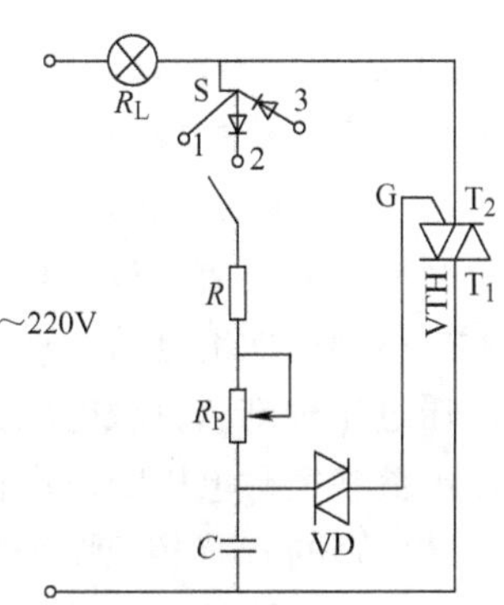

图6-12　双向晶闸管调光电路测试原理图

(3) 任务实施步骤

1) 根据明细表配齐元器件，并用万用表检测元器件。

2) 在万能线路板上试放元器件，确定元器件的大约位置。

3) 根据元器件的造型工艺，去氧化层、搪锡，并插在万能线路板上，逐个元器件进行。

4) 检查元器件的安装位置是否正确。

5) 按焊接工艺将所有元器件按从左到右、从上到下的顺序焊接好。

6) 按原理图连线。

7) 检查安装、焊接、连线的质量，看是否有差错、虚焊、漏焊、错焊、错连的地方。

8) 调试之后，分别把开关S拨至1、2、3的位置，观察灯泡的状态。

当开关S在1位置时，双向晶闸管电路在正负半周均导通。当开关S在2位置时，双向晶闸管电路在正半周导通。当开关S在3位置时，双向晶闸管电路在负半周导通。通过对灯泡状态的对比，得出结论。

任务 6.3　单相交流调压电路的调试

1）掌握单相交流调压电路的工作原理。

2）掌握单相交流调压电路带阻感性负载对脉冲及移相范围的要求。

交流调压电路即只改变电压、电流或控制电路的通断，而不改变频率的电路，它将两个晶闸管反并联后串联在电路中，通过控制晶闸管就可控制交流电压。

1. 单相交流调压电路带电阻性负载

单相交流调压电路带电阻性负载及其波形如图 6-13 所示，它相当于在单相半波整流电路的基础上又添加了一只可控晶闸管。该电路在电阻负载的情况下其工作过程如下：

1）在正半周 $\omega t=\alpha$ 时刻，触发导通晶闸管 VTH_1，使正半周的交流电压施加到负载电阻上，电流、电压波形相同。

2）当电压过零时，VTH_1 因电流过零而关断。在 $\omega t=\pi+\alpha$ 时触发导通晶闸管 VTH_2，负半周交流电压施加在负载上。

3）当电压再次过零时，VTH_2 因电流过零而关断，完成一个周波的对称输出。

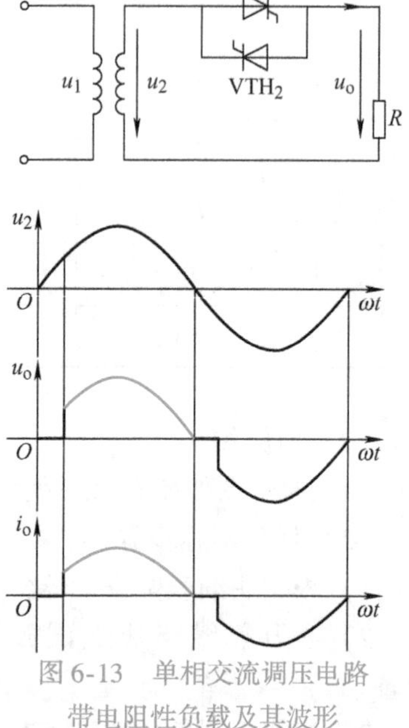

图 6-13　单相交流调压电路带电阻性负载及其波形

通过对工作过程的分析可知，在交流电源 u_2 的正半周和负半周，分别对 VTH_1 和 VTH_2 的触发延迟角 α 进行控制就可以调节输出电压。正负半周 α 起始时刻（$\alpha=0$）均为电压过零时刻。负载电压波形是电源电压波形的一部分，负载电流和负载电压的波形相同。

此电路的 α 移相范围为 $0\leqslant\alpha\leqslant\pi$。$\alpha=0$ 时，相当于晶闸管一直接通，输出电压为最大值，$u_o=u_2$。随着 α 的增大，u_o 逐渐降低，直到 $\alpha=\pi$ 时，$u_o=0$。

2. 单相交流调压电路带阻感性负载

由于电感的储能作用，负载电流会在电源电压过零后再延迟一段时间后才能降为零，延迟的时间与负载的功率因数角有关。晶闸管的关断是在电流过零时刻，因此晶闸管的导通时间不仅与触发延迟角有关，还与负载功率因数角有关，必须根据触发延迟角与负载功率因数角的关系分别讨论。

设负载阻抗角为 $\varphi=\arctan\ (\omega L/R)$。如果用导线把晶闸管完全短接，稳态时负载电流为正弦波，其相位滞后于电源电压 u_2 的角度为 φ，当用晶闸管控制时，只能进行滞后控制，使负载电流更为滞后，无法使其超前。$\alpha=0$ 时刻仍定在电源电压 u_2 过零的时刻，阻感负载下稳态时 α 的移相范围应为 $\varphi \leqslant \alpha \leqslant \pi$。

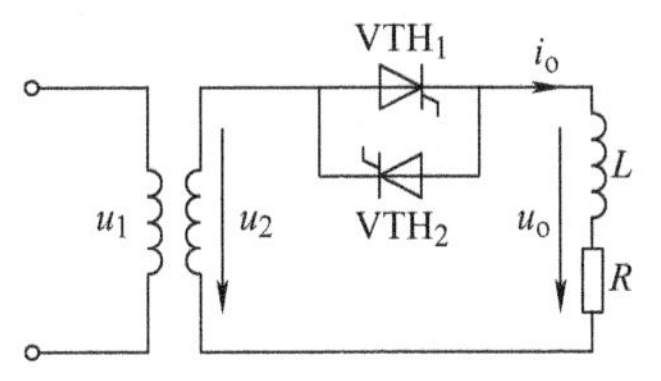

当 $\varphi<\alpha<\pi$ 时，VTH_1、VTH_2 的导通角均小于 π，如图 6-14 所示，α 越小，导通角越大。当 $\alpha=\varphi$ 时，导通角为 π。当 α 继续减小，若 $0 \leqslant \alpha<\varphi$，在 $\omega t=\alpha$ 时刻触发 VTH_1，VTH_1 的导通时间将超过 π。到 $\omega t=\pi+\alpha$ 时刻触发 VTH_2，负载电流 i_o 尚未过零，VTH_1 仍在导通，VTH_2 不会立即导通，直到 i_o 过零后，如 VTH_2 的触发脉冲有足够的宽度而尚未消失，VTH_2 才会导通，如图 6-15 所示。

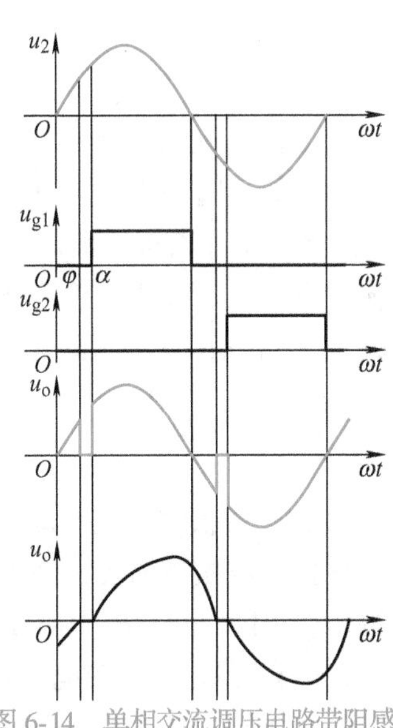

图 6-14　单相交流调压电路带阻感性负载及其波形（$\varphi<\alpha<\pi$）

由于 VTH_1 提前导通，负载 L 被过充电，其放电时间将延长，VTH_1 结束导电时刻大于 $\pi+\varphi$，使 VTH_2 推迟导通，VTH_2 的导通角小于 π。i_o 由两个分量组成，第一项为正弦稳态分量、第二项为指数衰减分量。在指数分量的衰减过程中，VTH_1 的导通时间渐短，VTH_2 的导通时间逐渐延长。当指数分量衰减到零后，VTH_1 和 VTH_2 的导通时间都趋近于 π，稳态的工作情况和 $\alpha=\varphi$ 时完全相同。

3. 斩控式交流调压电路

斩控式交流调压电路一般采用全控型器件作为开关器件，如图 6-16 所示。基本原理和直流斩波电路有类似之处，直流斩波电路的输入是直流电压，斩控式交流调压电路的输入是正弦交流电压。其工作过程如下：

图 6-15　单相交流调压电路带阻感性负载工作波形（$\alpha<\varphi$）

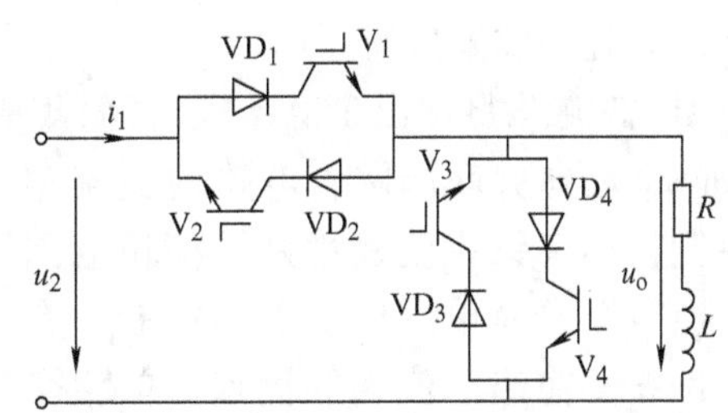

图 6-16　斩控式交流调压电路

1）在交流电源 u_2 的正半周，用 V_1 进行斩波控制，用 V_3 给负载电流提供续流通道。

2）在 u_2 的负半周，用 V_2 进行斩波控制，用 V_4 给负载电流提供续流通道。

等效电路如图 6-17 所示。

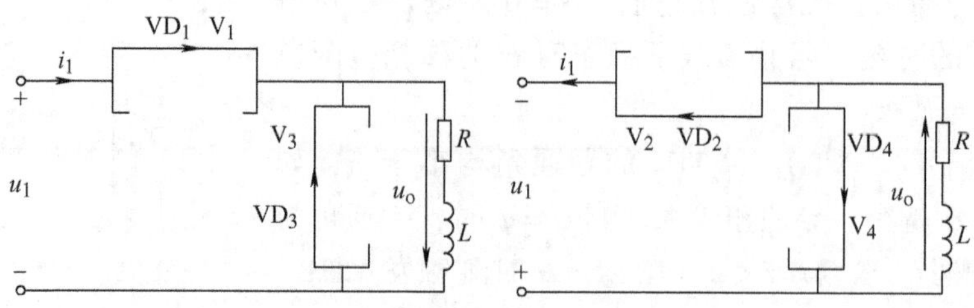

图 6-17　斩控式交流调压电路的等效电路

由工作过程的分析可知，若设斩波器件（VT_1 或 VT_2）导通时间为 t_{on}，开关周期为 T，则导通比 $\alpha=t_{on}/T$，和直流斩波电路一样，通过改变 α 可调节输出电压。斩控式交流调压电路带电阻性负载时电路波形如图 6-18 所示。

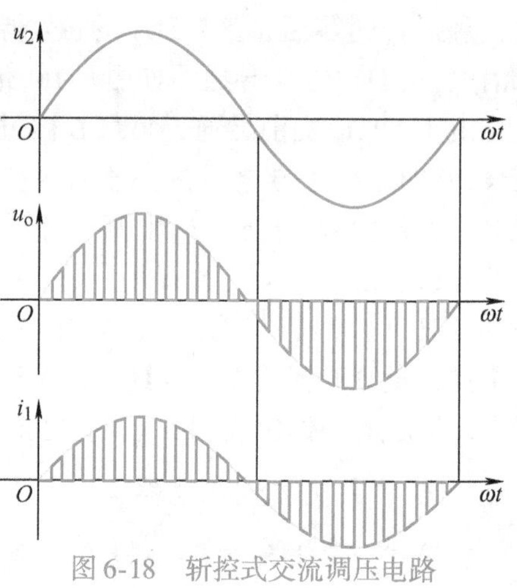

图 6-18　斩控式交流调压电路带电阻性负载时电路波形

（1）任务实施所需模块

根据任务实施需要，在 HKDD－1－V 型电力电子技术实训台上选择 HKDT12 变压器实验挂箱、HKDT36 单相调压/调功电路挂箱、HKDT05 晶闸管桥式电路挂箱、HK27 三相可调电阻器挂箱等挂箱的相应模块。

1）电源控制屏：包含“三相电源输出”等模块。

2）晶闸管主电路：包含“晶闸管”以及“电感”等模块。

3）晶闸管触发电路：包含“TCA785 晶闸管集成移相触发电路”等模块。

4）三相可调电阻。

5）双踪示波器。

6）万用表。

（2）任务实施步骤

测试时触发脉冲由 TCA785 晶闸管集成移相触发电路提供。该触发电路适用于双向晶闸管或两个反向并联晶闸管电路的交流相位控制，具有锯齿波线性好、移相范围宽、控制方式简单、易于集中控制、有失交保护、输出电流大等优点。单相交流调压电路的主电路由两个反向并联的晶闸管组成，如图 6-19 所示。图中电阻 R 用三相可调电阻，将两个 900Ω 并联而成，晶闸管则利用反桥器件。

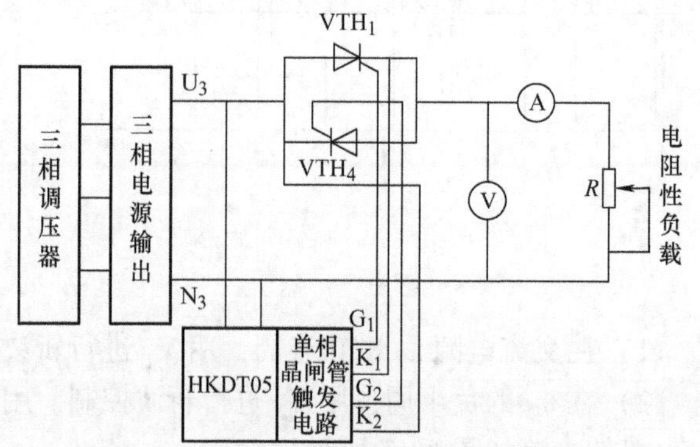

图 6-19　单相交流调压主电路原理图

首先，对 TCA785 晶闸管集成移相触发电路进行调试。调节电源控制屏调压器电源电压，使输出相电压为200V，用两根导线将200V交流电压接到挂箱的“外接220V”端，按下“启动”按钮，打开电源开关，用示波器观察HKDT05挂箱上“1”~“4”端及脉冲输出波形。调节电位器R_{P1}，观察锯齿波斜率是否变化，调节R_{P2}（详见图1-21），观察输出脉冲的移相范围如何变化，移相能否达到170°，记录上述过程中观察到的各点电压波形。

再进行单相交流调压电路带电阻性负载测试。将两个晶闸管反向并联，将触发器的输出脉冲端G_1、K_1、G_2和K_2分别接至主电路相应晶闸管的门极和阴极。接上电阻性负载，用示波器观察负载电压、晶闸管两端电压的波形。调节TCA785集成晶闸管移相触发电路上的电位器R_{P2}，观察在不同α时各点波形的变化，并记录$\alpha=30°$、60°、90°、120°时的波形。

（3）注意事项

1）触发脉冲是从外部接入晶闸管的门极和阴极，此时应将所用晶闸管对应的正桥触发脉冲或反桥触发脉冲的开关拨向“断”的位置，并将u_{b1f}及u_{b1r}悬空，避免误触发。

2）由于输出端G、K有电容影响，故观察触发脉冲电压波形时，需将输出端G和K分别接到晶闸管的门极和阴极，否则无法观察到正确的脉冲波形。

任务6.4　三相交流调压电路的调试

学习目标

1）了解三相交流调压触发电路的工作原理。

2）掌握三相交流调压电路的工作原理。

3）了解三相交流调压电路带不同负载时的工作特性。

知识引入

工业中交流电源多为三相系统，交流电机也多为三相电机，因此应采用三相交流调压电路实现调压。根据三相联结形式的不同，三相交流调压电路具有多种形式，如图6-20所示，主要有星形联结、线路控制三角形联结、支路控制三角形联结及中性点控制三角形联结几种。

以图6-20a所示星形联结电路为例，该电路相当于三个单相交流调压电路的组合，三相互相错开120°工作，可分为三相三线制和三相四线制。它的正常工作须满足以下三个条件：

1）三相中至少有两相导通才能构成通路，且其中一相为正向晶闸管导通，另一相为反向晶闸管导通。

2）为保证任何情况下的两个晶闸管同时导通，应采用宽度大于60°的宽脉冲（列）或双窄脉冲来触发。

3）从VT_1到VT_6相邻触发脉冲相位应互差60°。

在任意时刻，三相交流调压电路可以根据晶闸管导通状态分为三种情况：

① 三相中每相都有一个导通，这时电源相电压与负载相电压相等。

② 三相中有两相导通，另一相不导通，这时导通两相负载相电压是电源线电压的一半。

③ 三相晶闸管均不导通，这时负载电压为零。

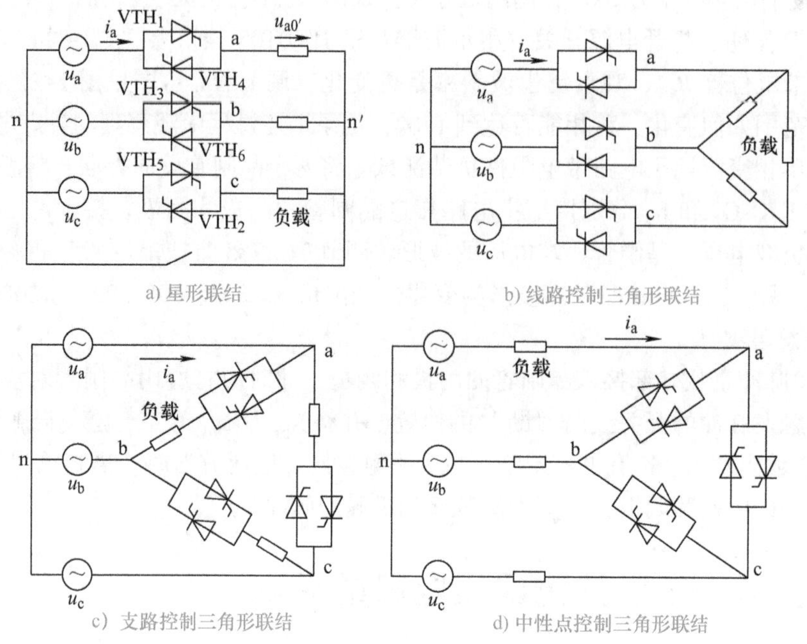

a) 星形联结　b) 线路控制三角形联结

c) 支路控制三角形联结　d) 中性点控制三角形联结

图 6-20　三相交流调压电路

根据任意时刻晶闸管导通的个数以及半个周波内电流是否连续，可将 0 ~ 150°的移相范围分为如下三段：

（1）$\alpha=0°$的情况

$\alpha=0°$的情况比较特殊，任何时刻均有三只晶闸管导通。在 $\omega t=0$ 时触发导通 VTH_1，以后每隔 60°依次触发导通 VTH_2、VTH_3、VTH_4、VTH_5、VTH_6，也就是说，只要相电压为正值，相对应的晶闸管是可以导通的。在 0° ~ 60°区间内，由于 u_a、u_c 为正，u_b 为负，VTH_5、VTH_6、VTH_1 同时导通；60° ~ 120°区间内，VTH_6、VTH_1、VTH_2 同时导通，以此类推。

（2）$\alpha=30°$的情况

在 $\omega t=30°$时触发导通 VTH_1，在 30° ~ 60°区间内，b 相的 VTH_6 与 c 相的 VTH_5 仍承受正向电压保持导通，由于 VTH_5、VTH_6、VTH_1 同时导通，三相均有电流，a 相负载电压为 u_a。直到 $\omega t=60°$时，u_c 过零，VTH_5 关断，VTH_2 由于没有触发脉冲也不导通，三相中仅 VTH_6、VTH_1 导通，因此在 30° ~ 60°区间内，电路处于 ab 两相导通的状态，线电压 u_{ab} 施加在两相负载上，a 相负载电压为 $u_{ab}/2$。

同样，90° ~ 120°区间内，VTH_2 触发导通，此时 VTH_6、VTH_1、VTH_2 同时导通，此区间内 a 相负载电压为 u_a；120° ~ 150°区间内，u_b 过零，VTH_6 关断，仅 VTH_1、VTH_2 导通，此区间内 a 相电压为 $u_{ac}/2$；150° ~ 180°区间内，VTH_3 触发导通，此时 VTH_1、VTH_2、VTH_3 同时导通，此区间内 a 相电压再次变为 u_a。

负半周可按相同方式分区间作出分析，从而可得图 6-21 所示波形，a 相电流波形与电压波形成比例。

（3）$\alpha=90°$的情况

$\omega t=90°$时，VTH_2 触发导通，此时 VTH_6、VTH_1、VTH_2 同时导通，60° ~ 90°区间内 a 相负载电压为 u_a；持续到 $\omega t=120°$，u_b 过零，VTH_6 关断，仅仅 VTH_1、VTH_2 导通，此区

间内 a 相负载电压为 $u_{ac}/2$；当 $\omega t=150°$ 时，VTH_3 触发导通，此时 VTH_3、VTH_1、VTH_2 同时导通，a 相负载电压又变为 u_a。负半周可以按照相同的方式去分析。

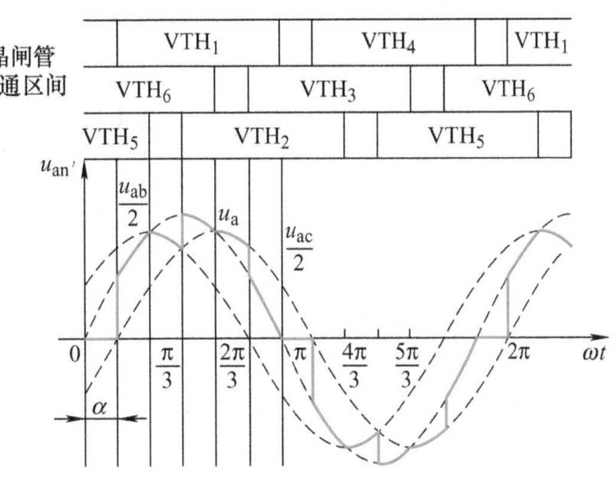

图 6-21　$\alpha=30°$时负载相电压波形

用同样分析法可得 $\alpha=60°$和 120°时 a 相负载电压波形，如图 6-22 和图 6-23 所示，经过波形的比对可以发现以下规律：

1）$0°\leqslant\alpha<60°$：电路处在三相导通和两相导通交替的状态，每管导通 $180°-\alpha$，负载上所承受的电压有一部分是线电压的一半，半周期的电压平均值是降低的。但 $\alpha=0°$时一直是三管导通。

2）$60°\leqslant\alpha<90°$：任一时刻都存在两相是导通的，导通相负载电压为导通两相线电压的一半，每管导通 120°。

3）$90°\leqslant\alpha\leqslant150°$时，电路处于两个晶闸管导通与无晶闸管导通的交替状态，负载上所承受的半周期电压、电流平均值变得更低。

因此，只要控制晶闸管器件的触发延迟角，就可以将固定的三相电变换为方向可调、半周期平均值大小可调的三相电压电流供给负载，从而实现了无级平稳的交流电压调节，使输出电流由零平滑地达到额定值。

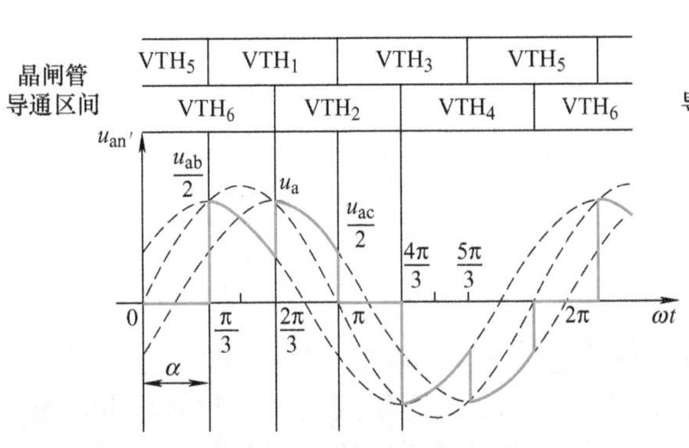

图 6-22　$\alpha=60°$时负载相电压波形

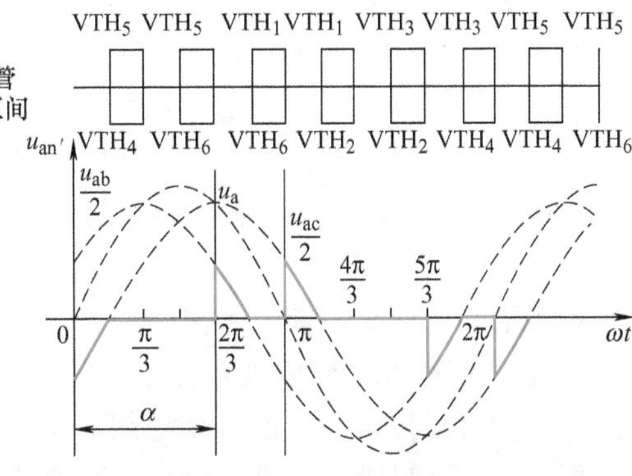

图 6-23　$\alpha=120°$时负载相电压波形

任务实施

（1）任务实施所需模块

根据任务实施需要，在 HKDD－1－V 型电力电子技术实训台上选择 HKDT12 变压器实验挂箱、HKDT03 晶闸管桥式电路挂箱、HKDT36 单相调压/调功电路挂箱、HKDT05 晶闸管触发电路挂箱、HK27 三相可调电阻器挂箱等挂箱中的相应模块。

1）电源控制屏：包含“三相电源输出”等模块。

2）晶闸管主电路：包含“正反桥功放”等模块。

3）三相晶闸管触发电路：包含“TCA785 晶闸管集成移相触发电路”等模块。

4）给定及实验器件：包含“给定”等模块。

5）三相可调电阻：包含“900Ω 磁盘电阻”。

6）双踪示波器。

7）万用表。

（2）任务实施步骤

交流调压器应采用宽脉冲或双窄脉冲进行触发。本任务所采用的电路中使用双窄脉冲来触发晶闸管。接线图如图 6-24 所示。图中，晶闸管均用正桥，将三相可调电阻接成三相负载，其所用的交流表均在控制屏的面板上。

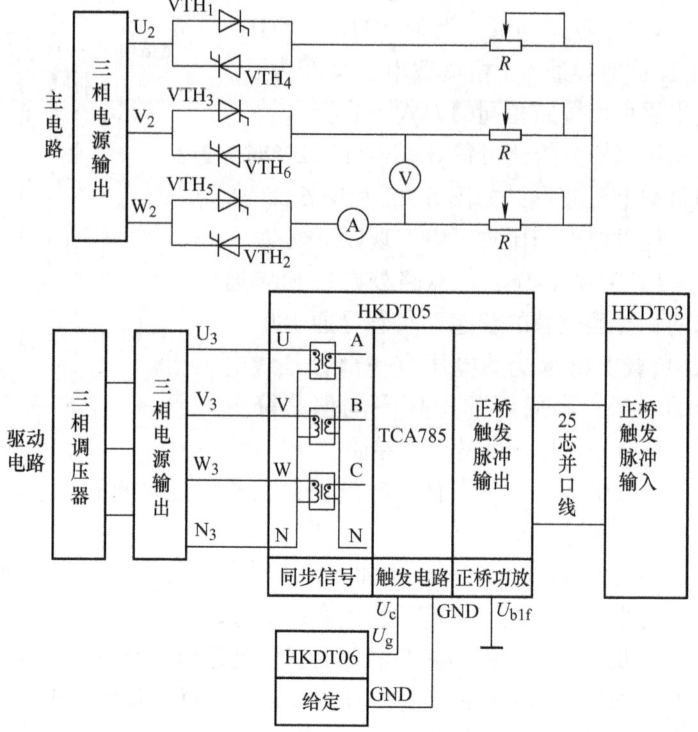

图 6-24　三相交流调压电路测试线路图

1）首先调试触发电路：

① 打开电源控制屏的总电源开关及操作面板上的“三相电网电压指示”开关，观察输入的三相电网电压是否平衡。

② 按下“启动”按钮，调节三相调压器，使 U_3、V_3、W_3 线电压约 150V。

③ 打开三相晶闸管触发电路电源开关，按下控制屏“启动”按钮，用双踪示波器观察“三相同步信号输出”端输出的正弦波信号。

④ 观察 A、B、C 三相的锯齿波，示波器探头接 TCA785 的 CA、CB、CC 三个引脚，三相锯齿波斜率应尽可能一致。

⑤ 将三相晶闸管触发电路上的脉冲使能控制端 U_{b1f} 接地，“给定”模块输出 U_g 直接与三相晶闸管触发电路上的移相控制电压 U_c 相接，调节三相晶闸管触发电路上的偏移电压电位器 R_{P2}，用双踪示波器观察 A 相同步电压信号和“脉冲触发器” J_1 的输出波形，使 $\alpha=150°$。

⑥ 适当增加给定 U_g 的正电压输出，观测三相晶闸管触发电路上“脉冲观察孔” $J_1 \sim J_6$ 的波形，此时应观测到双窄脉冲。

⑦ 用 25 芯并口电缆线，将“给定”模块与三相晶闸管触发电路的“正桥触发脉冲输出”端和“正桥触发脉冲输入”端相连，并将正桥的“正桥触发脉冲”的六个开关拨至“通”，观察正桥晶闸管 $VTH_1 \sim VTH_6$ 门极和阴极之间的触发脉冲是否正常。

2）接着，对三相交流调压电路带电阻性负载情况进行测试。使用正桥晶闸管 $VTH_1 \sim VTH_6$，按图 6-24 连成三相交流调压主电路，$VTH_1 \sim VTH_6$ 的触发脉冲应已通过内部连线接好，只需将正桥脉冲的 6 个开关拨至“通”。接上三相平衡电阻性负载，接通电源，用示波器观察并记录 $\alpha=30°$、$60°$、$90°$、$120°$时的输出电压波形，并记录相应的输出电压有效值，

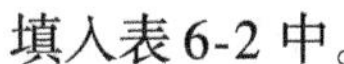

填入表6-2中。

表6-2　三相交流调压电路测试数据

α	30°	60°	90°	120°
U				

任务6.5　光控灯开关电路的设计与调试

学习目标

1）了解光控灯开关电路的工作原理。

2）了解光控灯开关电路组装和调试要点。

知识引入

光控灯开关电路如图6-25所示，其中HL是为便于说明原理而绘出的被控电灯。

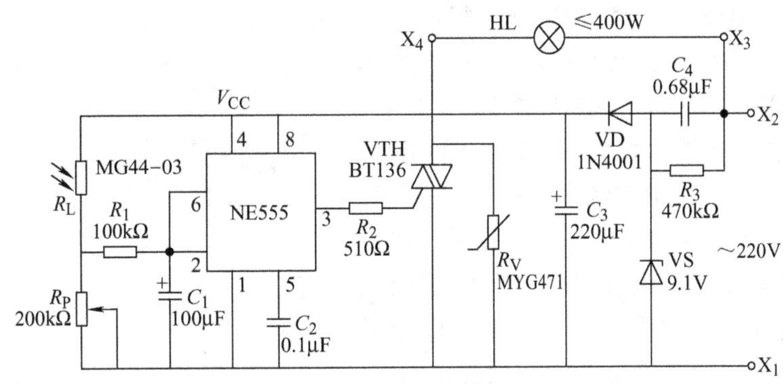

图6-25　光控灯开关电路

其中，光敏电阻R_L及压敏电阻R_V在光照或者有压力改变的时候自身的电阻值会发生改变。而NE555时基芯片，在本任务中利用它的脉冲输出功能，为双向晶闸管提供触发信号。双向晶闸管也是电力电子器件，它同样也可以被看成一个小开关，且是双向开关。

电路的工作原理如下：

1）白天，外界光线较强，R_L呈低电阻状态。NE555时基芯片的第2、6脚输入电压$>\frac{2}{3}V_{CC}$，第3脚就会输出低电平，双向晶闸管VTH没有得到触发信号，流过HL的电流被阻断，不亮。

2）晚上，R_L失去外界光照，呈高阻状态。NE555时基芯片的输入电压$<\frac{1}{3}V_{CC}$，其输出端第3脚跳变为高电平，双向晶闸管VTH经限流电阻器R_2获得合适触发电流信号而导通，HL通电发光。

电路中，电阻器 R_1、电容器 C_1 组成了抗干扰延时电路，以防止晚上短时的光线，如雷电闪光、车辆灯光等照射到光敏电阻器 R_L 上面后，干扰电灯 HL 正常发光。由于 NE555 时基芯片构成的施密特光触发器具有 $\frac{1}{3}V_{CC}$ 的回差电压，从而有效避免了电灯 HL 在开关临界状态下的闪亮。压敏电阻器 R_V 并联在双向晶闸管 VTH 的两个主电流控制端（即第一阳极 T_1 和第二阳极 T_2）之间，能有效消除电网中的各种尖峰电压以及感性灯具（如高压钠灯等）在开、关瞬间所产生的感生电压，保护双向晶闸管 VTH 不因过电压而击穿。

任务实施

(1) 任务实施所需元器件

电路所用到的电子元器件实物如图 6-26 所示。也可按表 6-3 所列出的元器件清单进行选购。

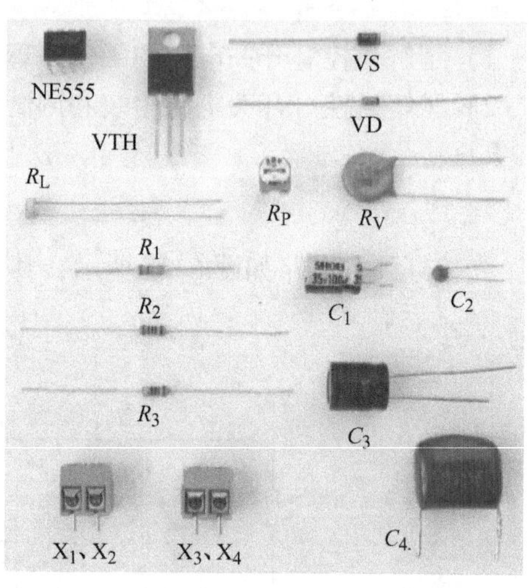

图 6-26 光控灯开关电路的元器件实物

时基芯片选用 NE555 或 LM555 都可以，它是一种模拟、数字混合集成电路，采用双列 8 脚直插式封装（DIP-8），具有定时精确、驱动能力强、电源电压范围宽、外围电路简单及用途广泛等特点。VS 可选用稳压 9.1V 的普通硅稳压二极管，如 1N4739、1N1770、2CW107。VD 可选用 1N4001 或 1N4004、1N4007 型硅整流二极管。VTH 可以选用额定通态电流 $I_T=4A$ 的 BT136 型的双向晶闸管，T0405、BTA04－600V 型也可以，但需要注意门极电流≤10mA。R_L 可选用任何亮阻≤5kΩ、暗阻≥1MΩ 的光敏电阻。R_V 没有特别的要求，峰值电流≥100A 即可。其他器件的选用注意标称值即可。

光控灯开关电路所需元器件明细见表 6-3。

表 6-3 光控灯开关电路所需元器件明细

标号	名称	型号及规格参数	数量
NE555	555 时基芯片	NE555 或 LM555	1
VTH	双向晶闸管	BT136 型（4A，600V）	1
VS	硅稳压二极管	稳压值 9.1V、耗散功率 1W	1
VD	硅整流二极管	1N4001 或 1N4004、1N4007 型	1
R_L	光敏电阻	MG44－03 型、亮阻≤5kΩ、暗阻≥1MΩ	1
R_V	压敏电阻	MYG471 型、峰值电流≥100A	1
R_P	微调电位器	WH06－2 型（卧式）、200kΩ	1
R_1	碳膜电阻	RTX－1/8W 型、100kΩ	1
R_2	碳膜电阻	RTX－1/8W 型、510Ω	1
R_3	碳膜电阻	RTX－1/8W 型、470kΩ	1

（续）

标号	名称	型号及规格参数	数量
C_1	电解电容	CD11 型、100μF、≥16V	1
C_2	瓷片电容	CT1 型、0.1μF	1
C_3	电解电容	CD11 型、220μF、≥16V	1
C_4	聚丙烯电容器	CBB22-630V 型、0.68μF	1
$X_1 \sim X_4$	接线端子	可在电路板焊接的双线式接线端子	2

（2）任务实施步骤

1）加工外壳。可以选择符合电工安装规范的电话插座（见图6-27），因为这种插座面板中央的小方孔恰好可以用来作为光敏电阻的感光窗口。在小方孔旁用电钻再开出一个的小孔，可以方便地用小螺钉旋具调节小孔内的电位器 R_P。

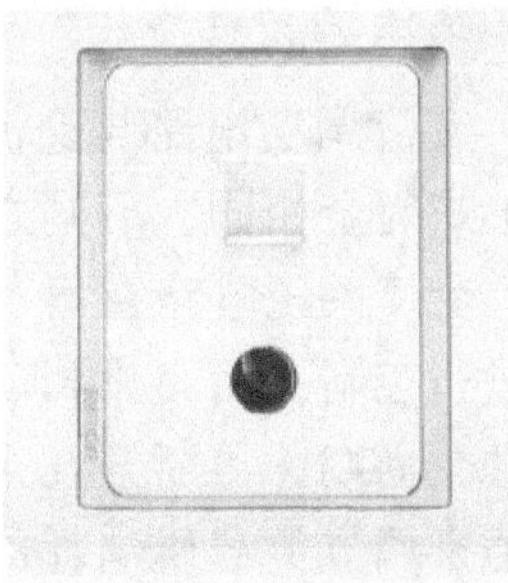

图6-27　电话插座板实物图

2）制作电路板。

① 适当调整所裁取电路板的尺寸，要求其能够正好放入改造好的电话插座板背面的塑料方口槽内。

② 面板上，把 R_P、R_L 安排在电路板的一面，其余元器件均安排在“洞洞板”的另一面。按照电路板接线图进行焊接。焊接时充分利用元器件引脚飞线连接，焊点要光亮整洁。

③ R_L 的感光头必须处于电路板的中央位置，距“洞洞板”的高度为1cm左右。

④ VTH 的 T_1 端与 T_2 端至交流电源端子、灯泡的引线以及 R_V 的引线构成了光控开关的主电流通路。灯泡功率较大时，引线一定要够粗且采用铜线。

⑤ 将焊接好的电路板采用热熔胶粘固在插座板塑料座上。

3）组装和调试。可通电检测光控灯开关的性能，并预调光控灵敏度，即调节微调电位器 R_P，以方便实际安装使用。具体步骤：

① 首先，给光控灯开关临时接上电灯 HL 和电源插头，注意两者在接线端子的位置不要接反。然后，将微调电位器 R_P 的调节旋钮预置于中间位置（可顺/逆时针旋转），并在室内自然光照条件下将电源插头接入220V交流电插座。

② 正常情况下，电灯 HL 应发光至少30s，最长不超过1min，随后自动熄灭。接着用一片黑色塑料或硬纸板遮住光控灯开关面板上的感光窗口，经过15～30s，电灯 HL 又会自动点亮。如果电灯 HL 不能够点亮或熄灭，可反复缓慢调节微调电位器 R_P 的旋钮，直到感光窗口盖上黑色塑料片时，电灯 HL 能够点亮，取掉遮光的黑色塑料片后电灯 HL 又能够自动熄灭为止。

③ 调节时注意，千万不要用手去碰螺钉旋具的金属杆，以免触电。每次调节微调电位器 R_P 和盖上、取掉黑色塑料片后，均需要等待15～60s，电灯 HL 的状态才能反映出来。

如果检测时电灯 HL 始终不发光，或始终不会熄灭，说明电路存在故障。这时，应先断开220V交流电源，接着重点检查光敏电阻器 R_L、电阻器 R_1、微调电位器 R_P 是否开路，电容器 C_1 是否漏电严重。可采用替换法进行判断，直到排除故障为止。另外注意，双向晶闸管 VTH 击穿、微调电位器 R_P 的旋钮顺时针调到头（非故障），均会导致电灯 HL 常亮不熄；

稳压二极管 VS 击穿、NE555 时基芯片损坏、电阻器 R_2 开路等情况，均会导致电灯 HL 始终不发光。

这里介绍的光控灯开关不仅可控制一般白炽灯（即钨丝灯泡），而且还可控制高压钠灯、普通荧光灯、节能灯、LED 照明灯等。因为电路板没有装设散热片，所以只能用它控制 400W 以内的各种电灯。如要控制小区、单位或者学校的大功率路灯组，则需要对电路加以改装，将电灯 HL 改接成 220V 交流接触器 KM，利用 KM 再去控制大功率照明灯组即可。

拓展应用

交流调功电路

交流调功电路与交流调压电路的相同之处是电路形式完全相同，不同之处在于两者的控制方式不同。交流调压电路在每个电源周期都对输出电压波形进行控制；而交流调动电路将负载与交流电源接通几个周期，再断开几个周期，通过通断周波数的比值来调节负载所消耗的平均功率，也就是通断控制。交流调功电路的输出波形如图 6-28 所示。

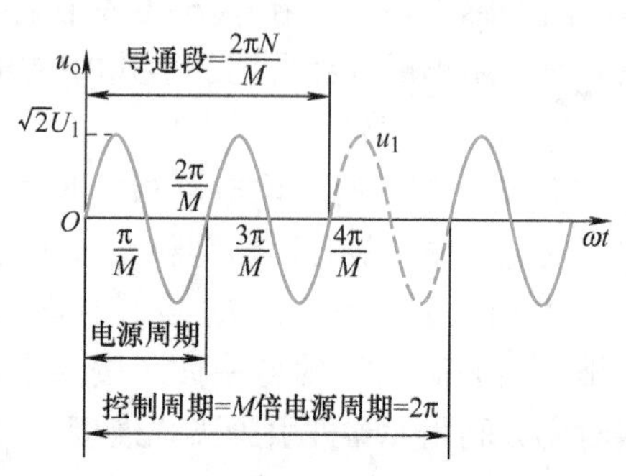

图 6-28　交流调功电路的输出波形

在电阻性负载时，控制周期为 M 倍电源周期，晶闸管在前 N 个周期导通，后 $M-N$ 个周期关断。负载电压和负载电流的重复周期为 M 倍电源周期。

交流调功电路的输出电压波形接近正弦波，无低次谐波，但由于输出电压时有时无，电压调节不连续，会分解出高次谐波。如用于异步电动机调压调速，会因电动机经常处于重合闸过程而出现大电流冲击，因此很少采用。一般用于电炉调温等交流功率调节的场合。

思考与练习

6-1　填空题

1. 双向晶闸管是由普通晶闸管派生出来的，它与普通晶闸管所不同的是采用________门极信号，便可以________方向导通。

2. 双向晶闸管是由________层半导体材料制成的，对外引出________个电极，其电气符号为________。

3. 双向晶闸管正、反特性具有________，所以它可在任何一个方向导通，是一种理想的________器件。

4. 双向晶闸管四种触发方式中，________触发方式的触发灵敏度最低。

5. 三相交流调压电路主要有________联结、________联结、________联结及________联结几种。

6. 交流调功电路与交流调压电路的相同之处是________完全相同，而不同之处在于两者的________不同。

7. 交流调功电路的输出电压波形基本____________，无低次谐波，但由于输出电压时有时无，电压调节不____________。

6-2　简答题

1. 简述交流调压电路的基本形式和控制方法。
2. 如何判定双向晶闸管的电极？
3. 简述双向晶闸管的四种触发方式，并说明电流流向。
4. 结合电路图说明单相交流调压电路的工作原理，说明输出电压与触发延迟角之间的关系。
5. 星形联结三相交流调压电路的晶闸管触发顺序是怎样的？结合电路图分析触发延迟角为0时的工作原理。
6. 结合电路图，简述单相交流调光台灯电路的工作原理。
7. 结合电路图，简述电风扇无级调速电路的工作原理。
8. 结合电路图，简述单结晶体管触发电路的工作原理。
9. 结合电路图，简述双向二极管触发电路的工作原理。
10. 结合电路图，简述交流无触点开关电路的工作原理。

参 考 文 献

[1] 蒋渭忠. 电力电子技术应用教程 [M]. 北京：电子工业出版社，2009.

[2] 赵建平. 电力电子技术 [M]. 北京：电子工业出版社，2009.

[3] 蒋栋. 电力电子变换器的先进脉宽调制技术 [M]. 北京：机械工业出版社，2018.

[4] 王增福，李昶，魏永明，等. 电力电子软开关技术及实用电路 [M]. 北京：电子工业出版社，2009.

[5] 王晓芳. 电力电子技术及应用 [M]. 北京：电子工业出版社，2013.

[6] 陶权，吴尚庆. 变频器应用技术 [M]. 广州：华南理工大学出版社，2007.

[7] 黄俊，王兆安. 电力电子变流技术 [M]. 3 版. 北京：机械工业出版社，2017.

[8] 王兆安，刘进军. 电力电子技术 [M]. 5 版. 北京：机械工业出版社，2009.

[9] 周克宁. 电力电子技术 [M]. 2 版. 北京：机械工业出版社，2015.

[10] 龙志文. 电力电子技术 [M]. 2 版. 北京：机械工业出版社，2015.

[11] 张凯峰，吴晓梅，包金明，等. 电力电子技术基础 [M]. 4 版. 南京：东南大学出版社，2018.

[12] 贺益康，潘再平. 电力电子技术 [M]. 2 版. 北京：科学出版社，2018.

[13] 王鲁杨. 电力电子技术实验指导书 [M]. 北京：中国电力出版社，2011.

[14] 冯丽平. 交直流调速系统综合实训 [M]. 北京：电子工业出版社，2009.

[15] 张娟，吕志香. 变频器应用与维护项目教程 [M]. 北京：化学工业出版社，2014.

[16] 陆志全. 电力电子与变频技术 [M]. 北京：机械工业出版社，2015.